Ford
Focus

Eine **Tuning** Anleitung
von **Bob Jex** und **Em Willmott**
übertragen ins Deutsche von
Gunnar Beer

Die Originalausgabe ist 2005 unter dem Titel „Ford Focus" bei Haynes Publishing, England, erschienen.

Einbandgestaltung: Dos Luis Santos
Die Übertragung ins Deutsche besorgte Gunnar Beer

ISBN 978-3-613-02916-3

1. Auflage 2008

Sie finden und im Internet unter www.motorbuch-verlag.de

Druck und Bindung: Druck- und Verlagsgesellschaft Südwest mbH, 76131 Karlsruhe
Printed in Germany

Alles was recht ist...!

Tuning ist angesagt wie seit Jahren nicht mehr! Filme wie „The Fast and the Furious" oder auch Computerspiele wie „Need for Speed"haben die Tuninggemeinde rund um den Globus noch enger zusammenrücken lassen, zahlreiche Magazine und Messen versorgen die Community mit allem was das Herz begehrt.

Doch wie so oft bei Dingen, die Spass machen hat auch diese Sache einen Haken: Nicht alles was gefällt, ist auch erlaubt. Wer wie Paul Walker alias Brian O`Conner mit Hilfe von Lachgas auf der Straße um Ruhm und Ehre kämpft, findet sich schneller im Gefängnis wieder, als er Heckflügel-Anbausatz sagen kann. Die Hersteller und auch der Gesetzgeber haben in den letzten Jahren alles mögliche getan, um unsere Autos sicherer und umweltfreundlicher zu machen. Wer also in diesen Bereichen Hand anlegt, bewegt sich auf ganz dünnem Eis.

Ein paar Beispiele gefällig? Wer den Katalysator ausbaut, betrügt das Finanzamt, wer seine Mehrleistung, das Fahrwerk oder sonstige Teile nicht eintragen lässt, verliert seinen Versicherungsschutz, wer in Schutz der Nacht gar an einem illegalen Straßenrennen teilnimmt mit Sicherheit seinen Führerschein – wenn es ganz schlecht läuft wird auch noch das Auto beschlagnahmt. So sieht das wahre Leben aus!

Dabei haben wir noch gar nicht über den schlimmsten denkbaren Fall gesprochen: Wenn nämlich die Gesundheit oder das Leben von Menschen auf dem Spiel steht, ist endgültig Schluss mit lustig. Wer beim Umbau pfuscht, begibt nicht nur sich und andere in Gefahr, sondern hat auch auf der Straße keinen Respekt verdient. Mehr als peinlich ist es auch, wenn das Fahrkönnen weit unter dem Potential des Autos liegt und derjenige auch noch meint, sich auf öffentlichen Straßen mit anderen duellieren zu müssen.

Wer sich mit anderen messen will hat dazu auf Rennstrecken oder beim Viertel-Meilen-Rennen ausreichend Gelegenheit. Wer sein Fahrkönnen verbessern will, sollte einen Lehrgang besuchen. Für Könner gibt es spezielle Drifttrainings und sogar Meisterschaften im Querfahren.

Wer seinem Auto einen radikalen optischen Umbau gönnt, kann auf Treffen und bei Messen Pokale abräumen. Das Kennzeichen kann man sich dabei sparen. Auf öffentlichen Straßen würde ohnehin auf der ersten Bodenwelle die Frontschürze zu Bruch gehen.

Doch auch das Schrauben selbst birgt seine Gefahren: Arbeiten an sicherheitsrelevanten Teilen (und das sind bei einem Auto genau genommen alle Teile) sollten beim geringsten Zweifel Profis überlassen werden. Außerdem sind Einbauanleitungen und -vorschriften der Hersteller unbedingt zu beachten. Wer sein Auto weiterhin auf der Straße fahren will, tut gut daran, vor größeren Umbauten mit einem Sachverständigen zu reden.

Wer genau hinschaut wird in diesem Buch einen britischen Einschlag entdecken (und damit meinen wir nicht nur die Lady unten rechts). Wir hatten für dieses Buch nämlich die einmalige Gelegenheit, den Jungs von „Max-Power" bei der Arbeit über die Schulter zu sehen. Das macht in der Sache keinen Unterschied, die Tuning-Szene auf der Insel unterscheidet sich nicht von der französischen und diese wiederum nicht von der deutschen. Die Trends werden ohnehin in Japan und den USA gemacht.

Also Immer daran denken: Zu einem getunten Auto gehört auch ein getunter Fahrer! Für Fehler und Schäden an Mensch und Material können wir aus verständlichen Gründen keine Haftung übernehmen. Wir besuchen euch auch auf keinen Fall im Knast! Also bleibt sauber und habt trotzdem Spaß!

Inhalt

01 Einleitung

02 Kaufberatung

03 Versicherung und Gesetz

08 Fahrwerk

09 Bremsanlage

10 Innenraum

Sicherheit

Karosserie

Lichter & Leuchten

Räder / Reifen

Radio und Multimedia

Motor-Tuning

Auspuffanlage

Anhang

So wird er schneller

Vorher

Nachher

Natürlich ist ein Ford Fucos schon serienmäßig kein langweiliges Auto – erst recht kein schlechtes. Gegenüber den anderen Autos in dieser Klasse sticht besonders das Fahrwerk hervor. Mit der aufwändigen Hinterachse und einer straffen Abstimmung fährt der Kölner Kreise um manch andere Familienkutschen. Warum also tunen? Ganz einfach: Weil es Spass macht! Genau wie bei der eigenhändigen Wartung und Pflege oder bei kleinen Reparaturen ist auch das Anbauen von Zubehör ungeheuer befriedigend. Mehr noch: Die Modifikationen sind direkt sicht- und fühlbar, während bei der normalen Instandhaltung das Auto bestenfalls so fährt und aussieht wie früher.
Also haben wir uns daran gemacht die Spiegel auszutauschen, das Heck zu cleanen, andere Sitze einzubauen und noch vieles mehr. Dabei haben wir eine Menge Tipps und Tricks gelernt, die wir Euch gerne weitergeben. Die beiliegenden Anleitungen sind nämlich meist nicht das Gelbe vom Ei ...

Realistisch bleiben

Natürlich ist das Tuning mit gewissen Risiken verbunden. So ist zum Beispiel längst nicht alles erlaubt, was in den diversen Hochglanz-Magazinen abgebildet ist. So macht es auch für uns wenig Sinn, viele Stunden mit dem Anbringen einer Tönungsfolie an den vorderen Scheiben zu verbringen, wenn bei der ersten Kontrolle das Auto aus dem Verkehr gezogen wird. Das Auto sollte legal bleiben, egal was Ihr damit anstellt, denn eins ist auch klar: Für jeden Auszubildenden bei der Polizei ist die Fahrzeugkontrolle an einem getunten Auto ein gefundenes Fressen.
Auch die technischen Überwachungsvereine und die Versicherungen haben bei der ganzen Geschichte ein Wörtchen mitzureden. An den entscheidenden Stellen werden wir uns also erlauben, auf die Risiken hinweisen.
Was bei aller Euphorie auch nicht vergessen werden darf, ist das Thema Sicherheit. Weder Ihr noch jemand anderes darf durch irgendwelche Umbaumaßnahmen in Gefahr gebracht, verletzt oder sogar getötet werden. Das versteht sich eigentlich von selbst, trotzdem sollte man sich das bei der Planung der Arbeiten noch mal gründlich durch den Kopf gehen lassen.

Frage des Geschmacks

Natürlich ist uns klar, dass unser Umbau nicht jedermans Geschmack trifft. Geht ja auch nicht. Tuning ist schließlich der Ausdruck der eigenen Persönlichkeit. Was zählt ist das handwerkliche Geschick und die gezielte Verbesserung bestimmter Eigenschaften. Das gilt auch, wenn es nur um die Optik geht und unter der Haube weiterhin eine tapfere Basismotorisierung werkelt. Wir wollen mit dem gezeigten Umbau keinen Trend setzen, sondern Schritt für Schritt zeigen, was machbar ist. Also nichts wie ran an unseren dreitürigen Focus 1.8, Baujahr 1999 ...

Der Nachfolger des Escort

Eigentlich hätte das Auto auf diesen Bildern auch Escort heißen können. Der war schließlich seit 1968 das Mittelklassemodell von Ford. Doch man entschied sich für einen größeren Schnitt, denn das radikale New Edge-Design schrie geradezu nach einem neuen Namen. Nicht jeder konnte sich auf Anhieb mit dem modernen Look anfreunden, doch heute, rund sechs Jahre später, verdient dieser mutige Schritt immer noch Respekt.

Das Einzige, was vom Escort übernommen wurde, war im Grunde das blaue Oval im Kühlergrill. Und selbst das wurde noch trickreich verändert: Dahinter verbirgt sich ja bekanntermaßen das Motorhaubenschloss. Mit dem blauen Oval hatte der Focus auch zwei Verpflichtungen übernommen. Erstens musste er sich in großen Stückzahlen verkaufen und zweitens gut modifizieren lassen. Denn schon die Escorts waren ein beliebtes Tuning-Objekt. Es dauerte also nicht lang, bis die ersten Kits auf dem Markt waren. Das Werk trug seinen Teil zum spotlichen Image bei: Der Focus WRC sammelte auf den Rallye-Pisten Lorbeeren und der Focus RS setzte die Tradition der turbo-befeuerten Cosworth-Boliden fort, wenn auch nur mit Zweiradantrieb.

Aber schon die Basisversion bietet gute Vorraussetzungen: So verfügt der Focus über sehr geräumige Radhäuser, die Unterbringung von fetten 18-Zöllern ist also kein Problem. Und ist eigentlich schon jemandem aufgefallen, wie oft die Focus-Seitenblinker in den Kotflügeln inzwischen kopiert wurden?

Aber auch der andere Punkt wurde erfüllt: Der Focus verkaufte sich nicht nur in Europa gut, sondern auch in Amerika. Dort macht er in der Tuning-Szene längst dem Honda Civic Konkurrenz. Übrigens sehr zur Freude der Tuning-Fans: Das bedeutet nämlich weitere interessante Kits aus Übersee.

Wer seinem Focus einen neuen Look verpassen will, hat also eine große Auswahl. Vom RS-Clone bis zum deftigen Rallye-Outfit ist für jeden etwas dabei.

02

Kaufberatung

Kaufberatung

Welchen nehmen?

Am Anfang der Überlegung steht natürlich das liebe Geld. Neben dem Anschaffungspreis sollte schließlich auch noch ein bisschen was für das Tuning übrig bleiben. Auch die Unterhaltskosten und dabei besonders die Versicherungseinstufung sollte in die Überlegung mit einbezogen werden. Die wichtigste Entscheidung betrifft sicherlich die Karosserie-Variante: Muss es wirklich ein Dreitürer sein? Das Angebot an Fünftürern ist wesentlich größer und der praktische Nutzen ist nicht von der Hand zu weisen. Tatsächlich sehen manche Karosserie-Kits am Fünftürer sogar besser aus. Noch praktischer sind Kombis, für die es jedoch wenig Karosserieteile gibt. Wer sein Hauptaugenmerk aber auf die Innenausstattung mit einer dicken Anlage oder Monitoren legt, ist vielleicht mit einem Kombi besser bedient.

Das Topmodell

Wenn Geld und die Versicherungsprämie keine Rolle spielen, ist der in Deutschland gefertigte Focus RS natürlich erste Wahl. Das ursprüngliche Concept-Car lehnte sich optisch stark an den Focus WRC des Jahrgangs 1999 an, stand aber erst im August 2002 beim Händler. Obwohl das Topmodell den anderen Versionen ähnlich sieht, wurden doch rund 70 Prozent der Teile neu entwickelt. So auch der Motor: Das von der Edelschmiede Cosworth hergestellte Triebwerk ist ein aufgeladener 2,0 Liter Vierzylinder mit 16 Ventilen, der mit Hilfe eines Turboladers satte 215 PS und 310 Nm Drehmoment auf die Straße bringt. Womit noch längst nicht das ganze Potential ausgeschöpft ist. Wie bei allen Turbomotoren bleibt hier noch viel Reserve für Tuning.

Obwohl im Gegensatz zu früheren Cosworth-Modellen nur die Vorderräder angetrieben werden, kennt der Focus RS kaum Traktionsprobleme. Um den Vortrieb kümmert sich ein Sperrdifferenzial mit lastabhängiger Sperrwirkung. Auch der Rest der Ausstattung, wie die riesigen Brembo-Bremsen, das Eibach-Fahrwerk und die 18-Zoll großen OZ-Felgen mit Niederquerschnittsreifen werden dem sportlichen Anspruch gerecht. Im Innenraum sorgen Sportsitze für perfekten Seitenhalt, zahlreiche Alu-Blenden sorgen für Rennsport-Feeling. Das einzig Negative am Focus RS ist, das es schwierig ist, einen zu bekommen. Nach nur zwei Jahren Bauzeit war 2004 schon wieder Schluss. Kein Wunder, denn das neue Modell stand schon in den Startlöchern.

Vielleicht doch lieber etwas becheidener...

Für alle, denen der Focus RS doch etwas zu teuer ist, bleiben noch genügend Alternativen: Neben den 1.4, 1.6, 1.8 und 2.0-Liter-Benzinern sind auch die 1.8 TDi/TDCi Diesel nicht zu verachten.
Der Basismotor reißt als Benziner oder Diesel mit 75 PS sicher keine Bäume aus, dafür ist der kleine Motor aber sehr günstig im Unterhalt. Wer mehr Wert auf optisches Tuning legt, ist mit dem kleine Zetec oder Duratec-Diesel also gut bedient.
Deutlich mehr Temperament haben die 1,6 und 1,8 Liter Triebwerke zu bieten. Mit 101 PS beziehungsweise 115 PS bewegt sich der Focus schon recht flott, ohne durch hohe Folgekosten zu nerven. Zudem ist das Angebot an Gebrauchten mit dieser Motorisierung sehr groß – eine geeignete Ausgangsbasis zu finden dürfte also nicht allzu schwer fallen. Dabei ist zu beachten, dass der Focus im November 2001 ein kleines Facelift erhielt. Am einfachsten sind die überarbeiteten Modelle von vorne zu erkennen: Während die Blinker früher in der Stoßstange saßen, sind diese nun in die Scheinwerfer integriert. Eine neu gestaltete Mittelkonsole und eine geänderte Elektrik rundeten die Maßnahmen ab.
Vier Ausstattungsvarianten wurden angeboten: Basis, Ambiente, Trend und Ghia, wobei die sportliche Trend-Version und der elegante Ghia eindeutig die Favoriten auf dem Gebrauchtmarkt sind. Dazu gab es im Laufe der Jahre attraktive Sondermodelle, die mit schicken Alufelgen, Klimaanlage oder anderen Goodies aufwarten konnten.

Der 2,0 Liter Zetec – das sollte wohl reichen

Wer mehr Power will kommt am 2,0 Liter-Zetec nicht vorbei. Mit 130 PS sind die meisten Wünsche abgedeckt, noch mehr Dampf liefert allerdings die modifizeirte Version im Focus ST 170. Wie der Name schon verrät lauern hier 170 PS unter der Haube, 173 PS um genau zu sein. Für einen 2,0 Liter-Motor ein strammer Wert. Dabei garantieren variable Steuerzeiten trotz der hohen Literleistung einen guten Durchzug. Das serienmäßige Sechgang-Getriebe sorgt für knackige Anschlüsse und nebenbei für angenehme Trinksitten. Leider ist auch der ST 170, wie schon der RS, bei den

Versicherungen relativ hoch eingestuft, als guter Gebrauchter schwer zu finden und in Wartung und Reparatur ein wenig teurer als der normale 2,0 Liter-Zetec.

Niedriger Verbrauch – kann Spaß machen

Wer viel fährt, nicht so viel Wert auf sonoren Auspuffklang legt oder aber gern schaltfaul unterwegs ist, sollte sich einen Focus-Diesel genauer anschauen. Die 1.8 TDi/TDCi Motoren leisten je nach Baujahr und Ausbaustufe zwischen 75 PS und 115 PS, wobei besonders die ab 2001 gebauten 115 PS Motoren den 130 PS Benziner schon sehr in Bedrängnis bringen. Der satte Duchzug lässt dem Benziner am Ortsausgang kaum Chancen, und das alles bei viel geringerem Verbrauch.
Wer ohne große Umstände noch mehr Leistung will, ist in der Diesel-Ecke ebenfalls richtig. Wie bei allen Turbo-Selbstzündern lassen sich auch dem Focus-Motor mit einem Chip günstig und schnell zusätzliche Pferdestärken entlocken.
Egal welcher Motor unter der Haube steckt – die Ausstattung zählt auch. Aber: Wer den Innenraum ohnehin neu einrichtet, hat nicht viel von einer Ghia-Ausstattung.

Auf den ersten Blick

Der Focus ist ein modernes Auto, von dem man zu recht erwarten kann, dass es immer anspringt, lange hält und niemals rostet.

Zumindest was den TÜV-Report von 2002 angeht, scheint der Focus ein sehr robustes Auto zu sein. Schließlich belegte der flotte Kölner damals Platz Eins, allerdings in der Klasse der ein- bis dreijährigen Autos. Inzwischen sind die Autos natürlich älter und wurden vielleicht auch nicht sehr sorgsam behandelt. Das gilt besonders für diejenigen Autos, die ihren Dienst in der Flotte von großen Firmen verrichten mussten und heute astronomische Laufleistungen, verschlissene Inneneinrichtungen und ein schwammiges Fahrverhalten aufweisen. Eine kleine Schwäche des Focus ist Wassereinbruch im Bereich der Rückleuchten. Hinweise darauf sind feuchte Verkleidungen oder Rückleuchten in denen Wasser steht. Das kann auch zu Problemen mit der Elektrik führen. Eine andere Problemzone am Heck ist der untere Rand der Heckscheibe, beziehungsweise der obere Rand der Heckklappe an der Scheibendichtung. Hier ist manchmal Rost zu finden. Auch die Kotflügel können am unteren Eck bereits Ansätze der braunen Pest aufweisen, meistens verursacht durch Steinschläge.
Im Innenraum sollten alle elektrischen Verbraucher und Schalter funktionieren. Das gilt auch für die Tankanzeige, die manchmal

Wissenswertes

Der Ford Focus gewann 1999 den prestigeträchtigen Preis „Car of the Year"

Probleme bereitet. Bei der Probefahrt sollte besonders auf Geräusche der hinteren Radlager und der vorderen Radaufhängung geachtet werden. Oft sind die Koppelstangen zum Stabilisator ausgeschlagen. Die Benziner neigen dazu, im Leerlauf auszugehen, was mit einem Reset oder einem Update der Motorsteuerung jedoch leicht behoben werden kann.

Generell ist natürlich ein Auto mit einem lückenlosen Wartungsheft erste Wahl. Da auch der Focus von zahlreichen Rückruf- oder Nachbesserungsaktionen betroffen war, sollte die Wartung immer beim offiziellen Ford-Händler durchgeführt worden sein.

Wichtig ist auch der Nachweis des letzten Zahnriemenwechsels. Dieser Job ist zwar nicht allzu schwer und kann auch zu Hause oder von freien Werkstätten durchgeführt werden, es sollte aber auch nicht zu lange her sein. Mit einem Wechsel alle drei Jahre oder 75000 Kilometer ist man auf der sicheren Seite. Sollte der Riemen reißen, ist der Motor hinüber.

Kaufen oder nicht?

Normalerweise ist ein Kauf von privat immer günstiger als vom Händler. Allerdings birgt der Kauf von privat immer gewisse Risiken. Während der Händler im Rahmen der gesetzlichen Gewährleistung verpflichtet ist, eventuelle Mängel zu beheben, ist der Kauf beim Privatmann eher Vertrauenssache.

Etwas Misstrauen ist also durchaus angebracht, und der erste Eindruck zählt. Damit ist nicht unbedingt das Auto gemeint, sondern der Besitzer und besonders die Art, wie der Besitzer sein Auto behandelt hat. Wer sicher gehen will, sollte ein paar einfache Grundregeln des Gebrauchtwagenkaufs beachten: Immer daran denken, dass es noch andere Autos gibt und keine Verpflichtung zum Kauf besteht. Am besten jemanden mitnehmen, der etwas von Autos versteht und idealerweise selbst einen Focus hat.

Niemals sollte man ein Auto im Dunkeln oder bei Regen besichtigen. Selbst ein total verblichener Lack glänzt noch im Regen. Kratzer und Beulen sind nur bei Tageslicht gut zu sehen.

Das Serviceheft

Ein ausgefülltes Serviceheft sollte zu jedem Auto gehören und gibt gute Hinweise auf die Vorgeschichte:

a *Wer hat die Kundendienste durchgeführt? Ein Vertragshändler oder eine Hinterhof-Werkstatt? Letztere kennt vielleicht nicht alle Service-Aktionen...*

b *Sind die Intervalle regelmäßig oder gibt es Widersprüche zwischen Datum und Kilometerstand?*

c *Sehen die Stempel glaubwürdig aus? Oder sind die ältesten Stempel erst letzte Woche hinzugefügt worden, um das Auto besser verkaufen zu können?*

d *Wann wurde der letzte Service durchgeführt und gibt es eine Rechnung dazu? Wann wurde der Zahnriemen ersetzt?*

Nur ein Auto mit einem vollständigen Bündel Rechnungen und TÜV-Berichten kann als völlig seriös gelten – beziehungsweise dessen Verkäufer!

Praxistip

Reifen geben oft einen guten Hinweis darauf, wie ernst es der Besitzer mit der Pflege meint. Billigmarken, möglicherweise sogar noch unterschiedliche an jeder Ecke, zeugen von einem gewissen Geiz.

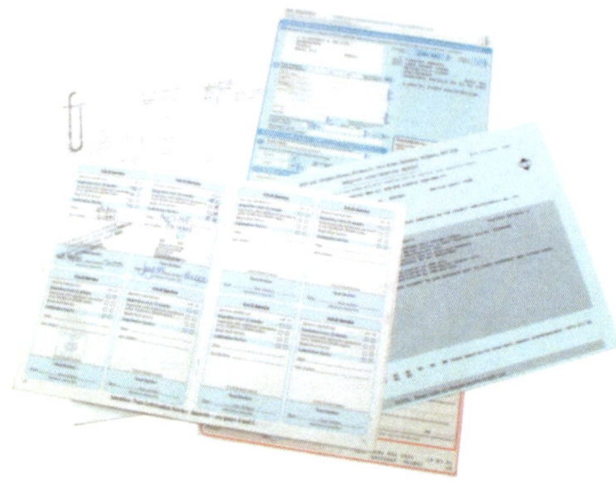

Die Tachostände auf Rechnungen und TÜV-Berichten sollten mit dem jeweiligen Datum zusammenpassen. Sind in einem bestimmten Zeitraum nur ein paar Kilometer dazugekommen, sollte der Verkäufer dafür eine plausible Begründung haben. Ansonsten liegt der Verdacht nahe, dass am Kilometerstand gedreht wurde. Rechnungen über Reparaturen sollten genau durchgesehen werden, möglicherweise ist darauf ein Unfallschaden zu erkennen. Und wer schon zwei Kupplungen gebraucht hat, hat sein Auto sicher nicht sehr schonend behandelt.

Auch wenn es albern klingt: Die Fahrgestellnummern in den Papieren sollte mit den Nummern am Auto übereinstimmen. Sieht die eingeschlagene Nummer seltsam aus oder befinden sich in der unmittelbaren Nähe Schweißnähte – Finger weg! Die Fahrgestellnummern befinden sich am Schweller in der Nähe des Fahrersitzes, in einer Aussparung am Armaturenbrett und auf einem Typenschild am vorderen Querträger.

Auch ein Blick auf die Motornummer kann sich lohnen: Sollte hier manipuliert worden sein, kann es sich um ein gestohlenes Austauschtriebwerk handeln.

Alle Papiere sollten vollständig vorhanden und der Verkäufer sollte natürlich auch der Eigentümer des Autos sein. Aber auch beim Kauf vom Händler kann eine Rückfrage beim Vorbesitzer nützlich sein. Manchmal drehen sich Tachos bei langer Standzeit auf mysteriöse Art und Weise rückwärts...

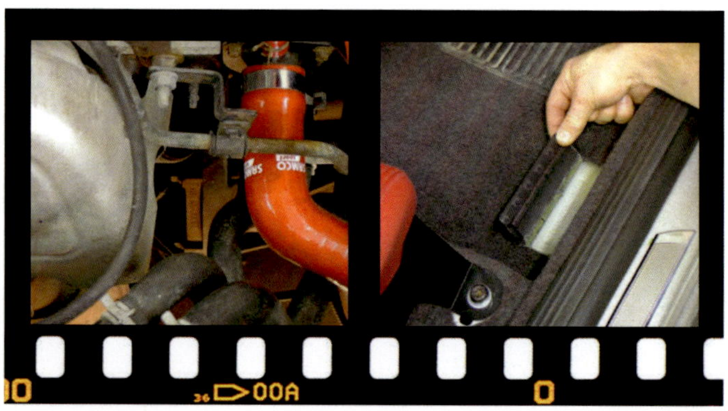

Die Motornummer befindet sich am Ende des Blocks . . .

. . . und die Fahrgestellnummer unter dem Teppich

Auch die Zahl der Vorbesitzer gibt einen Hinweis auf die Geschichte des Wagens. Sollte das Fahrzeug in letzter Zeit mehrfach den Eigentümer gewechselt haben, stimmt vielleicht irgend etwas nicht.
Obwohl das Interieur des Focus recht haltbar ist, erzählt auch das Innenleben gern seine eigene Geschichte. Speckige Lenkräder, abgetretene Teppiche und Pedalgummis weisen auf viele, viele Kilometer hin. Selbst wenn später das meiste davon ausgetauscht oder modifiziert wird, ist Misstrauen angebracht. Oder zumindest ein kräftiger Preisabschlag. Ein Blick auf die Räder kann ebenfalls nie schaden. Sind die Ränder durch häufigen Bordsteinkontakt beschädigt, spricht das nicht unbedingt für den letzten Eigentümer.
Selbst wenn es etwas kleinlich wirkt: Dinge wie Fensterheber oder Schiebedach und auch sämtliche Schlösser sollten unbedingt ausprobiert werden. Dazu zählt auch das Motorhaubenschloss hinter dem blauen Oval, das mit dem Zündschlüssel geöffnet wird. Alle Lichter, vordere und hintere Wischer, die heizbaren Scheiben, der Lüfter und andere Kleinigkeiten sollten ebenfalls funktionieren. Erstaunlicherweise setzen die meisten Käufer voraus, dass alle diese Dinge funktionieren. Dem ist aber leider nicht immer so. Zu guter letzt sollte der Radiocode und das Ausbauwerkzeug vorhanden sein.
Schwierig abzuschätzen ist der Zustand des Katalysators. Nur eine kürzlich erfolgte Abgasuntersuchung gibt eine gewisse Sicherheit. Leider ist ein defekter Kat eine sehr teure Angelegenheit. Ein Kat-Ersatzrohr ist keine wirkliche Alternative, so groß die Versuchung auch ist. Mit dem Ausbau der Abgasreinigung erlischt leider die allgemeine Betriebserlaubnis.

Auf den zweiten Blick

Wer ganz misstrauisch ist, sollte noch genauer hinsehen. Auch ein komplett durchgestempeltes Serviceheft sagt noch nicht viel über die wahre Geschichte des Autos. Wenn der Besitzer nicht einmal weiß, wo sich der Ölmessstab befindet oder wozu so ein Teil gut ist, nützen auch die durchgeführten Inspektionen wenig. Für viele ist der Focus doch nur ein reines Transportmittel.
Das Gleiche gilt auch für Unfallschäden, die je nach Schwere gern verschwiegen werden. Ist unter der Haube, an den Leuchten oder an den Dichtgummis Farbnebel zu sehen, so wurde auf alle Fälle schon einmal nachlackiert. Die Frage ist warum? Vielleicht handelt es sich nur um einen Kratzer, vielleicht aber auch um eine handfeste Beule. Der originale Lackaufbau ist jedenfalls dahin, womit die Gefahr rostiger Stellen steigt.
Ein kleiner Trick, eventuelle Unfallschäden zu entlarven, ist ein Blick auf die typischen unfallgefährdeten Teile. Dazu kann zum Beispiel die Motorhaube geöffnet und die Scheinwerfergehäuse unter die Lupe genommen werden. Sieht eines der Kunststoffteile verdächtig neu aus, oder zumindest neuer als das Gegenstück auf der anderen Seite, hatte die Front schon einen Rempler. Wer es jetzt ganz genau wissen will, sucht nach dem kleinen eingeprägten Stempel, der an jedem Teil das Produktionsdatum verrät. Alle Teile tragen einen solchen Stempel, selbst die Scheiben. Dort ist das Datum leider nur verschlüsselt angegeben. Insgesamt sollte bei der Kontrolle einzelner Teile schon alles zusammenpassen: Das Produktionsdatum des Autos, die Werkstattrechnungen und die jeweilige Erklärung des Verkäufers!
Wer sich nicht so gut mit Autos auskennt oder nicht so viel Zeit und Mühe investieren will, kann auch beim ADAC oder den normalen Prüfstellen einen Gebrauchtwagen-Check machen lassen. Das kostet zwar ein paar Euro, erspart aber mit hoher Wahrscheinlichkeit viel Kummer mit versteckten Mängeln.

Kurze Modelgeschichte

Oktober 1998 - Der Focus (C 170) kommt als drei- und fünftürige Limousine mit Heckklappe, als viertürige Limousine und als fünftüriger Kombi auf den Markt. Als Benzin-Motoren stehen die 1,4 Liter (75 PS) und 1,6 Liter (100 PS) 16-Ventil Zetec-SE, sowie die größeren 1,8 Liter (115 PS) and 2,0 Liter (130 PS) 16-Ventil Zetec zur Verfügung. Dazu ergänzt der 1,8 Liter TDDi (90 PS) als Diesel das Angebot. Neben dem Basismodell werden die Austattungsvarianten Ambiente, Trend und Ghia angeboten.

Oktober 2001 – Facelift mit neuen Klarglas-Scheinwerfern mit integrierten Blinkern.

Januar 2002 Einführung des ST170 mit 171 PS starkem 2,0 Liter-Vierventiler und Sechgang-Getriebe als 3- und 5-Türer, 17-Zoll-Felgen, Scheibenbremsen ringsum, Teilleder-Sportsitze, Radio mit CD-Wechsler.

Februar 2002 – Der 1.8 TDCi Diesel mit 115 PS löst den bisherigen Motor ab.

August 2002 – Der zweite 1.8 TDCi Diesel mit 100 PS ergänzt das Angebot.

Oktober 2002 – Der Focus RS mit aufgeladenem 2,0 Liter Triebwerk (213 PS) wird eingeführt. Der nur als dreitürige Limousine lieferbare RS bietet unter anderem 18-Zoll große OZ-Felgen, eine Leder/Alcantara Innenausstattung mit Sparco-Sportsitzen und eine Carbon Mittelkonsole mit Startknopf.

November 2004 - Die zweite Auflage des Focus (intern C 307) mit neuem Design und auf Basis einer neuen Plattform wird vorgestellt.

Tipp: Wie üblich gab es auch beim Focus jede Menge Sondermodelle, die aber in der Regel keinen Preisaufschlag rechtfertigen. Im Gegenteil: Üblicherweise gab es die Sonderausstattungen hier zum Sonderpreis.

Fahrleistungen

	0-100 (sec)	Vmax (km/h)
1.4 Zetec SE	15,1	171
1.6 Zetec SE	10,3	185
1.8 Zetec E	10,2	198
2.0 Zetec E	9,2	201
ST170	8,2	216
RS	6,7	232
1.8 TDDi (90 PS)	12,4	180
1.8 TDCi (115 PS)	10,6	196

Versicherungen und das Gesetz

Versicherungen – für viele nur ein Haufen Papier und Geld für einen Fall, der hoffentlich nie eintritt. Doch alles Jammern nützt nichts, zumindest eine Haftpflichtversicherung ist vorgeschrieben.

Die Art und Weise, wie Versicherungen ihre Prämien berechnen, ist für die meisten von uns ein Rätsel. Generell kann man davon ausgehen, dass ein Focus mit einem kleinen Motor immer günstiger zu versichern ist als die Sportskanone mit dem Kürzel RS oder ST. Wenn da nicht der Haken mit der Schadenshäufigkeit wäre, die zu allem Überfluss auch noch jedes Jahr neu berechnet wird. Die Frage ist, wie oft ein bestimmtes Modell gemessen am Gesamtbestand in Unfälle verwickelt ist. Und da kann es bei so genannten Anfänger- oder Vertreterautos unabhängig von der Motorleistung böse Überraschungen geben. Wer auf den Cent schauen muss, ist mit einem 1,4 oder 1,6 Liter-Motor sicher gut bedient. Bis zu einem bestimmten Grad kann der Motor dann auch noch in der Leistung gesteigert werden, ohne das sich an der Prämie etwas ändert.

Das Einzige, was bei akutem Geldnotstand hilft, ist so viel Angebote wie möglich einzuholen. Natürlich gibt es schönere Beschäftigungen als sich an das Telefon zu hängen und immer die selben 20 Fragen zu beantworten. Doch die Mühe kann sich lohnen und pro Jahr ein paar Hunderter sparen. Kein schlechter Stundenlohn für ein wenig Telefonarbeit, oder?

Mit einem modifiziertem Auto wird das Spiel ein wenig mühsamer. Durch hochwertige Alufelgen, einen schicken Karosseriebausatz, die nette Innenausstattung und eine dicke Anlage wird das Auto in den Augen der Versicherung für Diebe sehr verlockend. Die Kaskoprämie steigt entsprechend. Jetzt ist natürlich die Versuchung groß, der Versicherung die Modifikationen zu verschweigen, aber: Ehrlich währt am längsten! Manche Versicherungen nehmen das dankbar zur Kenntnis und bieten trotzdem die Möglichkeit, die Tuning-Extras aus dem Vertrag auszuklammern. Mit anderen Worten: Der Zeitwert des Autos wird im Falle des Totalverlustes ersetzt, nicht aber die Teile und die Arbeitszeit, die darin steckt.

Praxistipp

Wer bei einer Versicherungsgesellschaft anruft, landet nicht selten in einer Warteschleife. Selbst dann sollte man darauf achten, was man sagt. Nicht selten kommt nämlich auch das beim Empfänger an. Wer höflich und konzentriert bleibt hat erfahrungsgemäß bei den Verhandlungen bessere Karten.

Wissenswertes

Für die meisten wird schon aus Kostengründen eine Teilkaskoversicherung das Beste sein. Doch was bedeutet das eigentlich genau?

Haftpflicht

Das absolute Minimum und gesetzlioch vorgeschrieben.Damit sind nur Schäden an fremden Autos oder Dingen abgedeckt die unmittelbar vom eigenen Auto ausgehen. Wichtig ist eine eventuelle Erhöhung des Insassenversicherungsschutzes, der nicht immer ausreichend ist.

Teilkasko

Darin ist die Haftpflicht enthalten plus eine Versicherung gegen Diebstahl, Brand und Glasschaden! Bei dieser Art von Schutz kommt es sehr auf das Kleingedruckte an: Grundsätzlich wird der Zeitwert des Basisautos ersetzt, die Zubehörteile müssen oft extra versichert oder aber ausgeklammert werden.

Vollkasko

Theoretisch wird bei dieser Art Versicherung jeder Schaden (auch der eigene) ersetzt. So lange dem Fahrer keine Fahrlässigkeit vorgeworfen werden kann (wie Trunkenheit, überhöhte Geschwindigkeit, fehlende Betriebserlaubnis, abgefahrene Reifen usw.) wird bei einem Crash das eigene Auto repariert oder als Totalschaden ausbezahlt. Genau in diesem Gefühl von absoluter Sicherheit steckt auch die Tücke: Je mehr Schadensfälle denkbar sind, umso höher die Prämie und umso länger das Kleingedruckte mit Ausnahme und Auflagen! Im Grunde lohnt sich eine Vollkaskoversicherung nur wenn der Zeitwert entsprechend hoch und ein Totalschaden entsprechend schlimm ist.

Wertgutachten

Wenn die Versicherung einen Totalschaden oder Verlust bezahlen muss, wird sie sich immer am Zeitwert eines identischen Basismodells orientieren. Und das ist nicht immer viel. Die einzige Möglichkeit, bei einem Verschwinden des Autos etwas mehr Geld zu bekommen ist der Nachweis eines außergewöhnlich guten Zustandes oder des besonders niedrigen Kilomerstandes. Ein paar Rechnungen mit dem exakten Kilometerstand und ein paar Fotos mit Datum können hier Wunder bewirken. Um zu vermeiden, dass die Vorstellungen zu weit auseinanderdriften, ist es vielleicht ratsam, rechtzeitig ein Wertgutachten zu erstellen. Dazu wird das Auto mitsamt seiner Ein- und Umbauten von einem anerkannten Prüfer geschätzt. Auch das kostet einiges, erspart aber hinterher die Diskussionen mit der Versicherung. Auf Grund dieses Wertgutachtens kann auch eine individuelle Einstufung vorgenommen werden. Für beide Parteien eine faire und saubere Sache. Der angesetzte Wiederbeschaffungswert sollte realistisch sein. Wer untertreibt (also vor dem Gutachten die guten Alus abschraubt) hat genauso wenig verstanden wie der, der versucht, den Wert durch geliehene Alus in die Höhe zu schrauben. Oft genug wird im Schadensfall sorgfältig nachgeforscht.

Wessen Auto ist das eigentlich?

Leider sind die Versicherungen bei Fahranfängern und jungen Leuten relativ humorlos: In der so genannten Risikogruppe wird knallhart abkassiert. Deshalb ist die Versuchung groß, den Wagen über jemand anderen zu versichern. Das geht tatsächlich, denn Versicherungsnehmer und Halter müssen nicht identisch sein. Wenn also Papa oder Mama oder Onkel Bert über eine unbenutzte Police mit hohem Schadensfreiheitsrabatt verfügen, kann sich das lohnen. Nur leider kommt man dann nie von seinen eigenen Prozenten runter. Zudem sollte derjenige der Versicherungsnehmer sein, der das Auto überwiegend nutzt. Versicherungen lassen sich ungern beschwindeln, im Schadensfall wird genau nachgeforscht und es gibt eine Menge unbequemer Fragen zu beantworten. Ob sich das lohnt, muss jeder für sich selbst entscheiden.

Legale Wege um Geld zu sparen

Nach einigen Anrufen und Angeboten ist klar, was die Versicherungen hören wollen. Klar ist aber auch, dass wir nicht lügen wollen. Trotzdem kann man das Spiel mitspielen und gezielt nach besonderen Konditionen fragen.

Die Selbstbeteiligung

Die Selbstbeteiligung oder auch Eigenbehalt ist ein Mittel, um die Versicherungen vor einer Flut von Mini-Schadensansprüchen zu bewahren. So werden besonders die Vollkaskoverträge von den meisten Unternehmen nur mit einer bestimmten Selbstbeteiligung angeboten. Das bedeutet: Bei einer Selbstbeteiligung von 600 Euro werden bei jedem Schadensfall 600 Euro weniger ausbezahlt, als die eigentlichen Reparatur- oder Wiederbeschaffungskosten wert sind. Schäden darunter werden gar nicht bezahlt. Versicherungen mögen diese Erfindung und gewähren kräftige Preisnachlässe, sofern man bereit ist, eine hohe Selbstbeteiligung zu akzeptieren.

Die Kilometerbeschränkung

Auch dieser Rabatt ist leicht nachzuvollziehen: Ein Auto, das pro Jahr wenig fährt, hat weniger Gelegenheit, Schaden anzurichten. Aber bei weniger als 10.000 Kilometern pro Jahr lassen sich damit spürbare Preisnachlässe erreichen.

Fahrerbeschränkung

Je mehr verschiedene Leute mit dem Auto unterwegs sind, umso höher ist für die Versicherung das potentielle Risiko. Eigentlich sollte man tatsächlich davon ausgehen, dass der Besitzer das Auto vorsichtiger behandelt und mehr Erfahrung damit hat als fremde Menschen. Dafür gibt es Rabatt, allerdings dürfen andere tatsächlich nur noch im Notfall mit dem Auto fahren.

Garagenparker

Ganz klar ist das Auto nachts in der Garage besser aufgehoben als auf der Straße. Der ultimative Parkplatz ist aus Sicht der Versicherung eine Garage im Eigenheim. Danach folgt die Mietgarage und danach der Stellplatz. Unter Umständen kann es sich sogar lohnen, extra eine Garage oder einen Stellplatz anzumieten. Unbedingt checken!

Alarmanlage

Versicherungen mögen Alarmanlagen, schließlich helfen diese doch ab und zu die Auszahlung zu vermeiden. Doch Vorsicht: Nicht alle Diebstahlverhinderer oder Alarmanlagen werden anerkannt. Wer vor dem Einbau mit der Versicherung redet, kann nachher ruhig schlafen und hat noch Geld gespart.

Schadensfreiheitsrabatte

Wer ein Fahrzeug auf seinen Namen versichert hat und keine Schäden meldet, bekommt Jahr für Jahr einen günstigeren Tarif. Das funktioniert auch mit billigen Autos und Motorrädern die irgendwo in der Ecke stehen und überhaupt nicht benutzt werden. Wenn so ein Sparmodell auf der Straße steht, muss es allerdings auch TÜV haben.

Rabatt erhalten. Eine einfache Regel im Versicherungsgeschäft lautet: Wer nie etwas einfordert, muss auch weniger bezahlen. Wer viel Schäden anrichtet wird hochgestuft. Wenn also tatsächlich ein Schadensfall eintritt, sollte man sich gut überlegen, ob man den Schaden nicht vielleicht besser aus der eigenen Tasche zahlt. Wenn die Versicherung einspringt, ist nämlich der schöne Rabatt erst einmal dahin – zumindest in den meisten Fällen. Nur wenige Versicherungen gewähren hier eine Schonfrist nach dem Motto „Einen Schuss hat jeder frei". Die Rechnung ist dabei nicht ganz einfach, normalerweise muss man sich aber nur überlegen, wieviel teurer die Prämie in den nächsten beiden Jahren ist, wenn der Schaden gemeldet wird. Wenn eine gegnerische Versicherung für den Schaden aufkommen muss, dann wird natürlich die eigene Prämie nicht hochgestuft. Voraussetzung ist jedoch, dass nicht einmal ein Prozent Teilschuld festgestellt wird – und das ist heutzutage schwierig.

Schön sauber bleiben. Leichter gesagt als getan, doch wer sich nicht ständig mit dem Gesetz anlegt, schläft nicht nur ruhiger, sondern spart auch eine Menge Geld. Denn auch für Rechtsstreitigkeiten sollte eine Versicherung vorhanden sein. Nicht wenige haben sich bei dem Versuch ruiniert, die eigene Unschuld zu beweisen.

Versicherungs-freundliches Tuning?

Versicherungen mögen grundsätzlich keine Abweichungen von der Norm. Doch manche Modifikationen werden eher toleriert als andere. Deshalb haben wir ein paar Tipps für den Umgang mit einzelnen Modifikationen gesammelt, die aber auch nicht mehr als Tipps sein können. Denn jede Versicherung sieht die Sache anders und nicht zuletzt hängt die Akzeptanz auch von der eigenen Person ab.

Goldene Regel Nummer Eins: *Im Zweifel sollte die Versicherung über alles Bescheid wissen. Sonst kann im Schadensfall die Zahlung mit der Begründung des Vertragsbruchs verweigert werden.*

Goldene Regel Nummer Zwei: *Bevor viel Geld in das Auto gesteckt wird, sollte man mit seiner Versicherung abklären, welche Auswirkungen das hat. Das schützt vor bösen Überraschungen.*

Bremsanlage – Wer ein paar gelochte Scheiben oder andere Bremsbeläge einbaut, wird keine Schwierigkeiten haben – so lange die Teile eine ABE haben. Bei richtigen Sportbremsanlagen sieht die Sache anders aus: Diese sollte mit versichert werden und können bei einer individullen Einstufung einiges ausmachen.

Diebstahlschutz – Alarmanlagen, abschließbare Radbolzen, die eigene Garage in der das Auto über Nacht steht – das alles sollte die Versicherung ebenfalls interessieren und zumindest einen kleinen Rabatt wert sein. Wenn nicht, ist es vielleicht Zeit über einen Wechsel nachzudenken. Auf der anderen Seite sollten die Angaben natürlich auch stimmen. Wird das Auto vor der Haustür gestohlen, weil es nicht in der Garage stand, gibt es einen Erklärungsnotstand.

Fahrwerk – Eine äußere Veränderung und dazu noch sicherheitsrelevant. Eine einfache Tieferlegung mag noch nichts ausmachen, ein hochwertiges Gewindefahrwerk sollte jedoch unbedingt mitversichert werden.

Felgen – Sehr offensichtlich und damit sehr verführerisch für Diebe. Da ein Radsatz sehr wertvoll sein kann, sollte er unbedingt mit- oder sogar extra versichert werden. Die meisten Versicherungen verlangen dazu Fotos, Rechnungen und Maßnahmen zum Diebstahlschutz.

Innenraum – In der Denke einer Versicherung macht ein hochwertiger Innenraum das Auto attraktiver für Diebe. Stimmt schon – Schalensitze und Lederlenkräder sind begehrtes Diebesgut. Die Versicherung lässt da mit sich reden, vor allem wenn zusätzlich eine Alarmanlage eingebaut wird.

Karosserie – Selbst der kleinste Heckspoiler gilt als Modifikation und muss eingetragen werden. Anbauteile sollten je nach Wert auch bei der Versicherung als Zubehör angegeben werden. Die Prämie wird dadurch kaum steigen. Wenn es sich um Originalteile handelt (ST170 Stoßstangen oder Leuchten) ohnehin nicht.

Motor – Sanftes Motortuning, zum Beispiel mit einem Sportluftfilter, bringt nicht so viel Leistung, als dass sich die Versicherungseinstufung dadurch ändern würde. Bei einer Leistungssteigerung von über 10 Prozent sollte die Versicherung eingeweiht werden. Tipp am Rande: Ein umgebauter Basis-Focus mit nachträglich eingetragenem ST170 Motor oder zumindest ähnlicher Leistung kostet in der Regel deutlich weniger als ein Original-ST170.

Was alles passieren kann

Spätestens im Schadensfall kann jede Unwahrheit böse Folgen haben. Wenn der Sachverständige den verunfallten / abgebrannten / gestohlenen und wieder gefundenen Focus unter die Lupe nimmt und dabei Dinge entdeckt, von der die Versicherung nichts wusste, ist Ärger vorprogrammiert. Als erstes stellt sich die Frage, ob die Zubehörteile legal waren, und zweitens, ob die Teile in irgendeinem Zusammenhang mit dem Schaden stehen. Sollte dabei etwas nicht in Ordnung sein, ist man seiner Versicherung ausgeliefert. Eine Teilzahlung ist dabei noch das angenehmere Übel.

Der Schaden am eigenen Auto ist dabei noch das kleinste Problem. Wurde noch jemand anders geschädigt, geht die Summe rapide nach oben. Ganz schlimm sind Personenschäden, die schnell in den Millionenbereich abdriften können. Und wer zahlt das, wenn das Auto nicht richtig versichert war? Also keine Experimente in diesem Punkt.

04 Sicherheit

Es ist traurig aber wahr: Wer viel Zeit und Energie in sein Auto steckt, macht es leider nicht nur für sich selbst begehrenswerter. Auch kriminelle Elemente fühlen sich vom veredelten Wagen magisch angezogen.

Ärger vermeiden

Hand aufs Herz! Man tuned sein Auto doch hauptsächlich um aufzufallen und sich von der Masse abzuheben. Dabei sollte man ein wenig darauf achten, wo und wem man sein Schmuckstück zeigt. Besondere Zurückhaltung ist in der Nähe der Heimat angesagt. Es muss ja nicht jeder wissen, wie gut und wertvoll die im abgestellten Auto verbaute Anlage ist.

Natürlich gilt das auch fern der Heimat. Ein stark frequentierter, gut beleuchteter Parkplatz ist immer erste Wahl..

Auch beim Tanken sollte man sein Auto abschließen. Die Versicherungsbranche hat einen schönen Ausdruck für das nicht abschließen: „Fahrlässigkeit". Und wer fahrlässig handelt, geht in Zukunft zu Fuß.

Glücklich kann sich schätzen, wer eine Garage hat. Nur sollte diese auch abgeschlossen sein.

Generell sollte man tun was man kann, um Dieben das Leben so schwer wie möglich zu machen. Eine zusätzliche Lenkradsicherung kann den entscheidenden Unterschied machen.

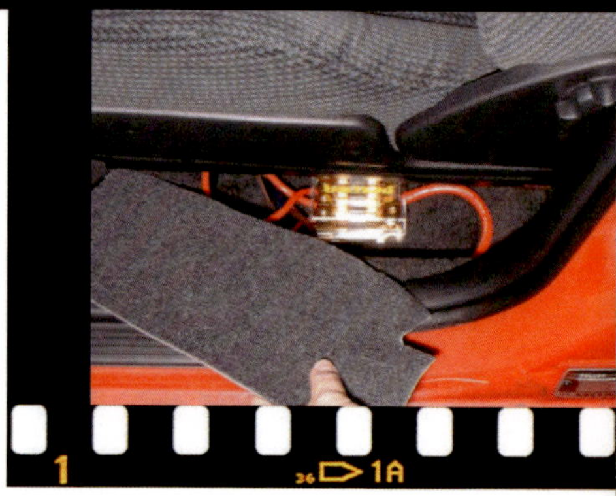

Ein Wort zur Stereo-Anlage

Wer seinem Auto schicke Alu-Felgen spendiert, hat bestimmt auch eine nette Anlage eingebaut. So weit denken aber natürlich auch Diebe. Ein dezenter Einbau kann vielleicht den einen oder anderen schlimmen Finger, der einen gierigen Blick durch die Scheibe wirft, in seinem Tatendrang bremsen.
CD-Hüllen, die im Auto herumliegen, steigern diese Neugier eher noch. Fette Lautsprecher in der Hutablage sind ein sicherer Hinweis und wirklich leicht zu stehlen. Beim Einbau sollte man sich also ein paar Gedanken darüber machen, ob alles auf dem silbernen Tablett präsentiert werden muss. So sind hochwertige Kabel offen verlegt natürlich eine tolle Sache, führen aber direkt zu den Komponenten. Die meisten Head-Units haben heute abnehmbare Bedienteile und können damit relativ leicht unbrauchbar gemacht werden. Nur muss man die Bedienteile auch aus dem Auto nehmen und nicht etwa ins Handschuhfach oder in die Türtasche legen.

Alarmanlagen und ihr Nutzen

Auf eine Alarmanlage sollte man keineswegs verzichten. Auch wenn das Teil nur einmal etwas nützt, hat es sich schon bezahlt gemacht.

Die simpelste und billigste Lösung ist natürlich mit Hilfe einer oder mehrerer LED so zu tun, als ob eine Alarmanlage eingebaut wäre. Profis wird dieser Fake natürlich nicht abhalten, wohl aber den einen oder anderen Gelegenheitsdieb.

Auch die manuellen Wegfahrsperren (wie eine Lenkradsperre) können abschrecken. Nämlich immer dann, wenn ein Dieb nicht speziell an diesen Auto interessiert ist. Er wird sich eine leichtere Beute suchen, Auswahl gibt es ja genug.
Natürlich kann man auch jedes Mal ein wichtiges Teil wie die Sicherung der Benzinpumpe, den Läufer im Zündverteiler oder das Kabel von der Zündspule in die Tasche stecken. Kaum ein Dieb hat entsprechende Ersatzteile dabei.
Das einzige Mittel, Profis abzuhalten, sind aber komplexe und intelligente Alarmsysteme. Die Wegfahrsperre allein hilft natürlich nicht gegen jemand, der scharf auf die Räder oder die Anlage ist.
Ein beliebter Trick in Ganovenkreisen ist, die Alarmanlage mehrmals mit Absicht auszulösen. Spätestens nach dem fünften Mal haben es Besitzer (und seine Nachbarn) satt, nach den Gründen für den vermeintlichen Fehlalarm zu suchen. Die Anlage bleibt dann für den Rest der Nacht ausgeschaltet. Was aber nur den Nachbarn und den Ganoven so richtig freut...

Was es auf dem Markt so gibt:

1 Nachrüst-Alarmanlage inklusive Wegfahrsperre.

2 Elektronische Wegfahrsperre.

3 Kodierung von Teilen wie den Scheiben zur späteren Nachverfolgung

4 Mechanische Sperren, wie abschließbare Radbolzen, Sicherheitsfolien an den Scheiben, Lenkradsicherungen.

5 Geräte zur Nachverfolgung per GPS.

Was die Alarmanlage haben sollte:

1 Mehrstufigen Bewegungssensor: Damit die Anlage nicht jedesmal losheult, wenn eine Katze auf die Motorhaube springt, sondern erst bei stärkeren Erschütterungen oder mehrmaligen aufeinander folgenden Stößen.

2 Neigungssensor: Registriert jedes Aufbocken oder Anheben, zum Beispiel wenn jemand die Räder stehlen möchte. Auch Abschleppversuche werden dadurch vereitelt.

3 Anti-hijack: Wegfahrsperre mit eingebauter Verzögerung. Der Motor geht erst nach gewisser Zeit aus und damit an einer für den Dieb garantiert ungünstigen Stelle. Achtung: Zulassungsrechtliche Probleme in Deutschland.

4 Codewechsel: Das Funksignal der Fernbedienung kann abgefangen und kopiert werden. Wenn Sender und Empfänger den Code häufig wechseln, ist diese Gefahr geringer.

5 Vollverriegelung: Zentralverriegelung, elektrische Fenster und das Schiebedach fahren automatisch zu, wenn Alarm ausgelöst wird. Praktisch für Vergessliche, peinlich für den Dieb.

6 Benachrichtigung: Die Alarmanlage sendet eine Nachricht an einen Pager oder das Handy des Besitzers.

7 Zeitverzögertes Einschalten: Programmierbare Alarmanlagen können zum Beispiel das Nachlaufen eines elektrischen Motorlüfters berücksichtigen. Eine solche Anlage wird dann erst nach einer gewissen Zeit vollständig scharf.

Methoden der Diebe

Methode 1 Die einfachste Art für den Dieb ist es, eine Seitenscheibe einzuschlagen. Im Gegensatz zur Frontscheibe geht diese leicht kaputt, macht aber dabei einen Höllenlärm. Viel Zeit hat der Dieb also nicht. Eine simple Alarmanlage, die mit den Türkontaktschalter oder einer Spannungsmessung arbeitet, wird dabei nicht einmal losgehen.

Abwehr 1 Eine gute Alarmanlage wird mit dem Erschütterungssensor ausgelöst. Noch wirkungsvoller ist ein Ultraschall-Sensor, der den Innenraum überwacht und eindringende Objekte (oder Subjekte) erkennt.

Abwehr 2 Eine Sicherheitsfolie, die von innen auf das Glas geklebt wird, verhindert das einfache Einschlagen der Scheibe recht wirkungsvoll.

Methode 2 Anstatt einen Stein durch das Fenster zu werfen, lassen schlauere Diebe die Scheibe einfach platzen. Dazu wird mit einem Gegenstand zwischen Scheibe und Türrahmen gehebelt. Der angerichtete Schaden ist dann meist noch größer.

Abwehr Der Erschütterungsalarm wird dabei kaum ausgelöst, auch ist diese Methode deutlich leiser als die brutale Version mit dem Stein. Das einzige was hier hilft, ist ein Ultraschallsensor, vor allem wenn er von außen sichtbar ist. Hoffentlich verliert der Dieb dann schon die Lust.

Methode 3 Einige Autos haben ab Werk verwundbare Punkte im Tür-Schließsystem. Manche lassen sich mit Werkzeug schneller und einfacher öffnen als mit dem Schlüssel. Diese Schwachstellen sind in der Szene allgemein bekannt, wir möchten Sie hier trotzdem nicht wiedergeben...

Abwehr Für einige populäre Modelle gibt es spezielle Türverstärkungsplatten, die solche Schwachpunkte am Schloss gezielt beseitigen. Sollte der Dieb es trotzdem geschafft haben die Tür zu entriegeln, reicht hoffentlich die Wirkung der Basis-Alarmanlage aus.

Methode 4 Der nächste Level ist der Versuch die Alarmanlage auszuschalten. Entweder werden dabei die Kabel zu Hupe oder Stromversorgung durchgezwickt, oder es wird gleich die Motorhaube aufgehebelt, um sich Zugang zu Batterie und Elektrik zu verschaffen.

Abwehr 1 Wenn die Alarmanlage freie Anschlüsse hat, sollte unbedingt ein Kanal für die Motorhaube reserviert werden. Beim Einbau darauf achten, dass Kabel oder Schalter an einer möglichst unzugänglichen Stelle sitzen.

Abwehr 2 Das Alarmmodul selbst sollte gut versteckt und auch von unten möglichst unerreichbar sein.

Abwehr 3 Die Stromversorgung sollte nach Möglichkeit nicht direkt an der Batterie angeschlossen sein. Jeder Dieb wird natürlich zunächst alle nicht serienmäßigen Kabel dort kappen. Ein Abzweig im Sicherungskasten ist die bessere Wahl, die Optik sollte dabei möglichst unauffällig sein.

Abwehr 4 Der Kabelbaum der Alarmanlage sollte mit Hilfe von schwarzem Isolierband in den bestehend Kabelbaum integriert werden. Dadurch sind die Kabel auch gut gegen Einklemmen, Hitze und Unfallfolgen geschützt – ansonsten könnte es bei einem Kurzschluss passieren, dass sich die Alarmanlage oder die Wegfahrsperre nicht mehr deaktivieren lassen.

Abwehr 5 Eine zweite Stromversorgung für die Alarmanlage ist die beste Lösung. Selbst wenn der Dieb es schafft, unter der Motorhaube die Batterieanschlüsse zu kappen, bleibt der Alarm aktiv.

Um einen Rabatt bei der Versicherung zu bekommen, muss die Alarmanlage natürlich bestimmte Anforderungen erfüllen. Außerdem muss die Anlage dann von qualifiziertem Personal eingebaut worden sein. Der Einbau einer solchen Anlage ist also nicht immer ein klassischer Fall für Do-It-yourself.

Blink-LED

Alles was wir dafür brauchen, ist eine Plus-Leitung, Masse-Anschluss, eventuell einen Ein-/Aus-Schalter und eine simple, billige Blink-LED aus dem Elektronik-Fachhandel.

Da eine LED nur sehr wenig Strom benötigt, kann die Leuchte bedenkenlos an jede Dauerplus-Leitung angeschlossen werden. Eine Möglichkeit ist am Memory-Anschluss des Radios (meist ein blaues Kabel), oder aber man sucht sich mit der Prüflampe am Sicherungskasten ein Dauerplus. Dauerplus bedeutet: Auch bei ausgeschalteter Zündung liegen immer 12 Volt an.

Die Masse-Zuleitung kann mit Hilfe einer kleinen Blechschraube direkt am blanken Karosserieblech angeklemmt werden.

Der beste und einfachste Platz für die LED ist einer der zahlreichen Blindschalter. In jedem Auto gibt es mindestens einen dieser Platzhalter, die sich leicht aus der Halterung drücken lassen.

Dann bohren wir ein passendes Loch und stecken die LED bis zum Bund in dieses Loch. Wer auf Nummer sicher gehen will, sichert auf der Rückseite mit einen Tropfen Sekundenkleber. Die Anschlusskabel laufen dann im Armaturenbrett entlang zum Schalter. Aufpassen, dass die Kabel nicht eingeklemmt werden oder an bewegliche Teile geraten!

Das rote Pluskabel wird direkt an die LED angeschlossen, das schwarze Minuskabel geht zunächst an den einen Pol des Schalters, und vom anderen Pol aus weiter zur LED. Der Schalter selbst sollte außerhalb des Blinkfeldes, aber trotzdem in Reichweite des Fahrers sein. Das Ganze sieht wichtiger aus als es ist, aber besser als nichts...

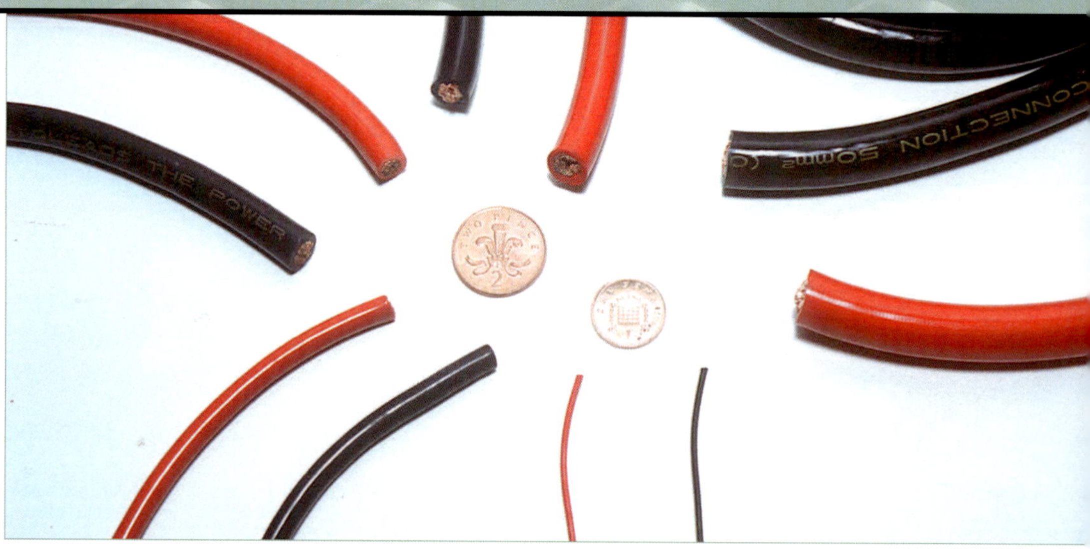

Anschluss-wissen

Wer seine Alarmanlage an die Batterie anschließen möchte, wählt besser nicht den üblichen Anschluss direkt am Batteriepol, sondern die unauffällige Variante weiter unten am Kabel, das zum Anlasser führt. Damit laufen die Ganoven an der Batterie ins Leere.

Achtung: Während der Montage sollte immer die Batterie abgeklemmt sein. Bei einem Kurzschluss kann sonst der gesamte Kabelbaum abbrennen. Alle diesen Verbindungsarten sollten zusätzlich isoliert werden. Kontakt mit blanken Stellen oder freiliegende Drähte müssen unter allen Umständen vermieden werden!

Die Anschlussmöglichkeiten:

Löten

Vorsichtig ein Stück Isolierung des stromgebenden Kabels enfernen, das anzuschließende Kabel am Ende großzügig abisolieren, um das andere Kabel wickeln und das Ganze mit Lötzinn verbinden. Wer keine Übung im Löten hat, sollte zuerst an ein paar Kabelresten probieren.

Rund-/Flachstecker

Das stromgebende Kabel durchschneiden, das Ende abisolieren und zusammen mit dem neuen Kabel in einen isolierten Stecker einführen und mit der Elektro-Zange verpressen. Achtung! Bei stromführenden Kabeln immer das weibliche Stück verwenden. Falls sich die Verbindung löst, werden so Kurzschlüsse vermieden.

Parallelverbinder

Dabei wird das stromführende Kabel durch eine Strombrücke mit dem neuen Kabel verbunden. Beide Kabel einführen, mit einer Zange zudrücken und fertig! Wichtig ist die richtige Größe für den jeweiligen Kabelquerschnitt.

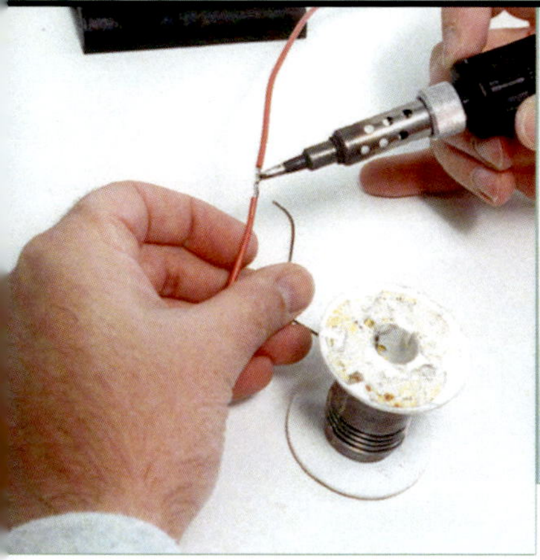

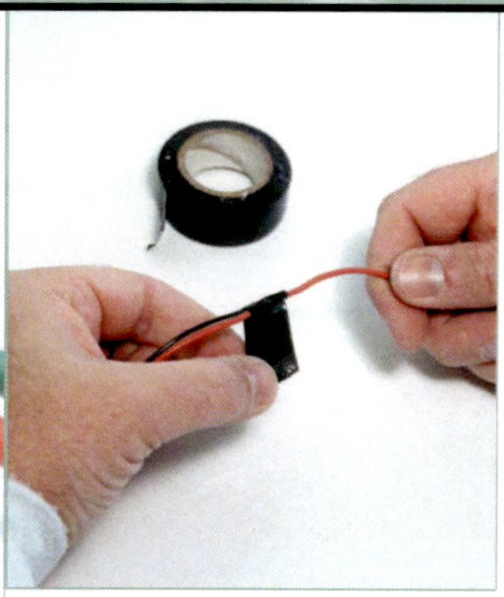

Zusätzlicher Sicherungs-kasten

Für zusätzliche Einbauten wie die Anlage, Neonleuchten oder den Starterknopf brauchen wir Strom. Und der ist nicht immer leicht zu finden. Am besten bauen wir an einer gut zugänglichen Stelle einen zusätzlichen Sicherungskasten ein. Damit ist das Thema erledigt.

Achtung!
Der Minuspol an der Batterie sollte während der Montage abgenommen sein und erst wieder angeschlossen werden, wenn alles erledigt ist!

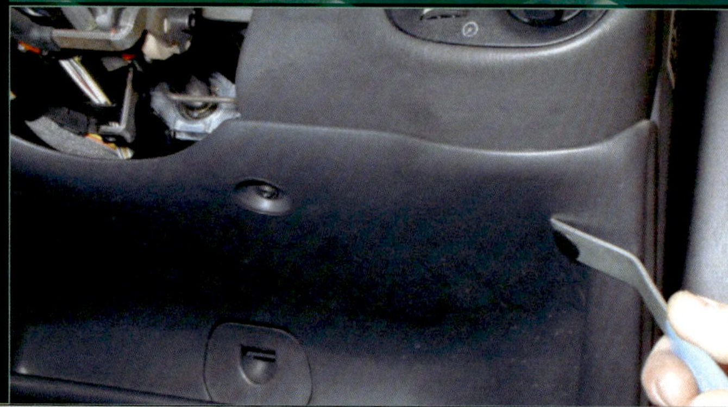

Als erstes muss ein Pluskabel von der Batterie zum späteren Sicherungskasten gelegt werden. Doch Vorsicht: Der Anschluss an die Batterie darf erst ganz am Ende erfolgen! Außerdem sollte das Kabel dick genug sein, um alle angeschlossenen Verbraucher zu versorgen. Ein achtfacher Strang aus 2,5 Millimeter-Kabeln sollte als Versorgungsleitung ausreichen.
Welcher Verbraucher an welche Sicherung angeschlossen ist, sollte man sich unbedingt notieren. Der Zettel kann dann im Handschuhfach zusammen mit ein paar Ersatzsicherungen auf seinen Einsatz warten. Wenn eine Sicherung durchbrennt, erspart das eine langwierige Suche.

01 Als erstes suchen wir uns einen Platz für den neuen Sicherungskasten. Leider gibt es im Focus-Cockpit wenig ebene Flächen. Eine befindet sich unterhalb der Lenksäule. Also entfernen wir die drei Halteschrauben und den Plastik-Halter.

02 Dann den Stecker entfernen und die Verkleidung abnehmen.

03 Wenn die richtige Position gefunden ist, zeichnen wir auf der Rückseite die Umrisse an...

04 ...schneiden die Öffnung aus, stecken den Sicherungskasten durch und bohren die Befestigungslöcher.

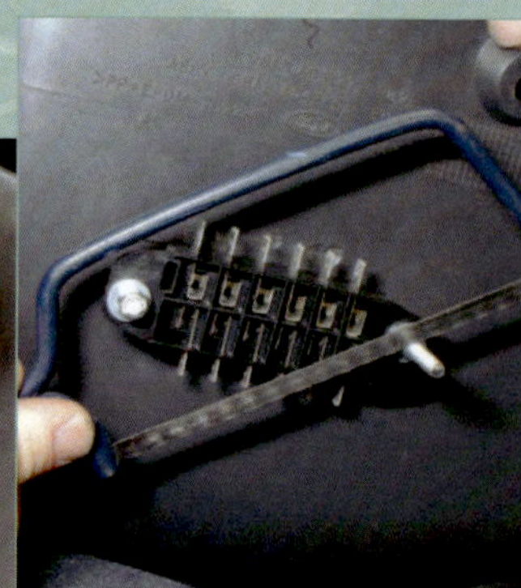

05 Mit ein paar Schrauben wird der Kasten dann fixiert. Damit die Verkleidung wieder ordentlich passt, mussten wir die Schrauben ein wenig kürzen.

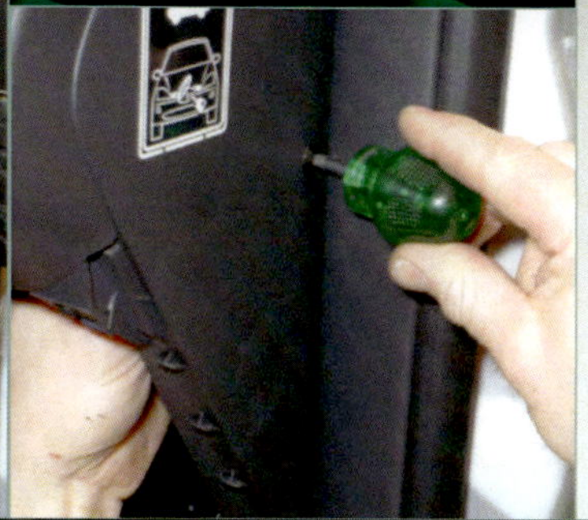

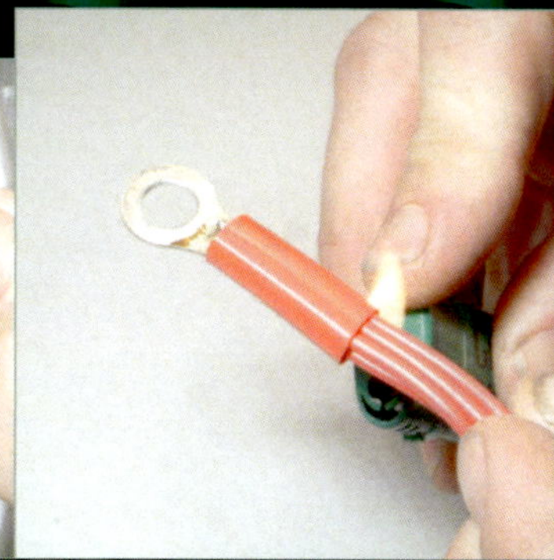

06 Als nächstes kommt die Anschlussstelle an die Reihe.

07 Diese schrauben wir von innen hinter die Verkleidung.

08 Das wird das Sechsfach-Kabel von der Anschlussstelle zum Sicherungskasten. An das eine Ende kommt eine passende Ringöse. Die Kabel sollten verlötet und mit einem Schrumpfschlauch geschützt werden.

09 Dann kann die Zuleitung an der versteckten Anschlussstelle befestigt werden.

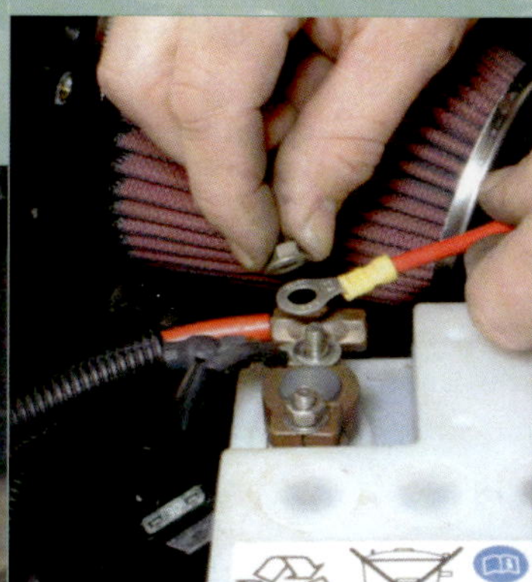

10 Am anderen Ende der Leitung sitzen dann die Anschlussstecker an den Sicherungskasten. Natürlich werden auch diese verlötet und ordentlich mit Schrumpfschlauch geschützt!

11 Fehlt eigentlich nur noch die Verbindung zur Batterie im Motorraum. Der einfachste Weg führt durch den Stopfen, durch den auch der Hauptkabelbaum führt. Leider sitzt dieser im Radhaus, was das Ganze etwas zeitaufwändig macht.

12 Also aufbocken, Rad abnehmen und die vier Schrauben der Verkleidung lösen.

13 Dahinter sitzt ein Plastikdeckel, der mit zwei Nieten gehalten wird. Nieten ausbohren und Deckel abnehmen.

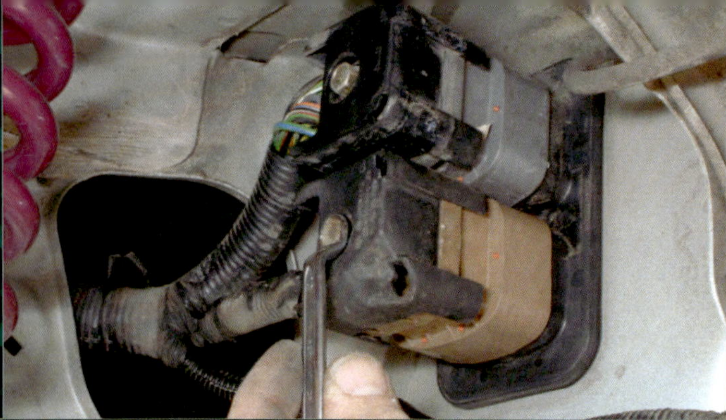

14 Dann nehmen wir den unteren Stecker ab, da an diesem erfahrungsgemäß weniger Pins belegt sind.

15 Mit einem passendem Bohrer bahnen wir unserem Kabel nun einen Weg durch den Stecker.

16 Unser Zuleitungskabel von der Batterie kann jetzt durch den Stecker geführt werden.

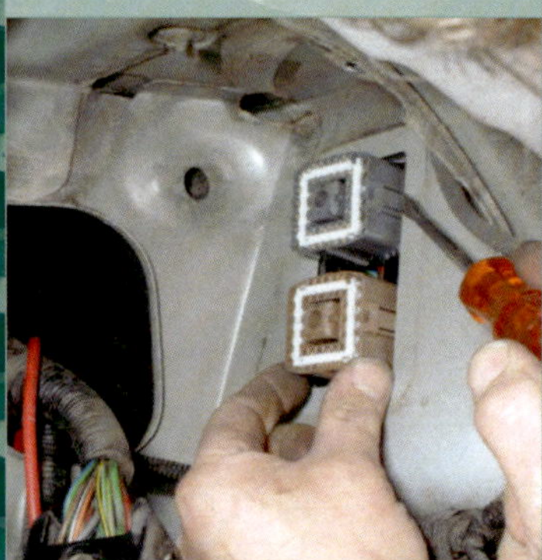

17 Das Gegenstück in der Karosserie clipsen wir aus...

18 bevor wir uns daran machen, das Handschuhfach auszubauen.

19 Dazu müssen drei Schrauben gelöst und das Handschuhfach an den Seiten etwas zusammengedrückt werden.

20 Um an den Sicherungshalter zu kommen, muss eine weitere Verkleidung weichen.

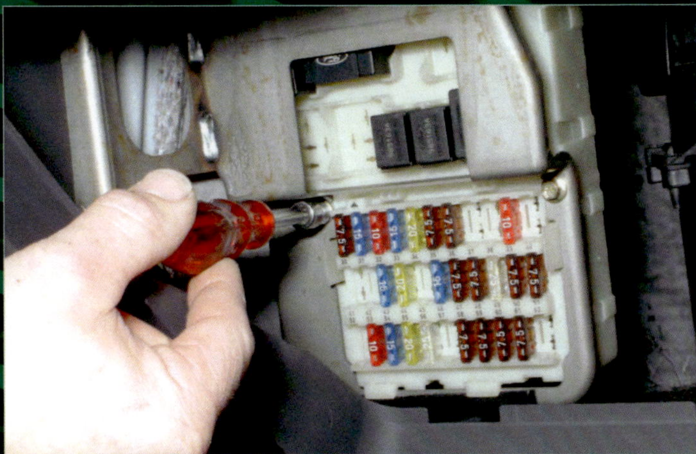

21 Der Kasten selbst ist mit zwei kleinen Schrauben...

22 ...und zwei Plastik-Haltenasen befestigt.

23 Jetzt endlich haben wir auch das Gegenstück in der Hand.

24 Nachdem wir nochmals geprüft haben, durch welchen Anschluss unser Kabel führen soll, bohren wir auch hier den Stecker auf.

25 Das Kabel führt nun durch den hoffentlich immer noch wasserdichten Stecker vom Motorraum in den Innenraum.

26 Bevor wieder alles zusammengebaut wird, sollte man das Kabel bis zum Anschluss verlegen. Und zwar ordentlich und ohne Zugbelastung.

Alarmanlage einbauen

Eine bereits installierte Zubehör-Alarmanlage kann ein Albtraum sein. Also am besten Finger weg davon. Wer seine Alarmanlage selber einbaut, sollte das gut dokumentieren und dem nächsten Käufer die Aufzeichnungen und Bilder freundlicherweise überlassen.

Hinweis: Wie bei allen Arbeitsschritten in diesem Buch bauen wir auch in diesem Kapitel eine bestimmte Anlage in ein bestimmtes Auto ein. Bei einem anderen Auto oder einer anderen Anlage können die Dinge etwas anders aussehen. Also im Zweifel unbedingt die Einbauanleitung des jeweiligen Herstellers lesen und befolgen.
Bei der gezeigten Alarmanlage handelt es sich um den Typ MicroScan, die zu einem günstigen Preis eine Menge Möglichkeiten bietet.

01 Als erstes klemmen wir den Minuspol ab um keine Kurzschlüsse zu fabrizieren.

02 Dann suchen wir einen sicheren Platz für die Sirene. Diese sollte schwer ereichbar sein – auch von unten – und nicht unbedingt neben den Einfüllöffnungen für Flüssigkeiten sitzen.

07 Dann kann das Modul im Motorraum angeschlossen werden.

08 Der Schalter für die Motorhaube sollte in der Nähe der Batterie sitzen. Glück für uns Focus-Besitzer: Direkt dort ist schon ein Loch im Frontblech!

09 Daneben bohren wir noch ein kleines Loch für die Befestigungsschraube und als Massepunkt.

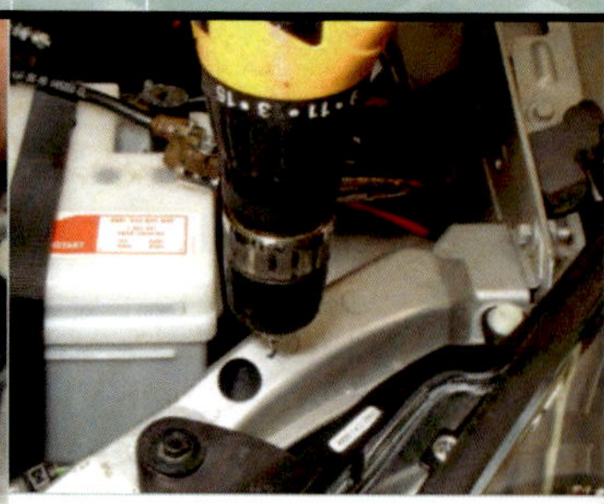

10 Schon kann der Kontaktschalter angeschlossen und montiert werden!

03 Um am Innenkotflügel ein Loch zu bohren, mussten wir uns eine biegsame Welle besorgen – für die dicke Bohrmaschine war kein Platz.

04 Nachdem der Halter angeschraubt ist, findet auch das Modul seinen Platz.

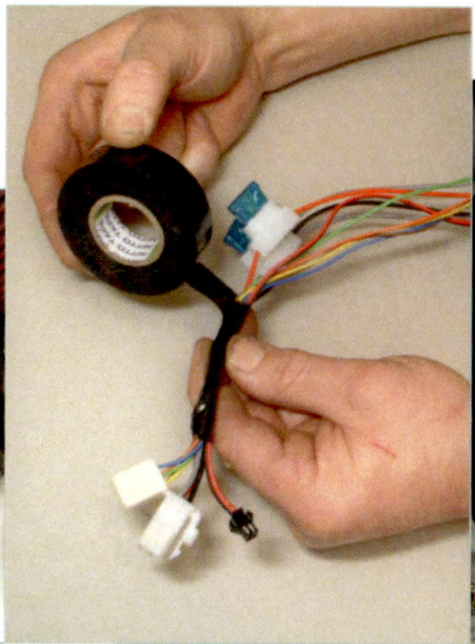

05 So viel zum einfachen Teil – jetzt geht es wieder an die Kabel. Die meisten Anschlüsse müssen in den Innenraum, jedoch nicht alle. Der Kontaktgeber für die Motorhaube bleibt im Motorraum, den Rest binden wir zusammen.

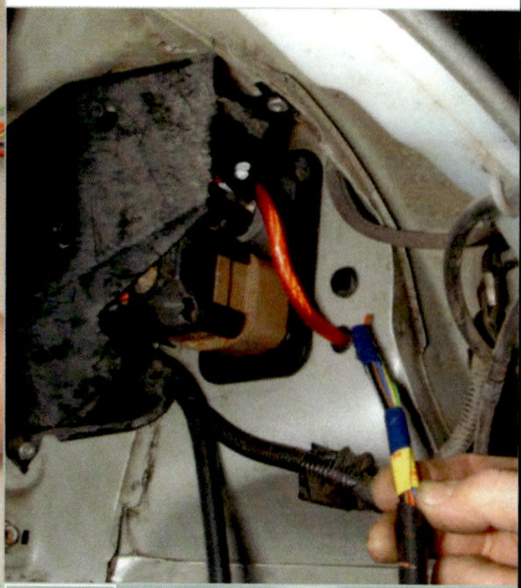

06 Diesmal gehen wir nicht durch den Stecker des Motorkabelbaumes sondern bohren oberhalb ein neues Loch, das unbedingt mit einer Gummidurchführung verschlossen werden muss.

11 Mit einem Durchgangsprüfer beziehungsweise einem Multimeter mit akustischem Signal testen wir, wann beim Öffnen der Haube der Alarm ausgelöst wird.

12 Mit einer Säge kürzen wir den Kontaktschalter nun so lange, bis der Alarm früh genug losgeht. Vorsicht beim Kürzen: Wer zu viel absägt, fährt entweder bald hupend durch die Gegend oder kauft sich einen neuen Schalter.

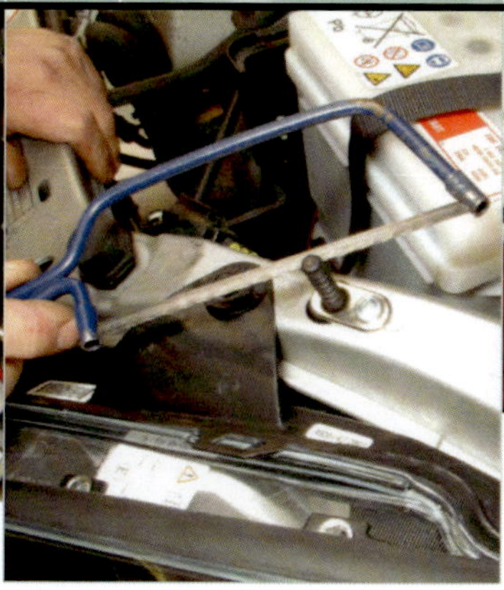

13 Weiter geht s im Innenraum: Für die Unterbringung der Ultraschallsensoren müssen wir die A-Säule freilegen. Mit etwas Gefühl geht das auch ohne die Plastik-Clips zu zerbrechen.

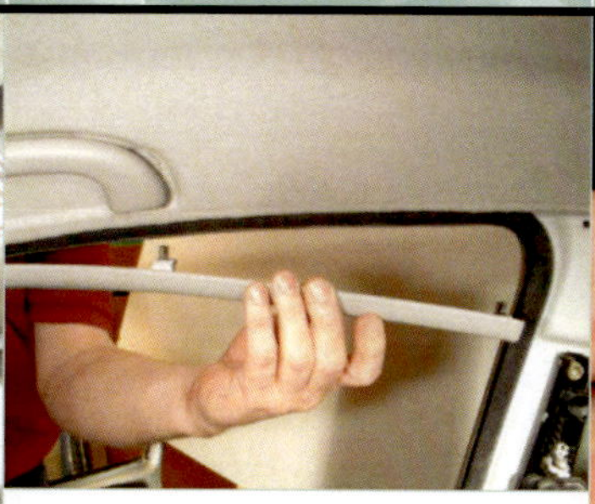

14 An der Verkleidung markieren wir den Punkt, an dem der Sensor sitzen soll, und bohren ein Loch.

15 Das Kabel für den Sensor wird an der Rückseite der Verkleidung nach unten geführt. Dazu schnippeln wir eine Durchführung in die Kante.

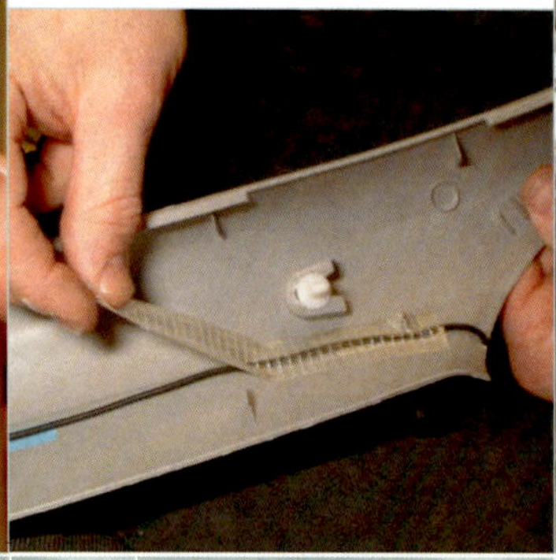

16 Damit das Kabel später keine Geräusche verursacht und bei der Montage nicht eingeklemmt werden kann, fixieren wir es mit Klebeband.

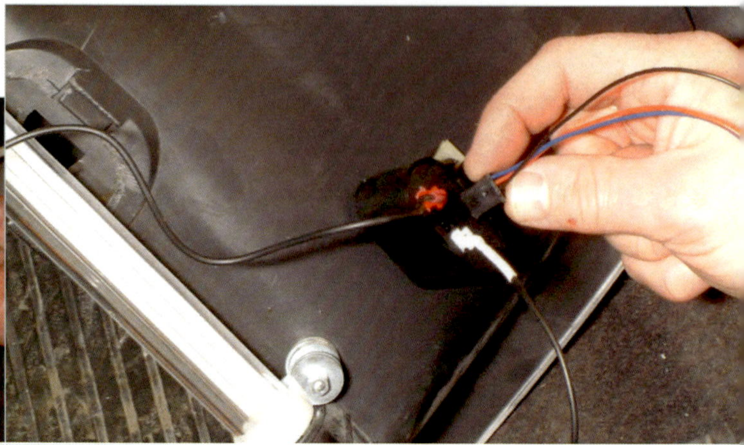

17 Das Modul für die Ultraschall-Sensoren montieren wir unter die Fußraumabdeckung. Abgesehen von den beiden Sensoren hat das Modul drei weitere Anschlüsse: rot (für Batterie plus), schwarz (für Masse) und blau (für den Motorhauben-Kontaktschalter).

22 Die zwei grauen Kabel der Alarmanlage werden dann mit blau und blau/rot verbunden.

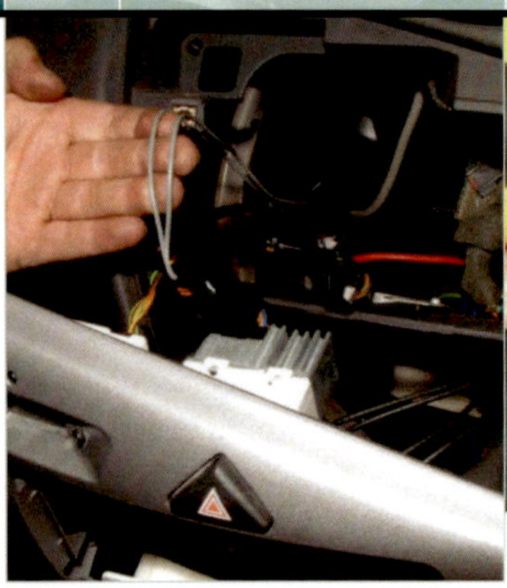

23 Damit die Alarmanlage sichtbar ist, installieren wir in der Mitte des Armaturen-trägers noch eine LED. Es schmerzt vielleicht, dort ein Loch zu bohren, aber mit einem scharfen Bohrer in der richtigen Größe sollte eigentlich nichts passieren.

24 LED und Kabel werden von hinten eingeführt und in den Halter gesetzt. Die Kabel müssen sauber verlegt sein, damit beim Einsetzen des Radios nichts herausreißen kann.

25 Unsere Alarmanlage muss noch mit dem Steuergerät für die Zentralverriegelung verbunden werden. Der Kasten sitzt im Fußraum.

18 Wie gut, dass wir unter der Verkleidung eine neue Stromquelle haben. Dort schließen wir Plus für das Ultraschallmodul an.

19 Die Masse holen wir von diesem Punkt an der A-Säule.

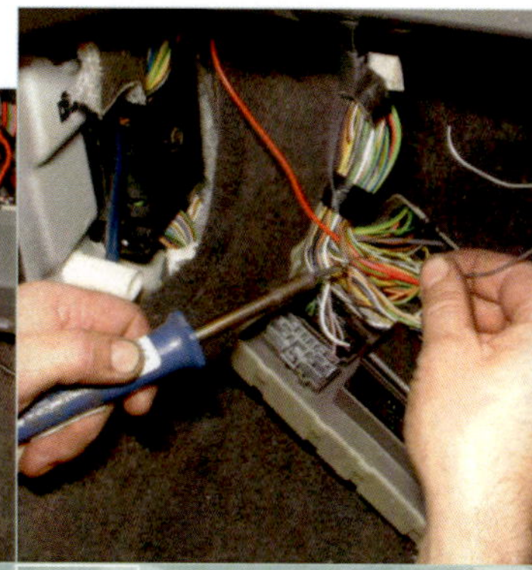

20 Die Haupt-Stromversorgung für die Alarmanlage zapfen wir auf der Rückseite des Sicherungskastens ab. In diesem Fall von der Stromversorgung für das Innenlicht (orange/blau). Der Anschluss für das Kofferraumlicht sollte das blau/schwarze Kabel sein. Beides sollte vorher noch im Schaltplan gecheckt werden.

21 Da bei Alarm auch die Blinker blinken sollen, müssen wir an den Warnblinkschalter. Nach dem Ausbau des Radios ist dieser nur noch vier Schrauben weit entfernt.

Als Erstes schrauben wir das Steuergerät ab, um besser an die Kabel zu gelangen. In unserem Fall müssen ein blaues und ein grünes Kabel mit dem orange/schwarzen und grün/schwarzen aus dem Kabelbaum verbunden werden. 26

Zeit für einen ersten Test! Dazu halten wir die Haube offen, drücken aber den Motorhauben-Kontaktschalter herunter. So kann zur Not die Sicherung gezogen oder die Batterie abgeklemmt werden. Nicht vergessen: Die Alarmanlage braucht eine gewisse Zeit, bis sie wieder scharf ist. Normalerweise um die 30 Sekunden... 27

Zum Schluss stellen wir die Empfindlichkeit des Erschütterungssensors ein. Lieber etwas weniger scharf – damit Nachbars Katze und ein vorbeifahrender Lkw nicht sofort Alarm auslösen. 28

05

Body styling

Body styling

Ein komplett neues Outfit gehört zu den Königsdiziplinen des Tuning. Wer einen Karosserieumbau plant, sollte sich zuerst überlegen, ob das Budget einen kompletten Kit erlaubt oder ob die Teile nach und nach angebaut werden. Leider ist das nicht bei allen Bausätzen möglich. Wer noch keinen bestimmten Stil im Auge hat, sollte sich zuerst in den einschlägigen Zeitschriften und im Netz ein paar Anregungen holen.

Noch einmal: Das Aussehen eines Autos komplett zu verändern ist keine leichte Übung. Wer sich zu den Anfängern zählt, sollte vielleicht besser mit kleinen Dingen beginnen, bevor er sich für einen kompletten Karosseriebausatz entscheidet. Tatsächlich ist das Ganze kein billiges Vergnügen und wenn hier etwas daneben geht ist die Optik im Eimer! Also besser zunächst ein paar kleine Dinge modifizieren als hinterher in Tränen auszubrechen!

Zu den goldenen Regeln im Umgang mit Karosserieteilen gehört auch die sorgfältige Planung und genügend Zeit und Ruhe. Logischerweise ist es besser, wenn das Auto zwischendurch eine Woche länger in der Garage steht und etwas komisch aussieht, als wenn es auf Dauer komisch aussieht. Dazu ist etwas Planung nötig, alle Schritte sollten vorher genau durchdacht sein: Sind alle Werkzeuge, Schrauben und so weiter vorhanden? Nichts nervt mehr, als die Arbeit ständig unterbrechen zu müssen! Sind Freunde da falls etwas klemmt oder zu zweit leichter erledigt werden kann? Und über allem steht: Ruhe bewahren, auch wenn etwas nicht auf Anhieb funktioniert..

Das gilt besonders für das Auseinandernehmen: Wenn sich ein Teil so anfühlt als wollte es gleich abbrechen, so wird es das wahrscheinlich auch im nächsten Moment. Tief durchatmen und nach einer anderen Lösung suchen! Speziell bei älteren Autos gehen Dinge meistens nicht so leicht ab wie bei einem Neuwagen – oder aber so leicht, dass sie hinterher nicht mehr zu befestigen sind. Auch wenn wir alle perfekte Arbeit hinlegen wollen, manchmal ist man doch gezwungen zu improvisieren. Das sollte jedoch eher die Ausnahme als die Regel sein. Bricht zum Beispiel während der Demontage ein Befestigungsclip, ist es sicher einfacher, ein paar neue beim Ford Händler zu kaufen, als sich eine alternative Befestigungsmethode auszudenken. Denn natürlich passiert das auch den Profis, was bedeutet, dass die Clips bestimmt auf Lager sind.

Spieglein, Spieglein...

Beginnen wir mit einer relativ leichten Übung: DTM oder so genannte M3-Spiegel sind leicht zu montieren und in der Szene schon fast ein Muss.

Prinzipiell sind bei der Auswahl der Spiegel keine Grenzen gesetzt. Wer sich von der Masse abheben will, kann fast jeden Spiegel an jedes Auto bauen. Das bedeutet unter Umständen aber sehr viel Arbeit. Da der Focus ein weit verbreitetes Auto ist, gibt es jedoch auch genügend Auswahl an Nicht-Serien-Spiegeln. Warum sich also das Leben unnötig schwer machen?

Allerdings gibt es bei den Spiegel auch noch Ausführungen mit diversen Spielereien. So zum Beispiel mit integrierten Blinkern, Einstiegsleuchten oder kleinen Schaltern, um Türen ohne Türöffner zu entriegeln.

DTM-Style Spiegel

01 Die alten Spiegel abzubauen ist einfach und dauert nur ein paar Minuten. Bei elektrischen Spiegeln sollte sicherheitshalber die Batterie abgeklemmt werden.

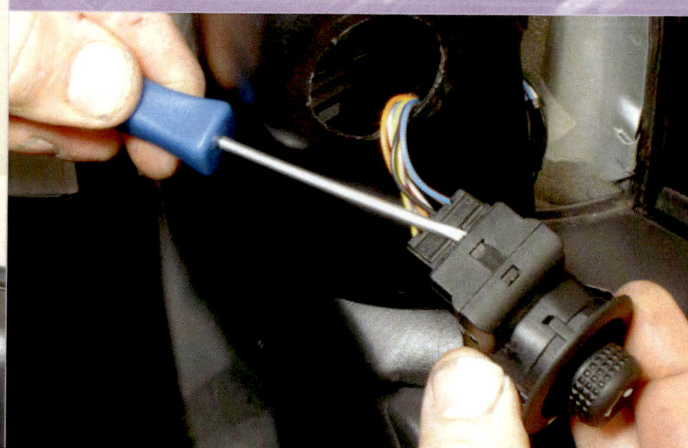

02 Da neuen Spiegel nicht mehr elektrisch verstellbar sind, entfernen wir den Schalter komplett.

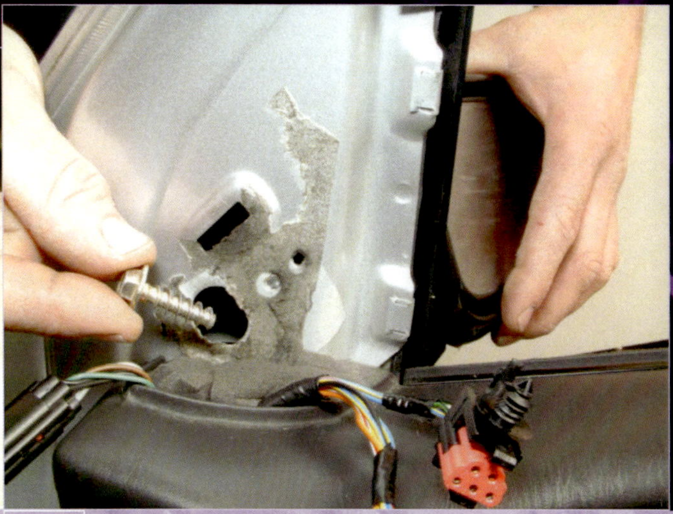

03 Dann ziehen wir den Stecker an der Zuleitung ab und verstauen den Rest sorgfältig.

04 Hinter dem Schaumstoff sitzt die Schraube, die den Spiegel hält. Beim Lösen nicht vergessen, den Spiegel festzuhalten! Schließlich könnte man diesen gut aufheben und beim Verkauf oder in Notfällen wieder montieren.

05 Jetzt wird der neue Spiegel an dem Halter befestigt. Da es sich hier um ein passendes Focus-Teil handelt, dürfte es kaum Probleme geben. Bei Universel-Spiegeln dagegen fängt hier das große Basteln an...

06 Trotzdem schauen wir vor dem Lackieren, ob der Spiegel tatsächlich passt. Wenn alles in Ordnung ist, kann das Teil zum Lackierer und anschließend festgeschraubt werden. Unser Spiegel hatte an der Unterseite übrigens ein Loch für einen Taster, das aber auch mit einem Gummistopfen verschlossen werden kann. Ansonsten nicht vergessen, das Kabel zu legen.

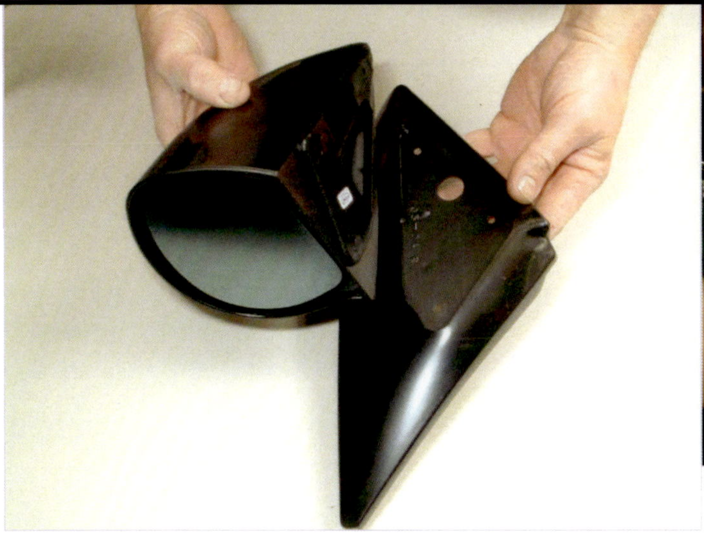

Glatte Haut

Wer eine Basismodell hat, ist vielleicht nicht unbedingt scharf darauf, das aller Welt zu verraten. Also runter mit den verräterischen Hinweisen.

Und da wir schon dabei sind, entfernen wir noch gleich die relativ hässlichen Rammschutzleisten an der Seite. Allerdings ist danach eine Lackierung fällig.

Leisten entfernen

Rammschutzleisten können hilfreich sein – zumindest in engen Parklücken und wenn die andere Tür tatsächlich auch die Leiste trifft. Also weg damit!

Sobald die Leiste ab ist, gibt es allerdings ein kleines Problem: Die zahlreichen Löcher der Befestigungsclips müssen geschlossen werden. Mit Spachtel allein ist das nicht zu machen, denn besonders im Bereich der Türen fällt der Spachtel gerne wieder ab. Mal sehen, wie die Profis das Problem lösen...

01 Mit einer stabilen Spachtel oder einem stumpfen Messer kann die Leiste abgehebelt werden. Da die Leiste geklebt und eingeclipst ist, sollte das Werkzeug relativ stabil sein. Darauf achten, dass es keine Beulen und tiefe Kratzer im Blech gibt!

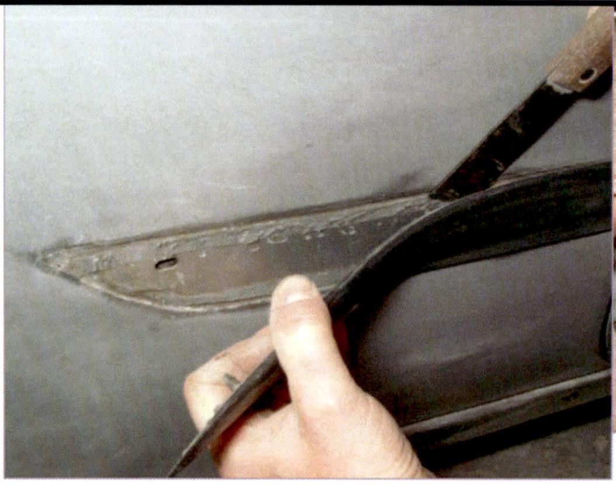

02 Selbstverständlich müssen alle Überreste des klebrigens Zeugs sorgfältig entfernt werden.

03 Die ganze Fläche wird dann mit einem Lösungsmittel gründlich gereinigt. Jeder noch so kleine Rest von Silikon oder Kleber treibt den Lackierer in den Wahnsinn.

04 Da die Löcher zugeschweißt werden sollen, entfernen wir rund um das Loch und auch im Loch den Lack.

05 Während jemand im Auto sitzt und eine Metallplatte hinter das Loch hält wird außen vorsichtig geschweißt. Natürlich müssen dazu die Innenverkleidungen ausgebaut sein.

06 Mit einer Schleifscheibe wird das überstehende Material abgeschliffen und die Stelle mit einer Lage Spachtel geglättet.

07 Sobald der Spachtel durchgehärtet ist, kann der Feinschliff erfolgen. Danach geht`s zum Lackierer.

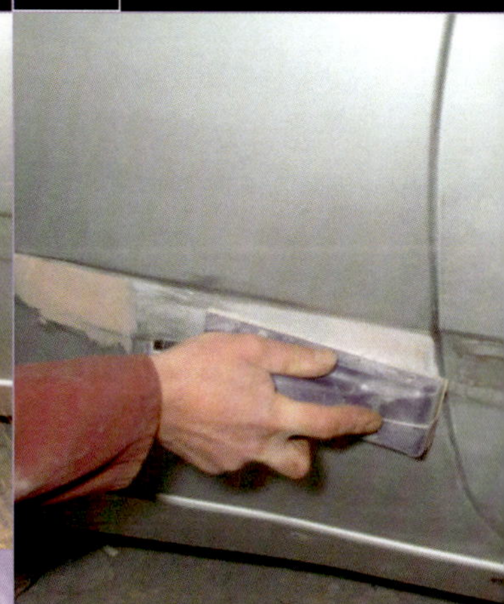

Embleme entfernen

Die Embleme am Focus sind fast alle geklebt. Wer diese mit einem Heißluftfön vorsichtig erwärmt, kann die Schilder meistens in einem Stück ablösen, ohne den Lack zu beschädigen. Eine Ausnahme ist das Ford Logo in der Motorhaube, hinter dem sich bekanntlich das Schloss befindet – aber auch das kann verschwinden, wie wir später noch sehen werden.

Tankdeckel

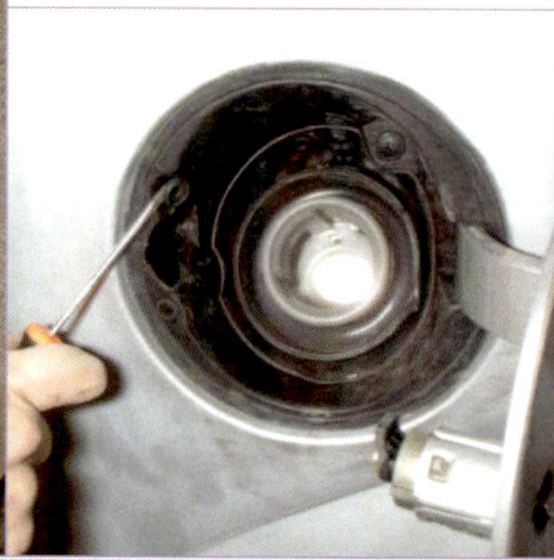

Da versuchen die meisten alles zu glätten und in eine einheitliche Farbe zu tauchen, und was machen wir? Wir ersetzen den glatten und in Wagenfarbe lackierten Tankdeckel durch ein auffälliges Exemplar in Race-Optik...

Einen Vorteil hat der langweilige Original-Tankdeckel: Er ist bereits rund! Wer sich nicht so viel Arbeit machen will, klebt hier einfach einen Aufkleber drauf und fertig ist die Renn-Optik.

Wer wirklich Eindruck schinden will geht den harten Weg und baut einen echten Renn-Tankdeckel mit Schnellverschluss ein.

01 Zuerst muss die alte Einfüllöffnung raus. Hinter der Klappe verbergen sich zwei Halteschrauben...

02 ...mit denen der schwarze Einsatz gehalten wird. Doch damit nicht genug: Das Teil muss von hinten herausgedrückt werden. Gut, dass unsere Stoßstange zufällig abgebaut war.

03 Irgendwann hatten wir das Teil dann in der Hand – die Ausbuchtung auf einer Seite hat den Ausbau zusätzlich erschwert.

04 Da der neue Stutzen in der Karosserie eingeklebt wird, muss der Rand frei von Lack sein.

05 Jetzt nehmen wir Maß! Mit diesem Einsatz hatten wir Glück: Er passt wie angegossen! Das ist leider nicht immer der Fall – meistens muss noch etwas nachgearbeitet werden.

06 Bevor wir zum Kleber greifen, bereiten wir noch zwei kleine Schraubenlöcher vor, mit deren Hilfe wir den Kragen beim Trocknen in Position halten wollen.

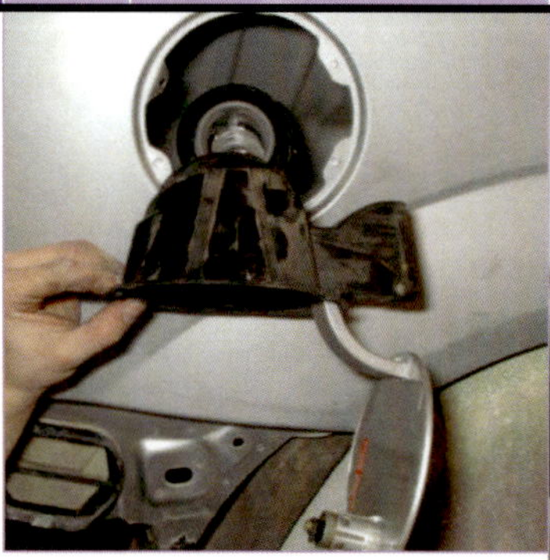

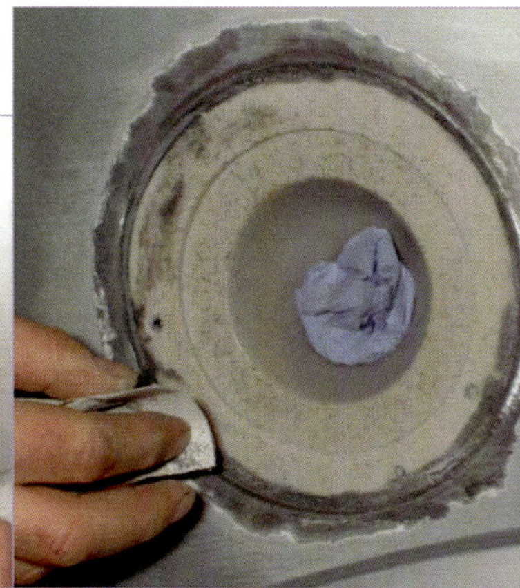

07 Dann tragen wir auf dem Blech eine satte Lage Karosseriekleber auf...

08 ...und spendieren auch dem inneren Absatz einen kleinen Spritzer. Nicht zu viel auftragen, denn das könnte am Ende im Tank landen.

09 Dann befestigen wir den Kragen mit den vorbereiteten Hilfsschräubchen, nehmen den überschüssigen Kleber ab und lassen alles 24 Stunden trocknen.

10 Dann beginnt die Feinarbeit. Der Übergang muss so glatt wie möglich werden und die Reste vom Kleber sollten nicht mehr sichtbar sein. Vor dem Schleifen einen Lappen in die Öffnung stecken, damit nichts in den Tank fällt!

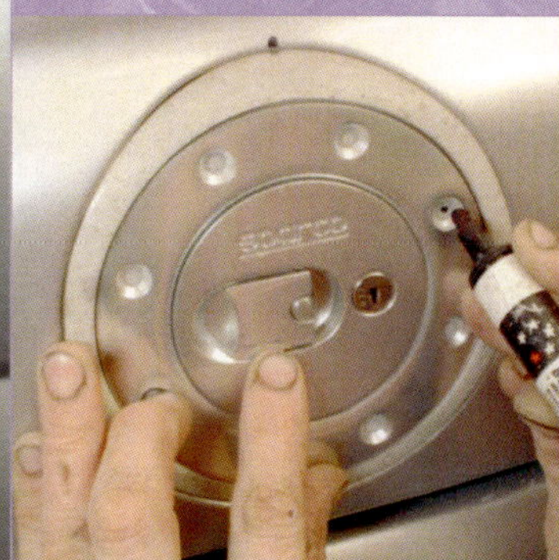

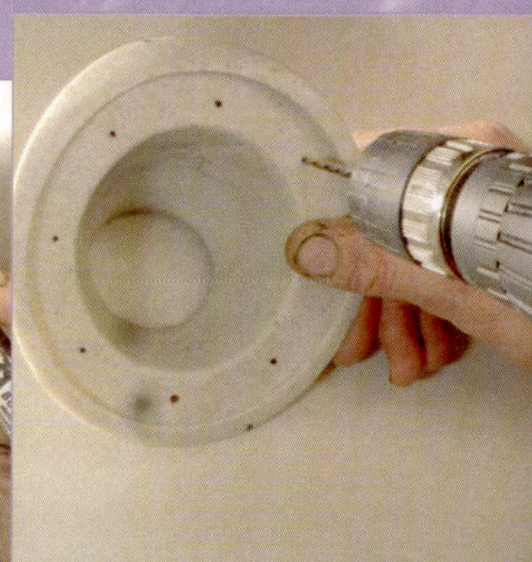

11 Jetzt noch schnell die Löcher der Hilfsschrauben zuspachteln...

12 ...und schon geht das Spiel in die letzte Runde. Noch eine dünne Lage Spachtel und noch einmal schleifen.

13 Endlich kann die Klappe montiert werden! Dazu übertragen wir die Löcher...

14 ...und bohren eines nach dem anderen.

Achtung!
Benzindämpfe sind explosiv und gesundheitsschädlich. Feuer, Funken und offenes Licht sind unbedingt zu vermeiden. Das gilt besonders für Schleifarbeiten mit Maschinen. Kein Funke darf in die Tanköffnung gelangen!

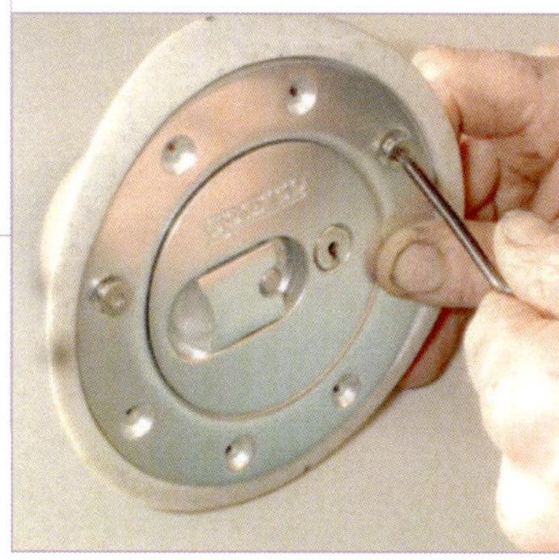

15 Dazwischen setzen wir die Schrauben ein – so kann kein Bohrloch verrutschen. Fertig!

Heckklappe cleanen

Für den ganz glatten Look ist ein Schweißgerät und eine Menge Füller nötig. Als konsequente Fortsetzung der fehlenden Logos entfernen wir die Nummernschild-Vertiefung, das Schloss und auch noch gleich den Heckwischer. Wobei letzteres noch die einfachste Übung ist. Gummistopfen in das Loch und fertig.

Wer sein Heckklappenschloss entfernen will fragt sich vielleicht wie er hinterher die Klappe aufbekommen soll. Die Lösung ist einfacher als gedacht: Die meisten Focus haben nämlich eine Entriegelung von innen, die eigentlich für Notfälle gedacht ist. Sollte diese fehlen, lassen sich die Teile für kleines Geld beim Ford- Händler erstehen. Alles was wir tun müssen ist, das Schloss auszubauen und das verbleibende Loch zu schließen. Für Spachtel allein ist es allerdings zu groß.

Ebenfalls zu groß zum Spachteln ist der Bereich in dem das Nummernschild normalerweise sitzt. Diese Fläche zu schließen ist die eine Sache. Die andere Sache ist, wohin das Nummernschild dann wandert und wie es beleuchtet wird.

Nachdem wir die Innenverkleidung entfernt und den Heckwischer ausgebaut haben, können wir uns gleich der Zierleiste oberhalb des Nummernschildes widmen.

01 Diese ist von innen mit vier Schrauben befestigt.

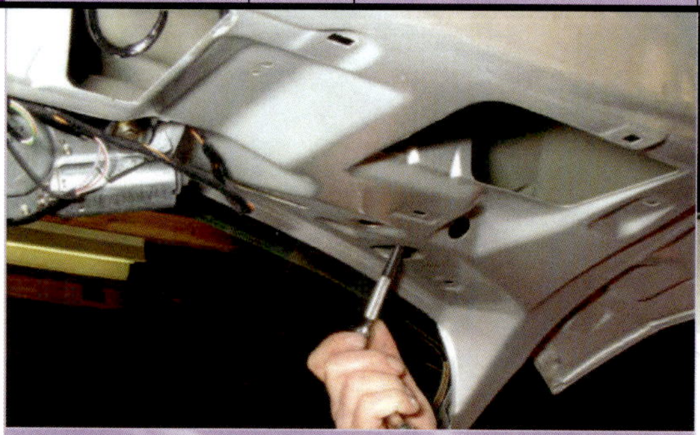

Sobald diese entfernt sind, kann die Leiste abgenommen werden.

02 Darin sitzen jedoch auch die Lampen für die Kennzeichenbeleuchtung. Also Kabel abziehen und gut aufheben.

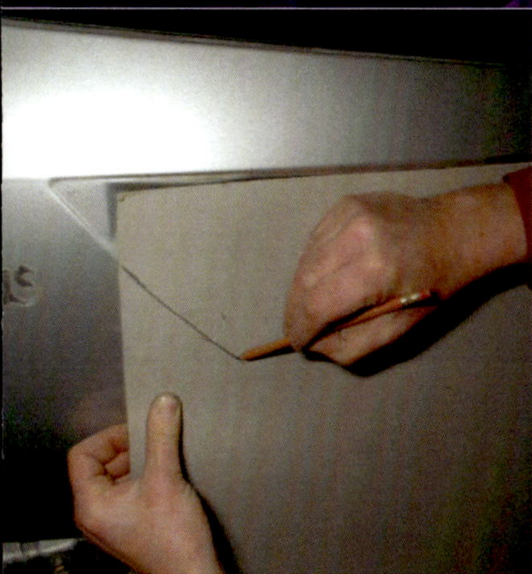

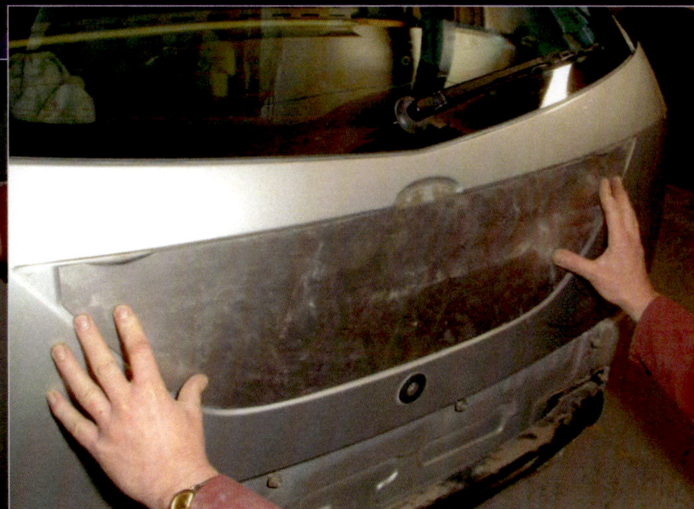

03 Da die Fläche eindeutig zu groß ist um nur gespachtelt zu werden, machen wir uns eine Schablone aus Karton...

04 ... und übertragen diese auf ein Stück Karosserieblech.

05 Dann schleifen wir die Umrisse blank und packen das Schweißgerät aus.

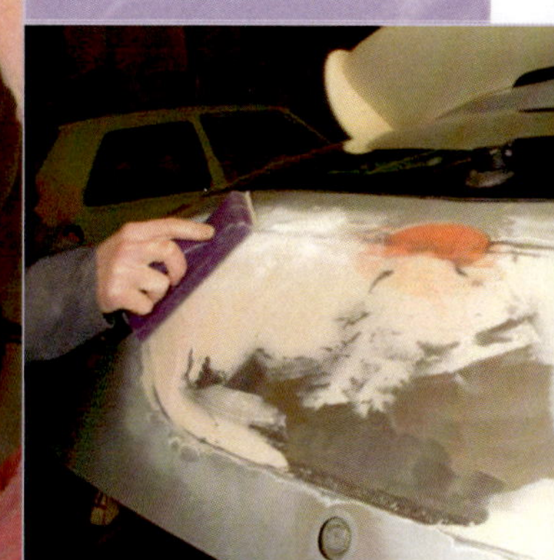

06 Damit sich die Heckklappe nicht verzieht und das Blech trotzdem stabil sitzt, muss das Blech mit kleinen, möglichst weit von einander entfernten Punkten geheftet werden. So lange bis die Naht so gut wie geschlossen ist.

07 Dann wird die Naht verschliffen, im Gegensatz zu diesem Herrn aber besser mit Handschuhen und Schutzbrille!

08 Und wieder spachteln und schleifen! Nur wer hier sorgfältig arbeitet, wird hinterher mit dem Ergebnis zufrieden sein.

09 Fehlt noch das Loch, in dem das Schloss saß…

10 ...das ebenfalls mit Metall geschlossen und anschließend gespachtelt und geschliffen wird.

Nummernschild Montage

Wer sich bei der Umgestaltung der Heckpartie nicht rechtzeitig Gedanken macht, läuft bei der Montage des Nummerschildes in Probleme. Ein nicht korrekt montiertes und beleuchtetes Schild sieht nicht nur blöd aus, sondern ist auch eine Einladung für hinterherfahrende Polizisten.

01 Wenn die neue Heckschürze keine Aussparung bietet (und das ist bei den meisten der Fall), dann hilft vielleicht ein Universalteil weiter.

02 Bei dieser Schürze ist überhaupt kein Platz. Also setzen wir das Schild mit zwei Winkel darunter.

03 Diese Lösung ist vielleicht nicht zu 100 Prozent optimal im Sinne der Straßenverkehrsordnung, doch immerhin gut sichtbar. Für die Beleuchtung sorgt eine Kette von weißen LED, die an den Stromkreis der früheren Kennzeichenleuchten angeschlossen sind.

Totale Finsternis

Getönte Scheiben sind ein Muss und erfüllen gleich mehrere Zwecke: Sie verbergen einen tristen Standard-Innenraum, verbergen aber auch die teuren Einrichtungsgegenstände eines gründlich modifizierten Innenraumes.

Das schöne an der Tönungsfolie ist: Sie passt eigentlich immer zur Außenfarbe. Wobei dunkle Folie optimal zu einem dunklen Lack passt und eine verspiegelte zu silbernem Outfit. Daneben gibt es natürlich noch Regenbogen-Folien, die zum Beispiel zu einer Flip-Flop-Lackierung passen. Der Nachteil ist: Nicht jede Folie ist im Straßenverkehr legal. Meistens tragen diese schon auf der Verpackung den Hinweis „for show cars only". Besonders kritisch sind die vorderen Scheiben, an denen im Grunde nur klare Splitterschutzfolien zulässig sind.

Wird die Scheibe von innen beklebt, kann das übrigens auch einbruchhemmend wirken. Zumindest geht das Glas nicht beim ersten Anklopfen zu Bruch. Diese Folien gibt es natürlich auch getönt, wie weit man hier gehen will, bleibt jedem selbst überlassen. Klar ist: Nur mit einem eingeprägtem Prüfzeichen ist man auf der sicheren Seite.

Die Folie selbst gibt es normalerweise als Rollenware. Hier heißt es rechnen und genau schneiden, um mit so wenig Verschnitt wie möglich auszukommen. Für einige Autos sind aber auch fertig zugeschnittene Kits lieferbar, die in der Summe etwas günstiger sind. Sollte allerdings an einem Fenster etwas schief laufen, ist ein kompletter neuer Kit fällig.

An dieser Stelle sollten wir zugeben, dass das Anbringen von Folien eine echte Geduldsprobe ist. Wer leicht die Geduld verliert sei hiermit gewarnt. Wer aber mit Ruhe an die Sache geht, die Gebrauchsanweisung genau befolgt und sauber arbeitet kann ein überraschend gute Ergebnis erzielen.

In Kürze funktioniert das folgendermaßen. Die Folie wird zunächst außen am Fenster zugeschnitten. Dabei muss die Klebeseite ebenfalls nach außen zeigen. Dann wird die Schutzfolie abgezogen und die Folie von innen an die Scheibe geklebt. Dabei ist absolute Sauberkeit gefragt – jede noch so kleine Verschmutzung an Scheibe oder Folie ruiniert das Ergebnis. Luftblasen, die unweigerlich beim Ankleben der Folie entstehen, lassen sich anschließend noch entfernen. Auch hier hilft allerdings nur viel Geduld und eine Menge Spray.

Wissenswertes

Eine gängige Regel besagt, das der Lichteinfall in der Forntscheibe maximal um 25% reduziert sein darf, während an den restlichen Scheiben 30% in Ordnung sind. Doch wie soll man das messen? Zumal die meisten Autos heute schon getönte Scheiben haben. Wer darauf noch eine Tönungsfolie klebt überschreitet vielleicht den zulässigen Wert. Die einzige Möglichkeit Ärger zu vermeiden ist, eine Folie zu verwenden, die ein ECE-Prüfzeichen trägt und über entsprechende Papiere verfügt. Doch selbst damit ist man nicht unbedingt immer auf der sicheren Seite – immer mehr Polizeistreifen haben ein Messgerät dabei oder schicken den Besitzer zu einem technischen Überwachungsverein. Und das garantiert nicht zum Kaffeetrinken...

Tönungsfolie

Für diese Arbeit sucht man sich am besten einen windstillen, ruhigen Tag aus. Staub in der Luft und eine im Wind flatternde Folie können einen zum Wahnsinn treiben. Ein Helfer wäre auch nicht schlecht...

Außerdem sollte es nicht zu kalt sein, damit der Kleber schneller anzieht und die Folie schön elastisch bleibt. Eine kuschelige Garage ist wohl der beste Ort. Diese sollte natürlich gut beleuchtet sein, eine Tönungsfolie im Dunklen anzubringen ist bestimmt keine gute Idee.

01 Zunächst müssen die Fenster absolut sauber sein – und zwar innen und außen! Der Reiniger sollte gut ablüften und keine Stoffe auf der Scheibe hinterlassen, die mit dem Klebstoff reagieren können. Auch der Bereich um das Fenster herum sollte sauber sein, damit kein Schmutz an die Folie gelangen kann. Nicht zu vergessen: Die obere Kante der Scheibe!

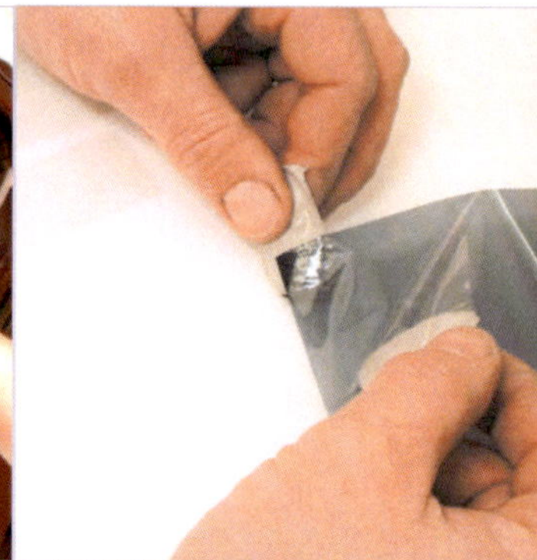

02 Bevor die Folie ausgepackt wird sollte man sich diese genau anschauen. Um die Schutzfolie abzuheben kann man an einer Ecke mit einem Stück Klebeband arbeiten.

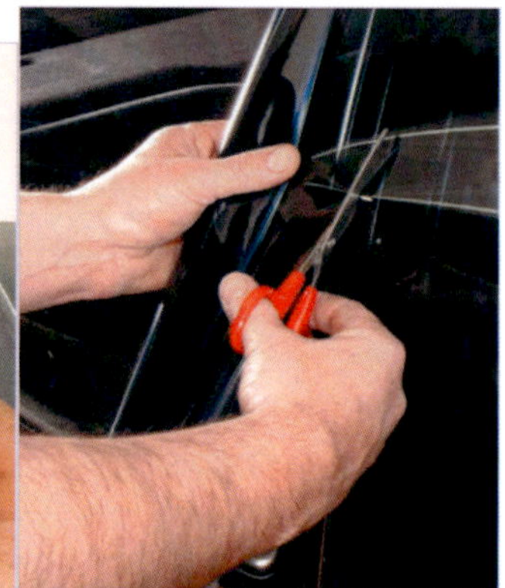

03 Jetzt wird die Folie von außen auf die Scheibe gelegt und grob zugeschnitten. Die Klebeseite muss zum Körper zeigen. Bei Fenstern, die später geöffnet werden, sollte unten genügend Überstand bleiben. Achtung: Bei manchen Folien ist ein Logo eingeprägt, das nachher natürlich gerade sitzen sollte.

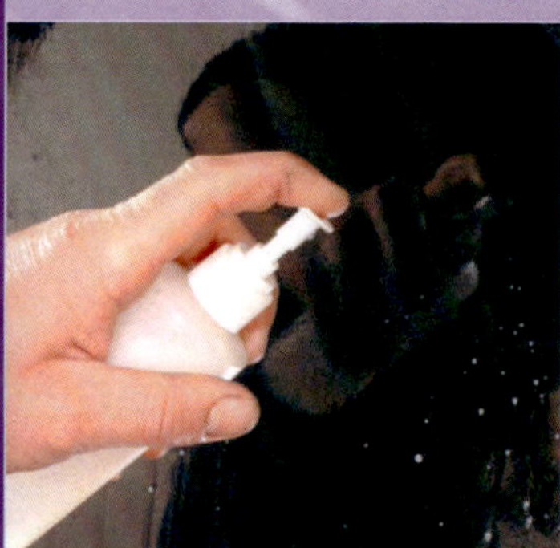

04 Dann wird das Fenster mit einer Seifenlösung eingespüht. Hersteller wie Folia Tec liefern sogar ein eigenes Mittel mit. Falls keine spezielle Sprühflasche beiliegt, funktioniert auch ein Pflanzensprüher.

05 Die Folie kommt wieder auf das Fenster und wird ebenfalls kräftig eingesprüht.

06 Mit einem Gummispachtel werden dann die Luftblasen ausgestrichen. Die Folie muss gut haften.

07 An einem versenkbaren Fenster sollte soviel Material übrigbleiben, das die Folie bis in die Tür reicht. Sonst kann sie von der Fensterdichtung abgelöst werden.

08 Mit einem richtig scharfen Messer wird die Folie nun am Rand der Dichtung zugeschnitten. Dabei sollte man darauf achten, den Lack oder die Dichtung nicht zu beschädigen. Ein Millimeter Abstand zum Rand schadet nicht – so lässt sich später das Wasser besser herausschieben.

09 Als nächstes kann die Innenseite vorbereitet werden. Da hier eine Menge Wasser und Seifenlösung zum Einsatz kommt, ist es besser, die Inneneinrichtung mit Folie zu schützen.

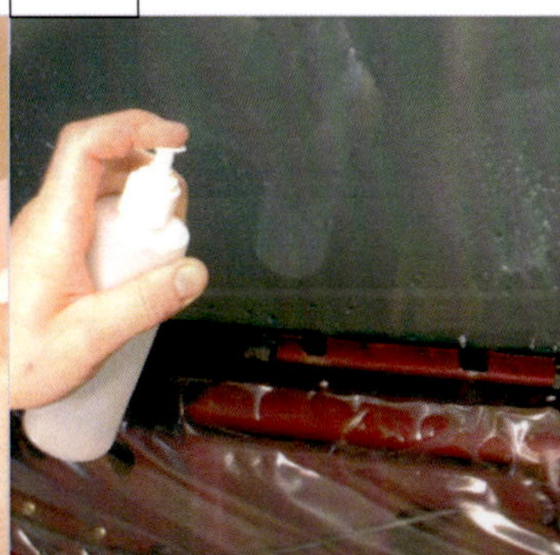

10 Um die Schutzfolie besser abziehen zu können, kleben wir zwei kleine Streifen Klebeband in die Ecken. Die Schutzfolie muss vorsichtig gelöst werden – am besten immer ein wenig Seifenlösung nachsprühen.

11 Jetzt kommt der große Moment, in dem die Folie nach innen transferiert wird. Die Folie sollte so glatt wie möglich bleiben, da Knicke später sichtbar wären. Der Zuschnitt sollte auf Anhieb passen, viele Möglichkeiten zur Korrektur gibt es jetzt nicht mehr.

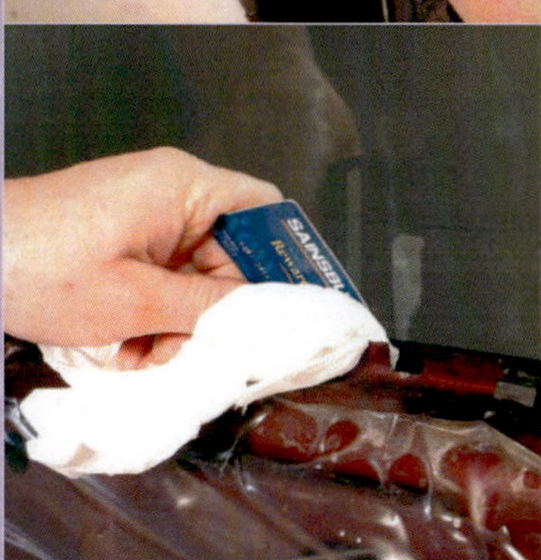

12 Mit einer ausgedienten Kreditkarte kann die Folie perfekt in die Ecken und hinter die Schachtleiste gedrückt werden.

13 Jetzt die Folie noch einmal kräftig einsprühen...

14 ... und mit einem Gummispachtel von oben nach unten andrücken. Keine Panik, falls die Ränder noch etwas lose erscheinen: Einfach die Ränder vorsichtig mit einem Fön erwärmen und die Folie andrücken.

Sonnenblend Streifen

Schon in den wilden Siebzigern war er schwer in Mode, jetzt ist der Streifen oben an der Frontscheibe wieder angesagt. Dank computergesteuertem Plotter und modernen Materialien ist heutzutage fast jedes Design machbar.

01 Unsere Folie wird von außen aufgeklebt. Das bedeutet: Gründlich putzen, denn jede Fliege und jedes Staubkörnchen ist hinterher sichtbar.

Grundsätzlich gibt es zwei Möglichkeiten, einen Streifen an die Scheibe zu bekommen:

a Von Innen: Im Prinzip reicht hier ein Rest der Scheibentönungsfolie, das Verfahren ist schließlich das Gleiche. Allerdings gibt es hier ein großes Problem: Den geklebten Innenspiegel. Wer sich hier mit einer vor Seifenlösung triefenden Folie herumarbeiten will, braucht gute Nerven.

b Von Außen: Witterungsbeständige Folien, die von außen auf die Scheibe geklebt werden, sind meistens die schlauere Variante. Bei einer zum Wagen passenden Farbe entsteht so etwas wie der „roof chop"-Look amerikanischer Hot Rods. Besonders von vorne kann das richtig cool aussehen.

Bei außenliegenden Folien stellt sich jedoch das Problem mit den Scheibenwischern. Wenn diese jedesmal über die Kante rutschen, leiden sowohl die Scheibenwischergummis als auch die Klebefolie. Wer den Streifen schmal hält, ist also auf der sicheren Seite, auch was die Hauptuntersuchung und Verkehrkontrollen angeht.

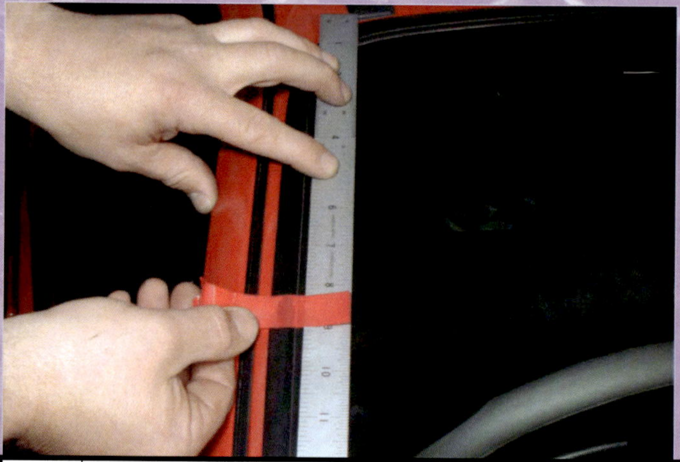

02 Dann wird gemessen und der Abstand mit einem Streifen Klebeband markiert. Wer außerhalb des Wischbereiches bleibt, ist auf der sicheren Seite, wer den Streifen weiter herunterzieht, handelt sich damit eventuell Ärger ein.

Wissenswertes

Prinzipiell darf das Sichtfeld des Fahrers nicht beinträchtigt werden. Wer außerhalb des Bereiches bleibt in dem die Scheibenwischer laufen kann aber nichts verkehrt machen. Nur leider sieht das in den meisten Fällen nicht sehr spektakulär aus. Ein anderer Ansatz ist der Bereich der Sonnenblenden. Was diese serienmäßigen Teile abdecken kann auch permanent abgedeckt werden. Wer allerdings seine Folie noch weiter herunterzieht und hinterher keine Ampel mehr sieht ist selber Schuld...

03 Zunächst wird die Folie nur grob zugeschnitten, damit das Stück etwas handlicher wird.

04 Dann sprühen wir die Scheibe mit einer milden Seifenlösung ein...

05 ...ziehen die Schutzfolie ab und besprühen auch die Klebefläche.

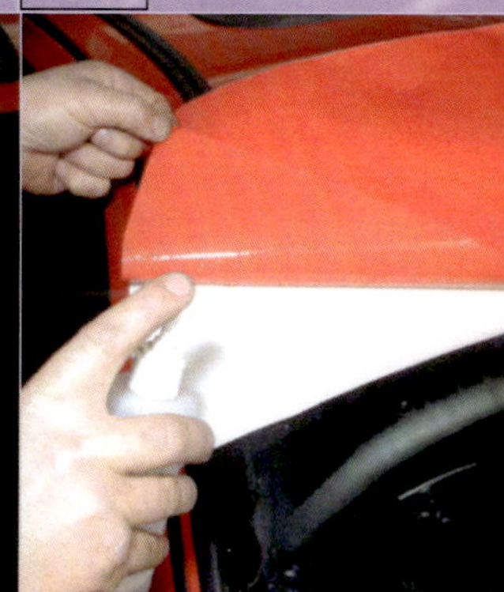

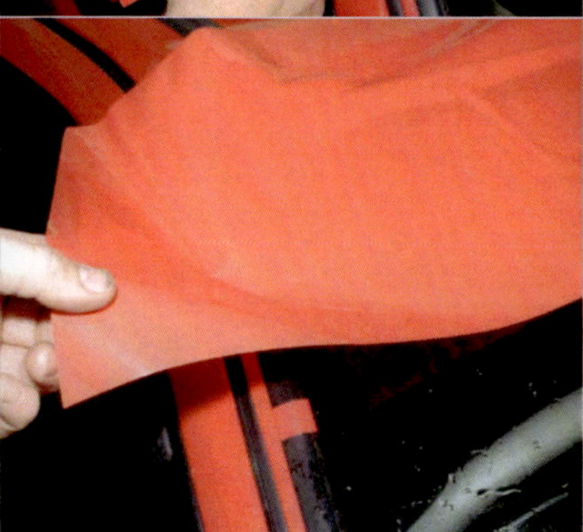

06 Mit Hilfe eines Freundes wird die Folie an den Markierungen ausgerichtet.

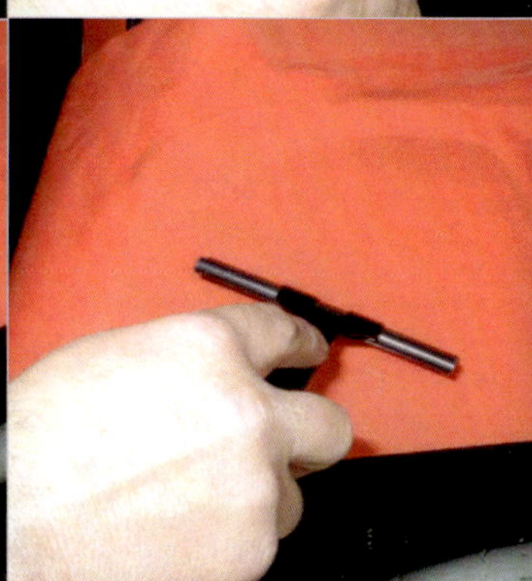

07 Dann geht es an das Ausstreichen der Luftblasen. Egal welches Werkzeug dazu benutzt wird – es sollte immer schön feucht sein.

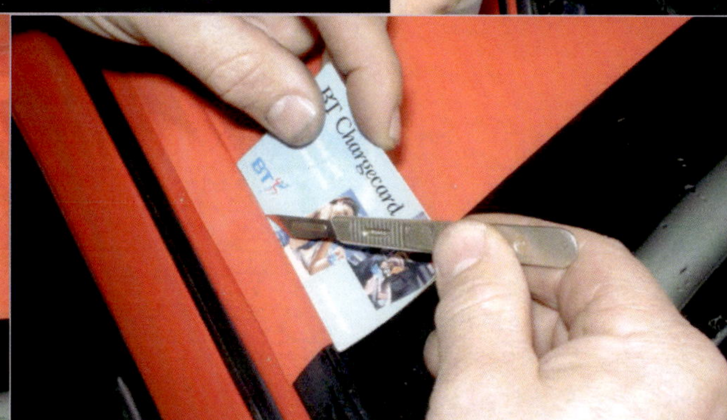

08 Mit ruhiger Hand und einem scharfen Messer werden die Ränder zugeschnitten. Eine ausgediente Kreditkarte leistet hier hervorragende Dienste. Gleichmäßig durchgezogene Schnitte sind übrigens besser, als viele kleine. Also nur Mut!

Praxistipp

Wenn es Probleme beim Zuschneiden gibt, kann in den meisten Fällen auch das Scheibengummi vorsichtig angehoben werden. Der Rand der Folie verschwindet dahinter.

Glühender Asphalt

Seit dem Film „The Fast and the Furious" gehört zu jedem anständigen Cruiser auch die Neonröhre am Unterboden. Leider hat der Gesetzgeber etwas gegen die Beleuchtung des Asphalts.

Zunächst einmal mehr ein Wort der Warnung: Der Betrieb von Neonröhren ist im Bereich des öffentlichen Straßenverkehrs schwer illegal. Warum weiß niemand so genau, aber es ist leider so. Anders sieht das in der heimischen Garage oder bei Veranstaltungen auf abgesperrtem Gelände aus. Wer keine umfangreiche Fahrzeugkontrolle erleben will, verzichtet beim Cruisen besser darauf. Dabei gibt es auf diesem Gebiet extrem coole Sachen! Zum Beispiel diese Röhren, die rund zwei Millionen Farbtöne erzeugen und auf den Asphalt verteilen können. Der Knüller daran: Dank integrierter Mikrofone reagiert das Licht sogar auf die Musik, die im Auto läuft. Dazu gibt es Programme die je nach Lust und Laune von wilden Stroboskop-Gewitter bis zum chilligen Lichtspiel reichen. Na wenn das nichts ist – für die Garage versteht sich!

01 Als Erstes müssen wir das Auto anheben um bequem am Unterboden arbeiten zu können. Perfekt ist eine Hebebühne, aber auch mit Unterstellböcken ist das machbar. Dann schauen wir wo wir die langen Hauptröhren unterbringen können.

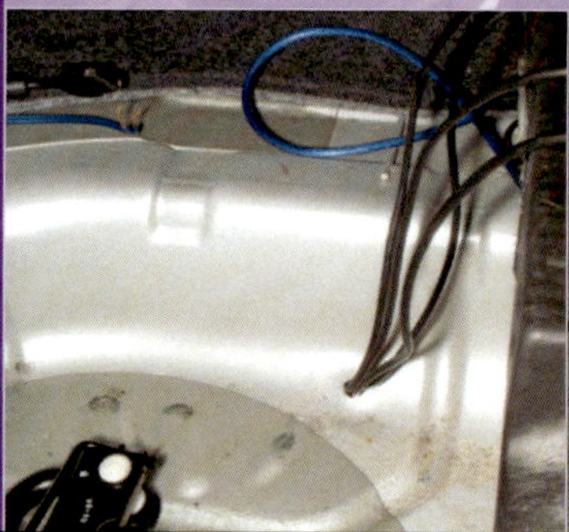

06 In der Reserveradmulde führen wir die Kabel in den Innenraum. Sicherheitshalber sollte jedes Loch, durch das ein Kabel führt, eine Gummidurchführung haben. Anschließend das Loch zusätzlich mit Silikon abdichten!

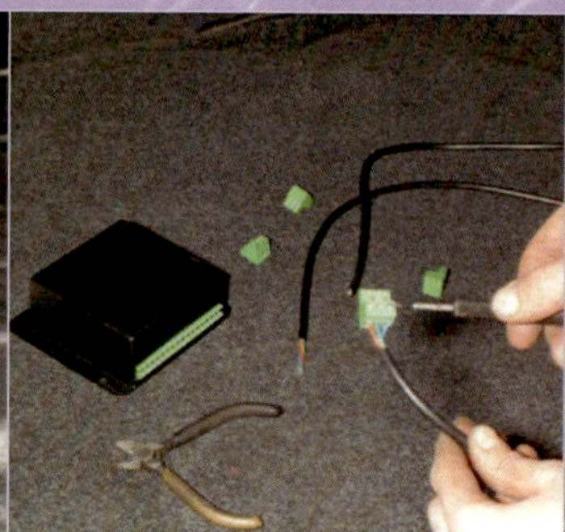

07 Wenn der Platz für das Steuergerät feststeht, können die Kabel eingekürzt werden. Dann werden die Kabel in den Steckern fixiert.

08 Die Stecker kommen dann in einer bestimmten Reihenfolge in das Steuergerät.

09 Die Stromversorgung wird am nächsten Stecker hergestellt. Wie immer bedeutet rot Plus und schwarz Masse. Die kann mit Hilfe einer Ringöse auf kurzem Weg an das Karosserieblech angeschlossen werden.

02 Wenn der Platz gefunden und markiert ist, bohren wir Löcher für die Halterungen.

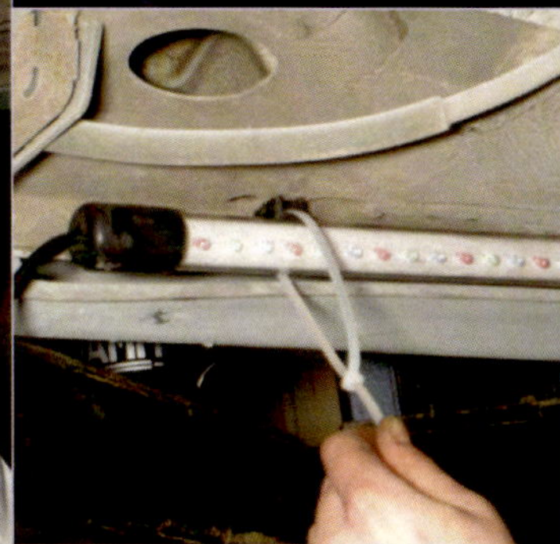

03 Die Röhre selbst wird mit Kabelbindern an den Haltern befestigt. Je ein Kabelbinder an den Enden und einer in der Mitte sollten reichen.

04 Im Heck hatten wir wegen des Sportauspuffs und der geänderten Heckschürze mehr Schwierigkeiten die Röhre unterzubringen. Letztendlich montieren wir die Röhre so in der Schürze, dass das Licht aus dem Grill scheint. Der Halter sitzt in diesem Fall an der Reserveradmulde. Vorsicht mit den Schrauben!

05 Jetzt werden alle Kabel zu dem Punkt verlegt, an dem das Lampen-Steuergerät sitzen soll. Die Kabel sollten weit genug von heißen oder beweglichen Teilen entfernt sein.

10 Das rote Kabel führen wir zu unserem neu installierten Sicherungskasten. Damit entfällt die „fliegende Sicherung" die für den Fall, dass dieses Kabel direkt an die Batterie angeschlossen wird sehr nützlich ist.

11 Das kleine schwarze Kabel für den Empfänger der Fernsteuerung ist schnell verlegt...

12 ...den Sensor selbst bauen wir in der Abdeckung oberhalb des Radios ein. Dazu müssen wir schon wieder ein Loch in das schöne Armaturenbrett bohren.

13 Das Ergebnis ist jedoch die Mühe wert. Eine kleine Anzeige verrät uns, in welchem Modus sich die Beleuchtung gerade befindet. Mal sehen, ob wir jetzt alle zwei Millionen Farben finden...

Malen nach Zahlen

Den richtigen Farbton zu erwischen ist leicht – zumindest wenn man die Farbnummer kennt. Das Lackieren selber ist dafür um so schwieriger. Daher geht es in diesem Abschnitt auch nicht darum, das ganze Auto neu zu lackieren. Dazu ist eine Profiausrüstung und viel Erfahrung nötig. Anbauteile wie Spiegel oder Spoiler lassen sich aber durchaus mit der Spraydose einfärben. Ganz wichtig dabei ist, vorher festzustellen, ob alle Teile richtig passen, wirklich alle Löcher gebohrt sind und die Schraubverbindungen funktionieren. Erst wenn das alles in Ordnung ist, sollte man zur Spraydose greifen.

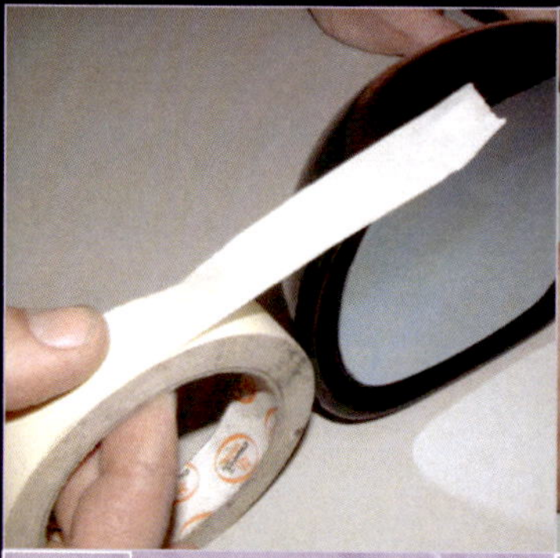

01 Bei diesem Spiegel wollen wir den äußeren Rand schwarz und unlackiert lassen. Also kleben wir diesen Bereich als Erstes ab – auch um Beschädigungen bei den Schleifarbeiten zu vermeiden.

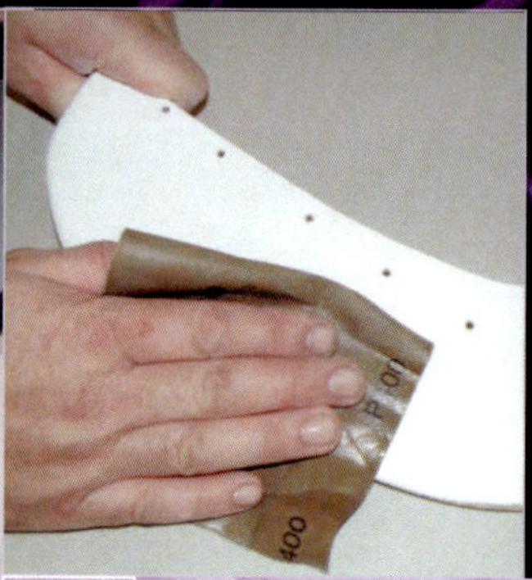

02 Mit feinem Schmirgelpapier werden sämtliche Nähte und sonstige Unebenheiten geglättet.

03 Glatte Oberflächen müssen angerauht werden, damit die Farbe auch wirklich hält. Dazu eignet sich ein Schleifschwamm perfekt. Mit der feinsten Körnung wird der Spiegel bearbeitet bis alle glänzenden Stellen nur noch matt schimmern.

04 Natürlich muss der Schleifstaub entfernt werden und mit ihm alle Fingerabdrücke und sonstiger Schmutz. Kein zu agressives Mittel verwenden, das unter Umständen den Kunststoff anlöst!

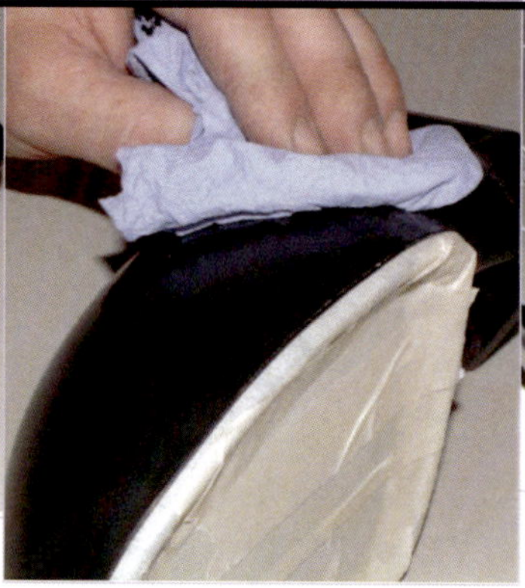

05 Wenn ein kleines Teil lackiert werden soll ist es paraktisch, an einer Stelle eine Schraube einzudrehen. So kann das Teil gefahrlos aufgehängt oder gedreht werden.

06 Hier wird das Teil mit einem Draht an die Decke gehängt. Selbst schwierige Stellen sind so problemlos zu erreichen.

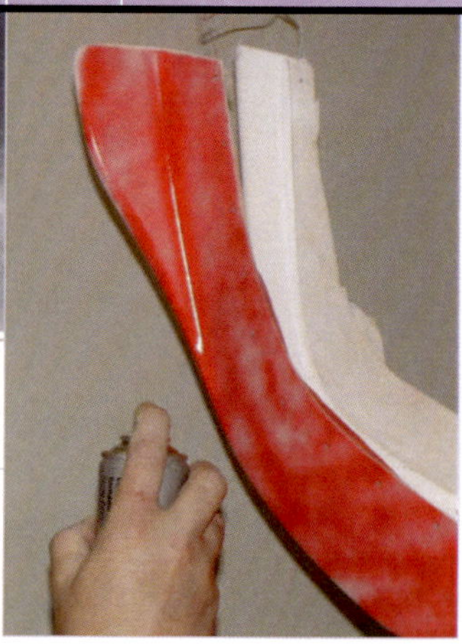

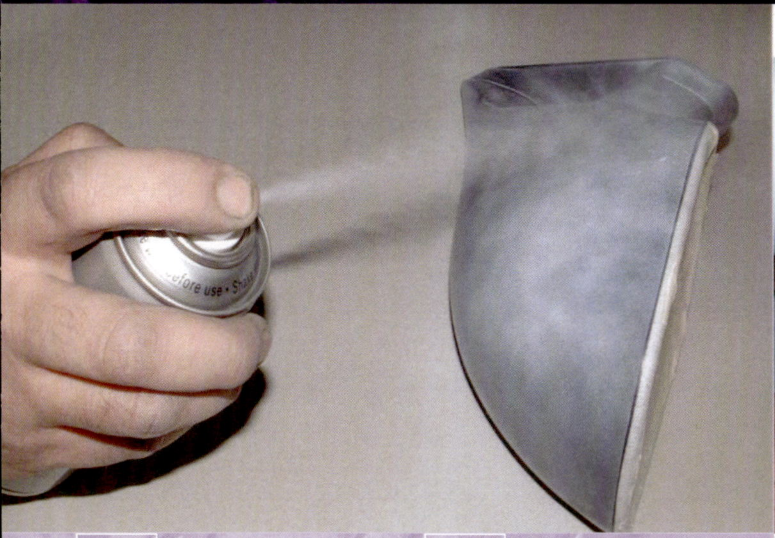

07 Nur wer die besondere Herausforerung sucht sprüht im Freien. Mit jedem Windhauch wird die Farbe durch die Gegend geweht, das Ergebnis ist eher dem Zufall überlassen. Aber auch in geschlossenen Räumen kann es Probleme geben: Feucht kaltes Klima ist ganz schlecht. Der Raum sollte also beheizt sein. Aber nicht mit einem Lüfter der Staub aufwirbelt.

08 Wer noch nie lackiert hat, sollte vorher in Ruhe an seiner Technik feilen: Die Dose gleichmäßig hin und her schwenken und dabei das Ventil kurz vor dem Werkstück öffnen - nur so gelingt das Ganze! Dabei sollte die Düse immer den gleichen Abstand zur Oberfläche haben. Die Farbe keinesfalls zu dick auftragen, sonst bildet der Lack "Tränen".

09 So bald eine dünne Schicht Grundierung aufgetragen ist, sollte diese Schicht Zeit haben um zu trocknen. Dann erst kommt die nächste Schicht darüber - so lange bis sich eine geschlossene Schicht gebildet hat..

10 Mit 1000er- oder besser noch 1200er-Papier kann die Oberfläche nochmals geglättet werden. Zum Beispiel um die typischen kleinen "Spucker" der Dose verschwinden zu lassen.

11 Dann wird alles gründlich gereinigt und getrocknet. Erst wenn alles wirklich trocken ist, geht es an den Decklack.

12 Auch jetzt wird zunächst ein schwacher Farbnebel aufgetragen, der nach und nach ergänzt wird. Beim Sprühen darauf achten, dass der Lack nicht „läuft" – sich also keine Tränen bilden. Matte Stellen werden grundsätzlich noch einmal übersprüht, bis sich eine glänzende Oberfläche ergibt. Leichte Wolken können allerdings auch später noch auspoliert werden.

13 Speziell bei Farben, die gerne ausbleichen (Rot ist so ein Kandidat) sollte der Lack durch zwei Schichten Klarlack versiegelt werden. Das gibt auch zusätzlichen Glanz. Am besten geschieht das, wenn der Decklack noch nicht ganz trocken ist. Die Technik ist die selbe, außer dass der Klarlack relativ dick aufgetragen wird und sich deshalb leicht Tränen bilden. Klarlack muss lange trocknen! Wer keine Fingerabdrücke will, muss also Geduld haben.

Frischluft Zufuhr

Kühlluftöffnungen kann man gar nicht genug haben. Wenn diese auch noch mit Drahtgitter verschlossen sind, sieht das nicht nur gut aus, es können auch keine Steinchen oder Insekten mehr in den Motorraum gelangen. Noch dazu ist so ein Gitter überraschend einfach montiert.

Die erste Frage, die man sich stellen sollte ist, welches Material man wählt. Grundsätzlich stehen runde oder rautenförmige Löcher zur Wahl. Generell sehen runde Löcher an runden Karosserieformen besser aus. Scharfe Konturen verlangen dagegen eher nach eckigen Löchern. Beide Gitter gibt es dann noch in verschiedenen Farben, je nach persönlichem Geschmack und Farbe der Außenlackierung.

01 Wie gesagt – die Arbeit ist simpel und schnell erledigt: Die Öffnung ausmessen und ein Stück des Gitters grob zurechtschneiden...

02 Dabei lassen wir etwas Rand überstehen und schneiden das Gitter in den Rundungen ein.

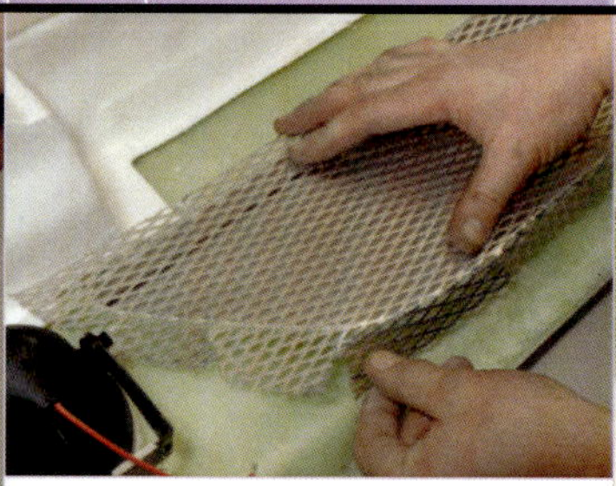

03 Der Rand wird dann ausgehend von den Ecken sorgfältig umgebogen und befestigt.

04 Das kann (wo möglich) mit kleinen Schrauben passieren oder aber mit Hilfe einer Heißklebepistole. Wer so etwas nicht zur Hand hat, kann auch Karosseriekleber oder Silikon nehmen. Unserer Erfahrung nach funktioniert die Methode mit dem Heißkleber am besten, da der Kleber sich perfekt im Gitter verteilt.

Umgebautes Original

Der originale Focus-Grill in der Motorhaube sieht nicht besonders spektakulär aus, besonders wenn aus den Öffnungen darunter ein Metallgitter blitzt. Das kann so nicht bleiben! Allerdings ist der Umbau etwas schwieriger, da in dem Grill auch noch das Motorhaubenschloss sitzt.

01 Wie der Grill ausgebaut wird, beschreiben wir an anderer Stelle. Dieser liegt schon auf der Werkbank und wird gerade von seinem Schloss und dem Emblem befreit. Keine Angst: Der Schlüssel passt später noch durch das Metallgitter.

02 Dann passen wir ein Stück Gitter an, fixieren es mit ein paar Schrauben, damit es nicht verrutschen kann, und schneiden den Rand so sauber wie möglich zu.

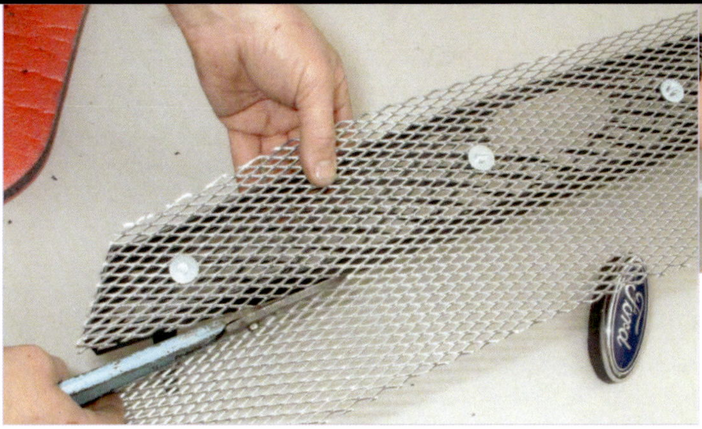

03 Wenn der Grill perfekt in den Rahmen passt, fixieren wir ihn mit dem transparenten Heiß-kleber. Die Schrauben lassen wir so lange drin, bis der Kleber getrocknet ist.

04 Mit Silikon kann man die scharfen Ränder des Gitters verstecken. Dazu sollte der ganze Bereich mit Tape gut abgedeckt werden – das Zeug klebt sonst überall.

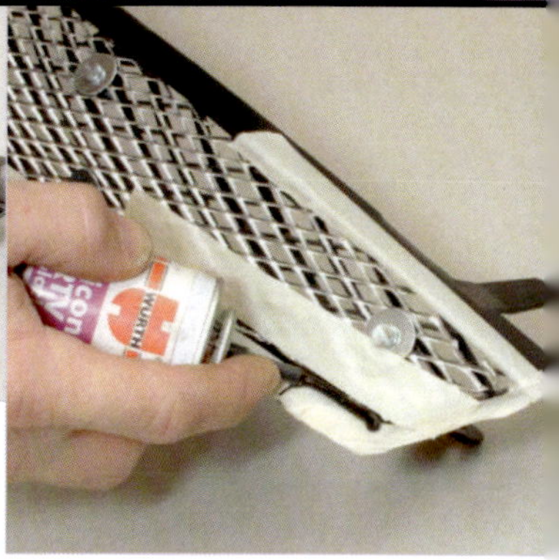

Zeitweise geschlossen

Für den ganz sauberen Look lassen wir die Türschlösser verschwinden – oder sogar die kompletten Türgriffe. Lezteres ist allerdings nicht legal, denn die Tür sollte sich in Notfällen ja auch von außen öffnen lassen...

Laut Straßenverkehrszulassungsordnung müssen die Türen von außen zu öffnen sein. Das macht ja auch Sinn, zum Beispiel wenn der Focus auf dem Dach liegt. Ganz genau ist das allerdings nicht beschrieben. So könnten wir die Türentriegelung ja auch elektrisch vom Spiegel aus bedienen...
So lange der Focus eine Zentralverriegelung hat, ist das Entfernen der Türschlösser und Griffe also theoretisch kein Problem. Praktisch schon gar nicht!

01 Sobald die Türinnenverkleidung entfernt ist, kommt dahinter ein Gummistopfen zum Vorschein.

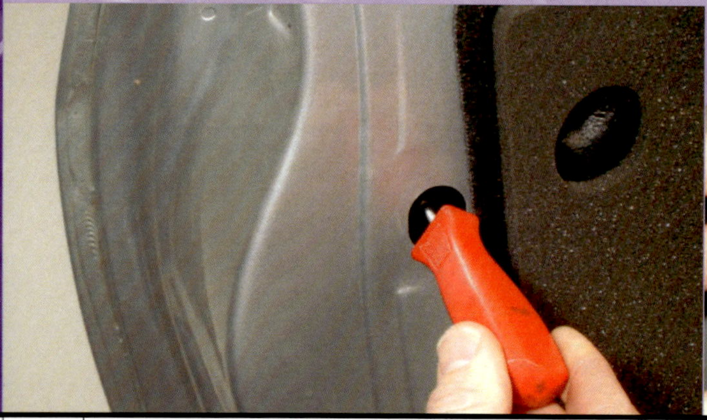

02 Durch dieses Loch kann die Schraube gelöst werden, die den Türöffner an der Tür hält. Auf jeden Fall hält die Schraube die Kappe, hinter der die Abdeckung für den Schließzylinder sitzt. So weit alles klar? Noch ein Tipp: Es reicht, die Schraube ein paar Umdrehungen zu lösen, wenn diese nämlich in die Tür fällt, ist sie weg!

03 Die Abdeckkappe kann jetzt entfernt werden.

04 Wer nur das Schloss verstecken will, besorgt sich einfach die hinteren Kappen vom Fünftürer. Wer weitergehen will, baut den Griff aus, lackiert diesen in Wagenfarbe oder lässt ihn ganz weg.

Funkbedienung

Wer keine Zentralverriegelung mit Funkfernbedienung hat, kann diese zusammen mit der Alarmanlage nachrüsten. Das sind quasi zwei Fliegen mit einer Klappe.

Praxistipp

Wenn die Batterie streikt, gibt es normalerweise keinen Weg mehr ins Auto. Wer nur die Abdeckungen ersetzt hat, kann diese immer noch von außen abhebeln und mit dem Schlüssel aufschließen.

Schürzen und Schweller

Praxistipp

Sobald das neue Teil da ist sollte man unbedingt die Passform kontrollieren. Allerdings ohne irgendwelche Löcher zu bohren, denn dann gibt es auf keinen Fall Geld zurück. Jedes Kunststoffteil braucht gewisse Anpassungsarbeiten, es kommt aber auch durchaus vor, dass so ein Teil bei der Fertigung komplett aus dem Ruder läuft und gar nicht passt.

Wer keinen Karosseriebausatz für seinen Focus findet, hat nur nicht richtig gesucht. Tatsächlich wächst das Angebot von Tag zu Tag. Wir haben uns jedenfalls für eine Frontschürze von ESP Design mit dem vielsagenden Namen „Tornado" entschieden.

Mit den Karosserieteilen ist das so eine Sache: Das beste Design nützt nichts, wenn das Teil nicht richtig passt. Selbst wenn man die Anpassungsarbeit einem Karosseriebauer überlässt, fällt einem die schlechte Passform auf den Kopf – in Form einer heftigen Rechnung.

Front-Schürze

01 Nachdem der Grill und die Scheinwerfer entfernt sind, stecken wir die Kabel für Nebelscheinwerfer und Blinker aus. Dann lösen wir die Torx-Schrauben an den Kotflügeln.

02 Seitlich sitzen drei weitere Schrauben, die Stoßstange und Kotflügel verbinden. Wenn die Scheinwerfer ausgebaut sind, kommt man hier deutlich leichter heran.

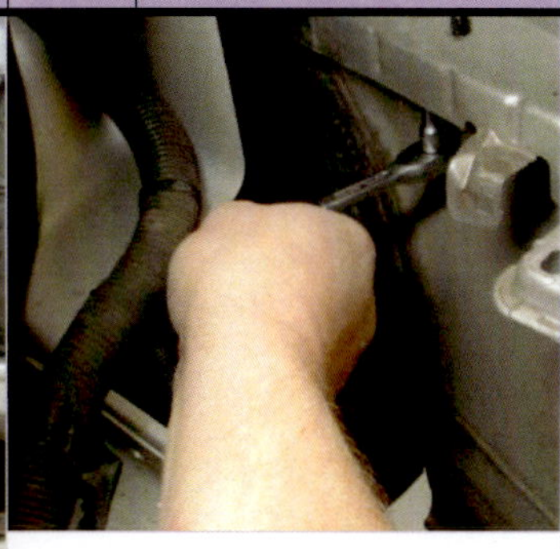

03 Vorne halten von oben sechs Plastikklammern die Stoßstange und drei weitere von unten.

04 Und schon kann die Stoßstange zusammen mit einem Helfer abgenommen werden.

05 Zeit für einen ersten Check der Passform. Stimmt der Anschluss an die übrigen Karosserieteile? Wie sieht die Lage der Befestigungspunkte aus? Wie gesagt: Jede Zubehör-Schürze braucht Anpassungsarbeiten, die Frage ist wie viel?

06 Soll die neue Schürze ein Gitter bekommen? Dann ist jetzt der richtige Zeitpunkt um Maß zu nehmen...

10 Vorher haben wir ein Stück weißes Klebeband auf den Rand geklebt. Das hat zwei Vorteile: Die Markierungen sind besser zu sehen und der Bohrer läuft nicht so leicht davon.

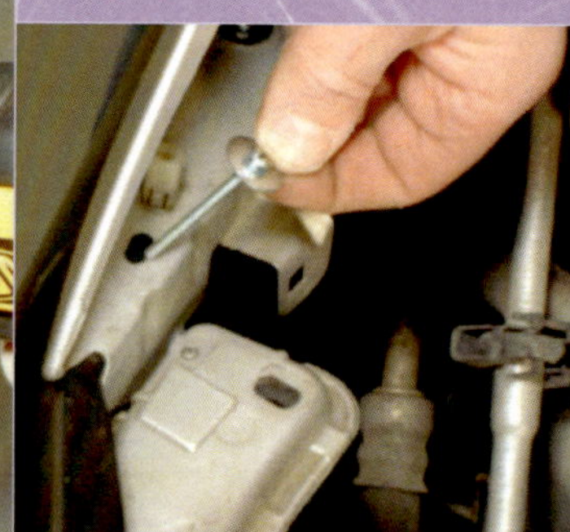

11 Mit ein paar passenden Schrauben können wir die Schürze jetzt seitlich provisorisch befestigen.

12 Wenn die Seiten richtig sitzen, geht es an die vordere Befestigung. Da die Original-Clips nicht mehr funktionieren, müssen wir hier neue Löcher bohren.

07 Unsere Schürze hat extra eingegossene Befestigungspunkte. Ein echter Bonus! Vorsicht: Nicht zu tief bohren, sonst hat die Schürze außen ein schönes Loch!

08 Mit ein paar passenden Schrauben ist das Gitter blitzschnell montiert und kann zum Lackieren wieder abgenommen werden.

09 Während ein Helfer die Schürze so exakt wie möglich in Position hält, markieren wir die drei Befestigungslöcher von der Kotflügelseite aus.

13 Mit Blechschrauben wird die Schürze dann fixiert.

14 Auf alle Fälle sollte die Schürze auch am unteren Ende befestigt werden, um etwas mehr Stabilität zu erreichen und die Schürze in Form zu halten. In diesem Fall reichen zwei einfache Flacheisen.

15 Als letztes werden die seitlichen Schrauben zum Kotflügel angepasst! Dann wird alles wieder abgebaut. Der Lackierer wartet schon!

Heck-Schürze

Hier gibt es grundsätzlich zwei Möglichkeiten: Eine komplett neue Heckschürze oder eine Erweiterung, die an die bisherige Stoßstange montiert wird. Theoretisch sollte die Erweiterung einfacher zu montieren sein – aber leider nur theoretisch!

Auch hier greifen wir auf ein Teil von ESP Design zurück. Um dem Ganzen noch einen besonderen Touch zu verleihen, schneidn wir die Öffnungen aus und setzten dort ein Metallgitter ein. Das ist ohne allzu großes Risiko und mit überschaubarem Aufwand machbar, wir wollen ja schließlich das gute Stück nicht ruinieren und auch keine Glasfaser-Orgie beginnen.

01 Zunächst klappen wir den merkwürdigen Teppich im Radhaus zurück und ziehen die Stecker für Rückfahrscheinwerfer und Nebellampe ab.

02 Die Befestigungsschraube sitzt etwas versteckt oben im Radhaus.

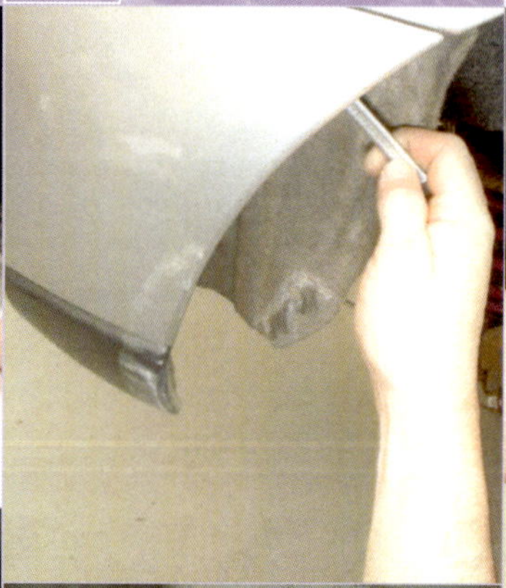

03 Ungefähr in der Mitte der Stoßstange sitzen zwei Kunststoffclips mit einer Kreuzschlitzschraube. Zuerst die Schraube entfernen, dann den Clip heraushebeln.

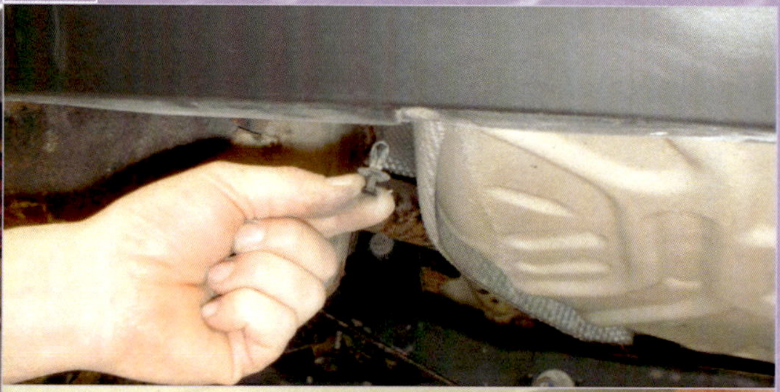

04 Die gleichen Clips finden sich auch oben an der Stoßstange.

05 Im Radhaus sitzen zwei weitere Befestigungen, die etwas merkwürdig aussehen und gern übersehen werden. Sobald diese gelöst sind, kann die Stoßstange mit Hilfe eines Freundes endlich abgenommen werden.

06 Bevor wir die Öffnungen für die Gitter ausschneiden, kleben wir Tape auf die neue Schürze und zeichnen die Umrisse so sauber wie möglich an. Dann geht es an das Ausschneiden.

07 Mit Schmirgelpapier wird die Öffnung dann endgütig in Form gebracht und jede Kante geglättet.

08 Das kennen wir schon: Gitter anzeichnen und zuschneiden...

09 ...und dann mit der Heissklebepistole befestigen.

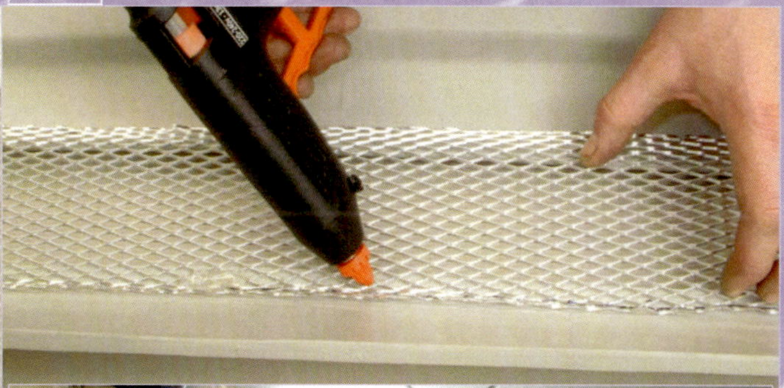

10 Bei manchen Verlängerungen muss die originale Stoßstange gekürzt werden – nicht so bei unserer. Diese wird einfach unten angesetzt und verklebt. Dazu rauen wir die Oberfläche gründlich an.

11 Um keinen Kleber zu verschwenden, haben wir uns die Kontaktpunkte zwischen neuem und altem Teil genau gemerkt. Wenn alles bereit ist, wird der Kleber aufgebracht...

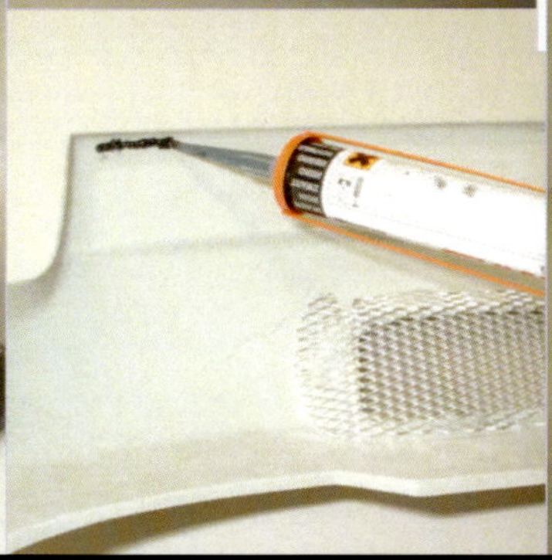

12 ...und die Schürze genau ausgerichtet. Wie haben das Teil zusätzlich mit einem Spanngurt fixiert, damit der Kleber in Ruhe über Nacht ablüften kann.

Schweller-Verkleidung

Schwellerverkleidungen lassen das Auto tiefer erscheinen und verbinden optisch die neuen Front- und Heckschürzen miteinander. So weit so gut, doch woher stammt eigentlich ursprünglich die Idee?

Wie immer beim Tuning stammt auch die Idee der seitlichen Schwellerleisten aus dem Rennsport. In den späten Siebzigern kam Lotus sogar auf die Idee, ihre Formel 1-Renner mit flexiblen Leisten bis auf den Boden abzudichten. So konnte der Unterboden zusätzlichen Abtrieb erzeugen und die Konkurrenz staunte nicht schlecht.
Soviel zur Geschichte. Jetzt ist unser Focus natürlich kein Rennwagen, wir beschränken uns daher auf ein gutes Aussehen.

Praxistipp

Der Umbau sollte an einem trockenen und warmen Ort erfolgen – nur so kann der Kleber richtig funktionieren. Das Auto wird mindestens 24 Stunden außer Gefecht sein. Auch das sollte man bedenken...

01 Um die alten Verkleidungen zu lösen, entfernen wir zunächst zwei Schrauben im hinteren Radhaus und fünf weitere an der Unterseite. Natürlich geht das einfacher, wenn das Auto auf einer Hebebühne oder zumindest auf Unterstellböcken steht.

02 Dann lösen wir die vordere Radhausschale...

03 ... um an die letzte Halteschraube im vorderen Radhaus zu gelangen.

04 Da die Verkleidung zusätzlich von neun Plastikclips gehalten wird, ist wahrscheinlich etwas Gewalt nötig, um die alten Teile zu entfernen.

05 Die „Ultima"-Schweller von ESP brauchen noch ein Metallgitter. Langsam haben wir richtig Übung im Anbringen dieser Gitter!

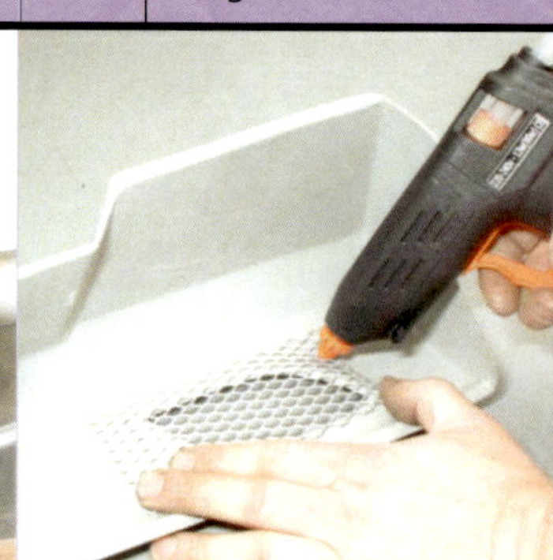

06 Manche Schürzen haben bereits Befestigungspunkte, unsere leider nicht. Also greifen wir zur Bohrmaschine...

07 ...und bohren ein paar Löcher. Diese werden auf den Unterboden übertragen...

08 ... und auch dort gebohrt.

09 Da die neue Schürze zusätzlich geklebt wird reinigen wir die Karosserie gründlich.

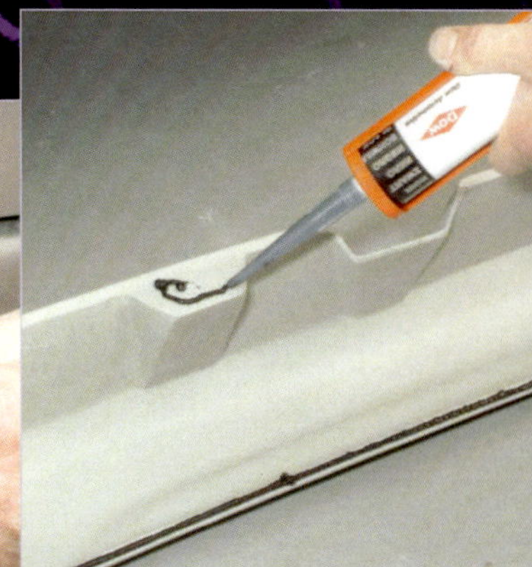

10 Am oberen Rand und rings um die Schraubenlöcher tragen wir dann etwas Kleber auf. Zusammen mit einem Helfer wird die Verkleidung dann vorsichtig angesetzt und mit den unteren Schrauben fixiert.

11 Wenn alles sitzt und passt, werden in den Radhäusern weitere Schrauben gesetzt.

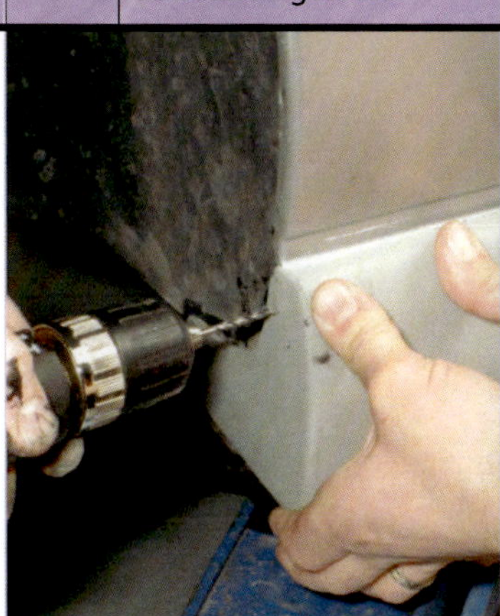

12 Damit die Verkleidung etwas unter Druck ist, während der Kleber trocknet, setzen wir vorsichtig einen Wagenheber darunter.

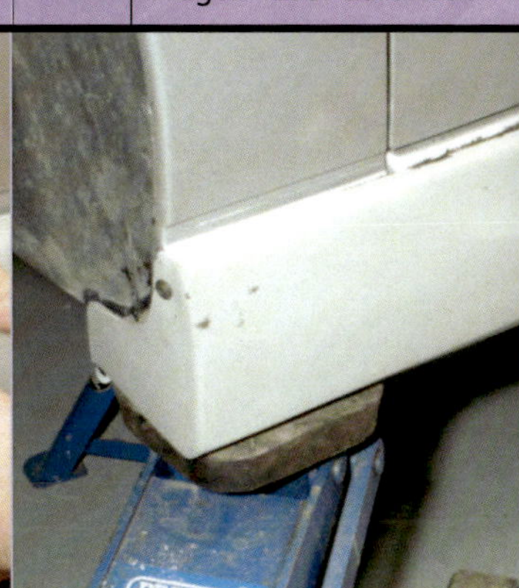

13 Zur Abdichtung und für zusätzliche Stabilität legen wir am oberen Rand noch eine schöne Naht Kleber.

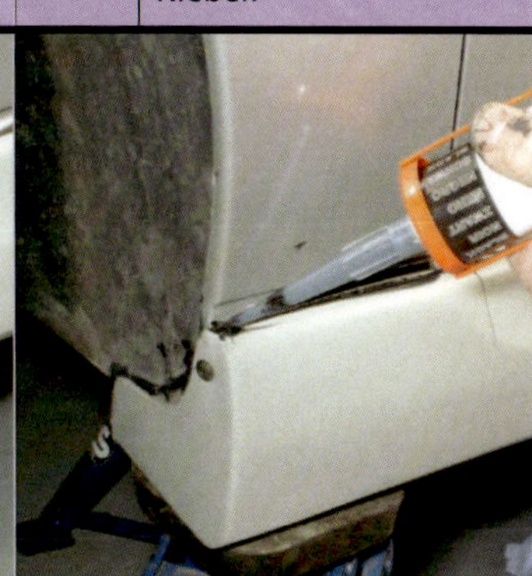

14 Noch ein paar Streifen Tape zur Stabilisierung und dann darf der Kleber 24 Stunden lang trocknen. Wenn am nächsten Tag Tape und Wagenheber entfernt werden, sollte das Teil bombenfest sitzen. Wenn es zu Boden fällt, ist irgend etwas schief gelaufen.

Spoiler aber richtig!

Der Heckspoiler ist wohl das wichtigste Designelement. Und nicht einmal besonders schwer anzubauen. Wir haben uns auch hier für ein Produkt von ESP Design entschieden. Der WRC-Flügel sollte unserem Focus ziemlich gut stehen. Die meiste Zeit beansprucht das Messen und Ausrichten. Ein schiefer Spoiler ist schließlich mehr als peinlich. Während viele Spoiler nur geschraubt werden, sind manche zusätzlich geklebt. Auf jeden Fall sollten die Befestigungslöcher mit etwas Silikon abgedichtet werden. Sonst steht nach dem nächsten Regen der Kofferraum voll Wasser.

Dieser Spoiler kommt als Bausatz. Die Montage ist an sich nicht schwer, die Endplatten brauchen allerdings ein wenig Nacharbeit, bevor alles richtig passt.

01

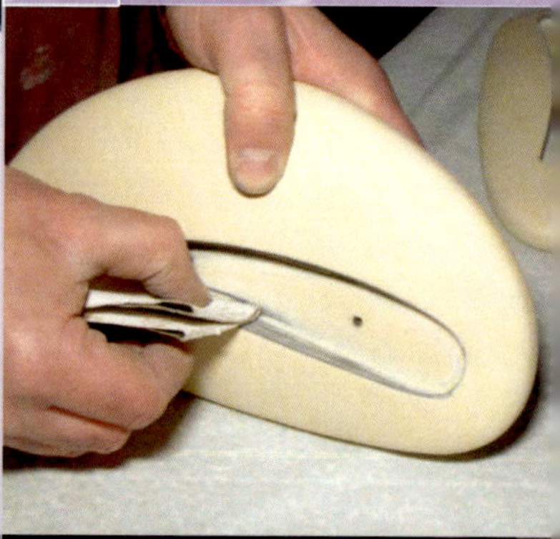

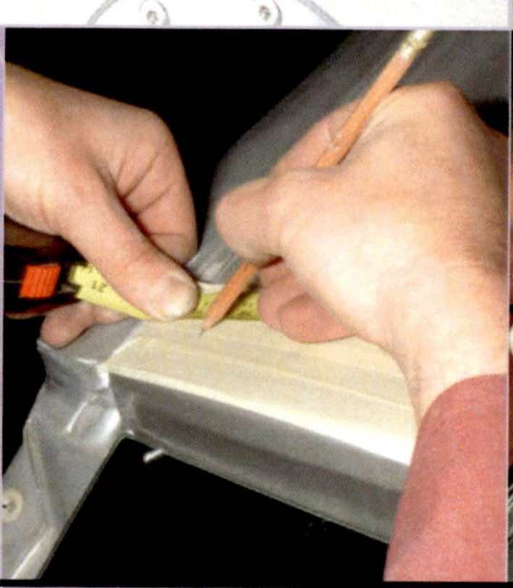

06 Von der Mitte aus können die Befestigungslöcher leicht ausgemessen werden. Vor dem Bohren und Anzeichnen haben wir die gesamte Fläche mit Tape abgeklebt.

07 Eine andere praktische Methode sind kleine Platikstreifen, die in die Befestigunglöcher des Spoilers eingesteckt werden und nach dem Ausrichten an der Karosserie fixiert werden.

02 Ein wenig Karosseriekleber hilft die Endplatten zu fixieren.

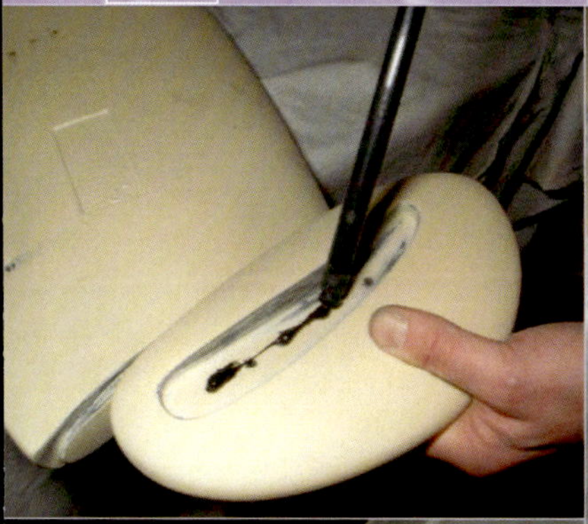

03 Zwei Schrauben sorgen für zusätzlichen Halt. Schon kann der Spoiler angepasst werden.

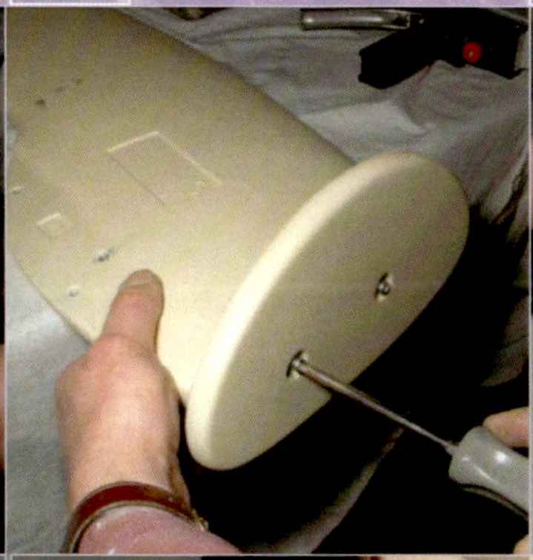

04 Unser Spoiler hat glücklicherweise schon einlaminierte Gewinde. Die entsprechenden Schrauben liegen bei.

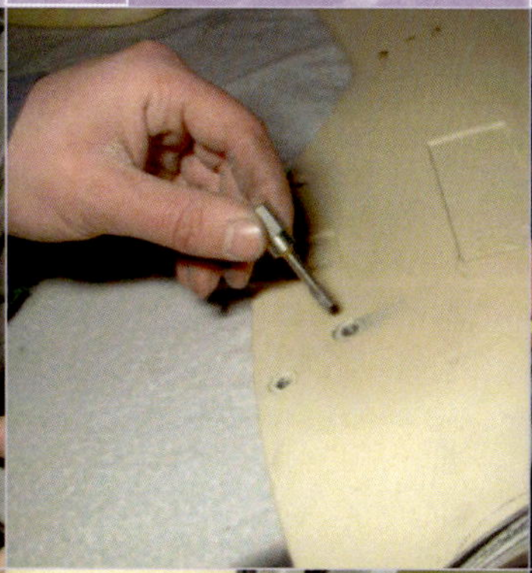

05 Damit der Spoiler später nicht schief sitzt, suchen wir zuerst den Mittelpunkt an der Heckklappe.

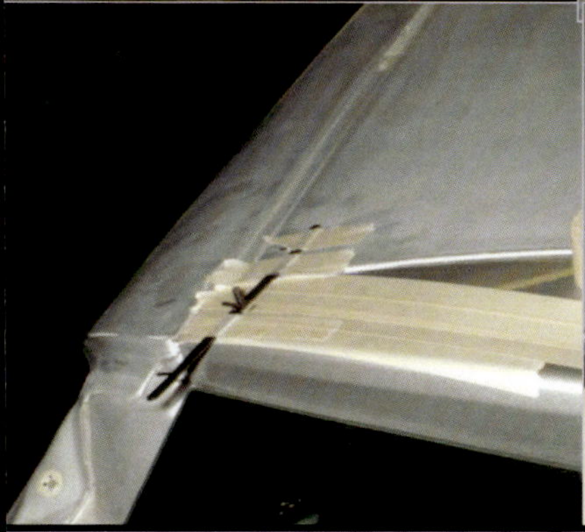

08 Wenn der Spoiler abgenommen wird, bleiben die Plastikteile an der Karosserie und markieren exakt die Bohrlöcher.

09 Durch die hervorstehenden Hülsen kann direkt gebohrt werden. Dann wird alles entfernt und die Löcher mit einem größeren Bohrer auf Maß gebracht.

10 Dann wird der Spoiler zur Probe montiert. Die Schrauben nicht zu fest anziehen, sonst kann der Spoiler brechen. Bei der Endmontage (erst nach dem Lackieren!) kommt etwas Silikon in die Bohrungen, damit kein Wasser eindringen kann.

11 Das sieht nicht schlecht aus! Der Spoiler sitzt gerade und fest. Mit etwas Übung kann das gute Stück jetzt aus der Spraydose lackiert werden. Wer auf Nummer sicher gehen will, fährt zum Lackierer.

Hauben öffnungen

Zu dem kompletten Outfit gehören natürlich auch Entlüftungsöffnungen in der Haube.
Leider gehört das zu den größeren Aktionen, die vielleicht besser ein Karosseriebauer erledigt. Wer in Blech gestanzte Öffnungen will, sollte sich besser schon eine Ersatzhaube beiseite legen, denn das ist die hohe Kunst der Metallbearbeitung. Doch es gibt auch andere Möglichkeiten, unzählige Varianten sind denkbar: Von einfachen Löchern die von innen mit einem Gitter abgedeckt werden bis zu aufgesetzten Hauben wie beim Mitsubishi Evo oder Subaru Impreza.. Es lohnt sich die Augen aufzuhalten, selbst an einem Kia Transporter haben wir schon geeignete Lufteinlässe gesehen...
Aufsätze sind generell leicht zu montieren – darunter muss im Grunde ja auch keine Öffnung in der Haube sein. Solche Aufsätze sind auch als Universalteile zu bekommen. Wer etwas mehr Geld ausgeben will, besorgt sich Formteile aus Carbon.

Radläufe bördeln

Wer breite Reifen montieren will, muss einerseits dafür sorgen, dass die Reifen nicht im Radhaus streifen und andererseits mindestens ein Drittel der Lauffläche abgedeckt ist.
Wer plant, seinen Focus auf 19- oder gar 20-Zöller zu stellen oder aber extrem tieferlegen will, muss sich etwas einfallen lassen. Bei 17- bis 18-Zoll-Felgen sollte es kein Problem geben, da die Radhäuser relativ geräumig sind – so lange die Einpresstiefe der Felgen stimmt.
Trotzdem sollte die Kante in den Radhäusern umgelegt werden, das schafft zusätzlichen Platz. Wenn eine Lackierung geplant ist, lässt sich das mit einem Hammer und einem Gegengewicht schnell erledigen. Allerdings wird bei dieser Methode der Lack mit Sicherheit ruiniert. Die ganz Rabiaten unter uns schneiden die innere Kante einfach ab. Das hinterlässt jedoch eine scharfe Kante aus blankem Metall. Meistens fängt diese Stelle früher oder später an zu rosten.

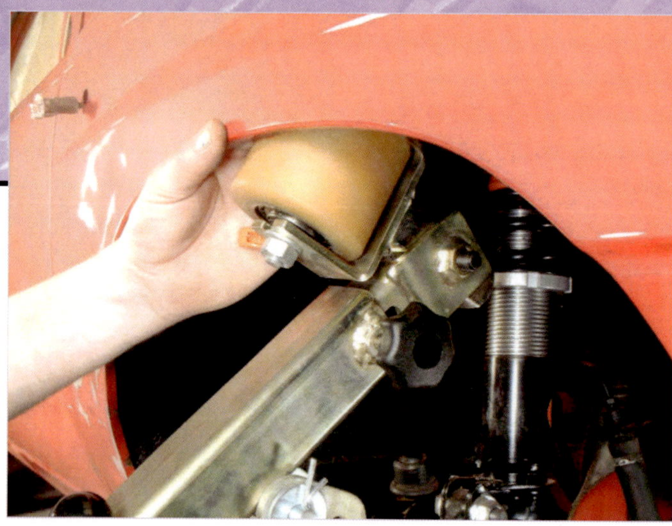

Profis benutzen für diese Arbeit ein spezielles Werkzeug, mit dem der Radlauf gerollt wird. Dabei ist es auch möglich, das Metall etwas nach außen zu strecken. Sollten ein paar Millimeter fehlen, ist diese Methode erste Wahl. Fehlt noch mehr, bleibt nur noch die Möglichkeit einer Karosserieverbreiterung.

Lackierung

Bei umfangreichen Umbauarbeiten bleibt keine Wahl: Eine Komplettlackierung ist fällig. Das ist definitiv kein Job für die heimische Garage, zumindest wenn der Lack hinterher fehlerfrei sein soll. Warum das so ist, erklären wir gerne.

01 Zu den wichtigsten Vorarbeiten gehört das Abkleben. Das ist viel komplizierter als es sich anhört, schließlich muss genau überlegt werden, wo später Frabe sein soll und wo nicht.

02 Wer es wirklich Ernst meint und eine Top-Lackierung erwartet, baut vorher die Scheiben aus. Sonst ist hinter der Dichtung noch der alte Lack zu sehen.

03 Das Mischen der Farben ist eine Wissenschaft für sich – sogar die Temperatur hat auf das Ergebnis einen Einfluss. Wichtig ist, genug Menge für die Lackierung anzumischen. Beim zweiten Versuch kann die Farbe leicht anders aussehen. Selbstverständlich muss auch die richtige Menge Härter und/oder Weichmacher für Kunststoffteile beigemischt werden.

04 Wenn die Karosserie angeschliffen ist, muss alles absolut sauber sowie Silikon- und fettfrei sein. Ein einziger Fingerabdruck kann jetzt alles ruinieren. Dazu muss das richtige Mittel genommen werden, am besten ein vom Lackhersteller empfohlenes. Um den Staub loszuwerden, geht der Profi noch mit einem Honigtuch über die Flächen.

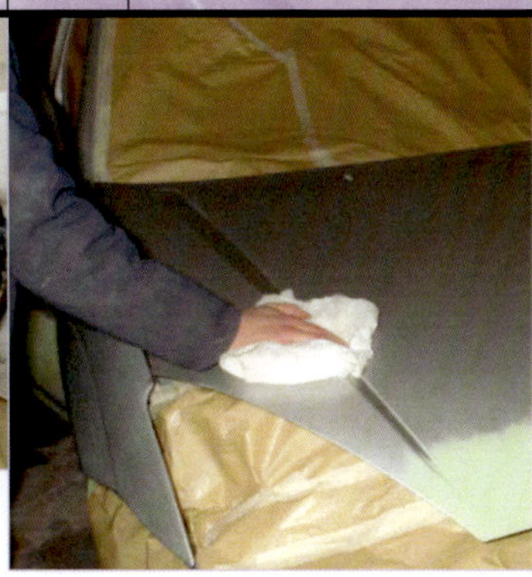

05 Bei Effektlackierungen wird normalerweise zunächst ein Basislack gespritzt, der auf die spätere Wirkung einen überraschend großen Einfluss hat. Dieser hier ist fast weiß, da der Decklack silber wird und strahlen soll.

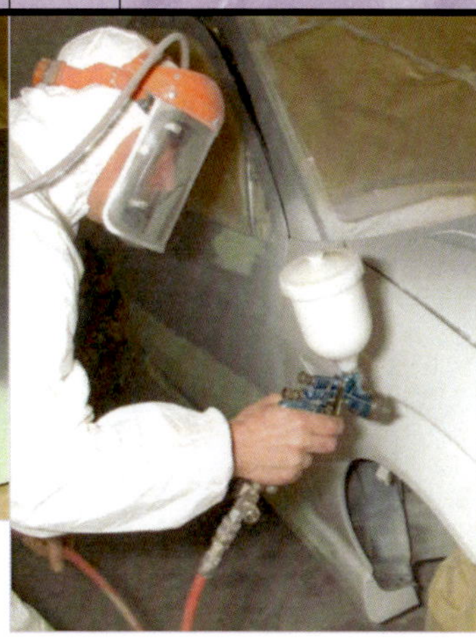

06 Jetzt kommt der Decklack (Shimrin Platinum), der zunächst ein wenig nach Understatement aussieht. Erst auf den zweiten Blick sind die Falkes und Perlen zu erkennen, die diese Farbe zum Custom-Lack adeln. Gute Lackierereien haben eine riesige Auswahl an solchen Farben.

Lichter und Leuchten

Sehen und gesehen werden – davon handelt das ganze Buch, speziell aber dieses Kapitel. Es geht um die Leuchten, die das Gesicht eines Autos prägen und dazu noch leicht ausgetauscht werden können.

Scheinwerfer

Böse oder nett? Xenon oder DE? Der Look des Focus hängt von der Art der Scheinwerfer ab.

Die preiswerteste Möglichkeit, die Scheinwerfer und damit das Aussehen zu verändern ist sicherlich der „böse Blick". Die aufgesetzten Blenden werden am besten vor der Montage in Wagenfarbe lackiert und verleihen dem Focus, je nach Art der Blende, einen grimmigen oder zumindest entschlosseneren Ausdruck.

Eine weitere günstige Möglichkeit sind Schweinwerferblenden, die auf den kompletten Scheinwerfer geklebt werden und dem Doppelscheinwerfer-Look schon recht nahe kommen. Wie beim „bösen Blick" ist auch hier die Montage denkbar einfach: Lackieren, aufkleben – fertig! Allerdings sieht so etwas doch sehr nach aufgeklebtem Plastik aus. Wie die Behörden so etwas sehen kann man sich denken.

Wer getönte Scheinwerfer will, kann sich an den Streuscheiben mit einer Spraydose versuchen. Es gehört allerdings nicht viel dazu und die Scheinwerfer leuchten im Dunkeln nur noch wie ein Teelicht. Also nicht übertreiben! Ein bereits getönter kompletter Scheinwerfer inklusive Betriebserlaubnis ist zwar teurer, aber vielleicht doch die bessere Wahl.

Wer ein frühes Focus-Modell fährt, kann problemlos auf die Klarglas-Leuchten der späteren Modelle umrüsten. Diese sind nicht nur beim Ford-Händler, sondern auch auf so manchem guten Schrottplatz zu haben. Wer viel Glück hat, findet dort auch Xenon-Einheiten des St 170 oder RS. Billig wird das Vergnügen aber auf keinen Fall: Neu kosten diese über 500 Euro pro Seite.

Einen kompletten Satz Frontscheinwerfer gibt es aber auch schon für unter 200 Euro. Zur Zeit besonders angesagt: „Angel Eyes" in schwarzer Doppelscheinwerfer-Optik hinter Klarglas. Wer damit den Focus noch langweilig findet, dem ist einfach nicht zu helfen...

Wissenswertes

Die Idee der Doppelscheinwerfer stammt aus dem Rennsport. Die Hersteller homologierten diese Option aber nicht etwa um besseres Licht zu haben – im Gegenteil: Die inneren Scheinwerfer wurden im Rennauto umgehen ausgebaut und durch Frischluft-Einlässe für den Motor ersetzt. Da die allermeisten Tourenwagenrennen tagsüber gefahren wurden, waren die Scheinwerfer nur Ballast.

Scheinwerfer-Blenden

Die einfache und günstige Möglichkeit, dem Auto einen neuen Blick zu verpassen. Und der muss ja nicht immer böse sein, oder? Dieser Bausatz ist es jedenfalls nicht – zumindest was die Optik und die Montage angeht. Was die Ordnungsmacht dazu sagt, steht auf einem anderen Blatt.

01 Zunächst begutachten wir den Packungsinhalt: Zwei Blenden aus Kunststoff, ein Kleber und ein Reinigungsmittel. Sollte nicht allzu schwer sein diese Teile zu montieren.

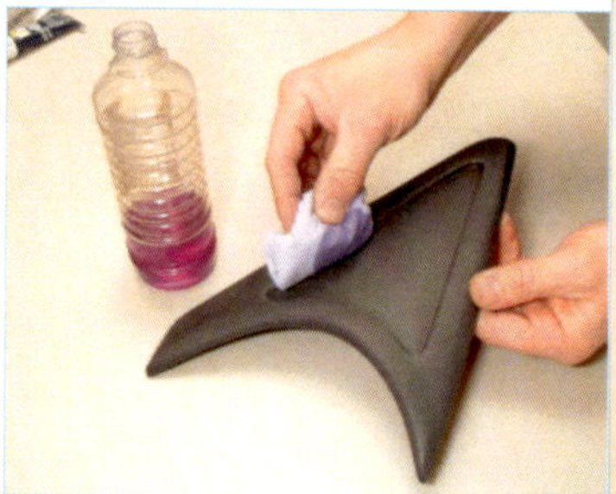

02 Die meiste Arbeit macht das Lackieren der Blenden. Wie immer hängt alles von der Güte der Vorarbeit ab. Also heißt es mal wieder: Schleifen, reinigen, kontrollieren, schleifen und so weiter...

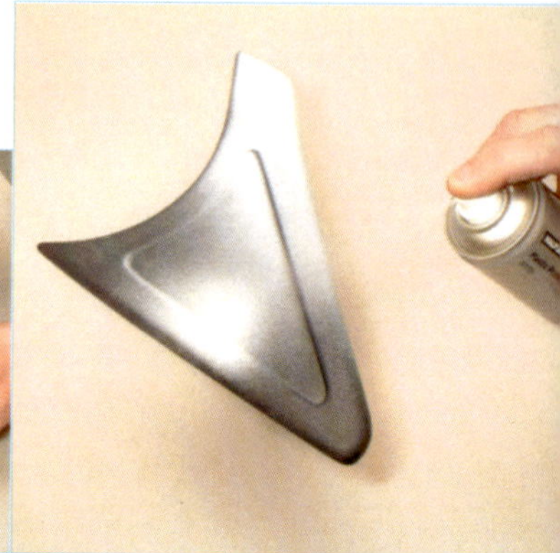

03 Erst wenn die Oberfläche perfekt vorbereitet ist, kann die Grundierung gespritzt werden. Danach sollte unbedingt noch einmal fein geschliffen werden.

04 Fast geschafft: Sobald die Grundierung trocken ist, wird mit ruhiger Hand der Lack aufgetragen. Um den Lack vor Steinschlägen besser zu schützen, spendieren wir anschließend noch eine Lage Klarlack.

05 Während unsere Anbauteile trocknen, kümmern wir uns um den Scheinwerfer. Damit die Blende später hält, muss alles sauber und fettfrei sein.

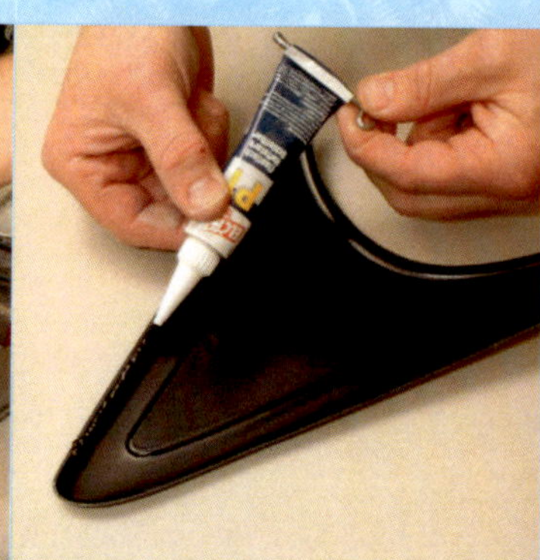

06 Die Blende wird entweder mit hochfestem, doppelseitigen Klebeband oder mit Kleber aus der Tube befestigt. Beides hat seine Vor- und Nachteile: Klebeband lässt sich leichter entfernen und kann nicht verlaufen. Dafür hält spezieller Kleber besser und länger.

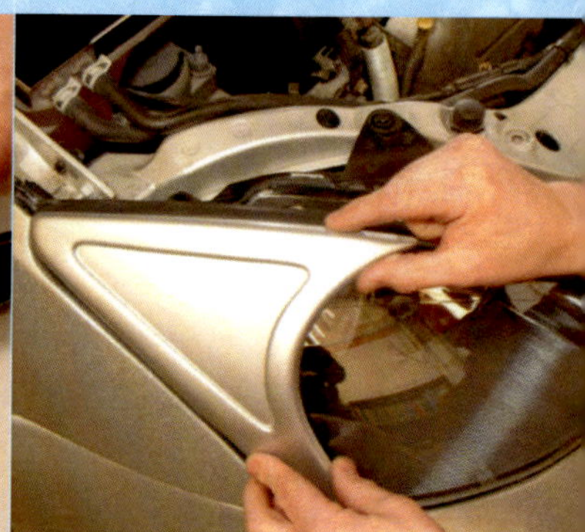

07 Egal, mit was die Blende befestigt wird – der erste Versuch muss sitzen. Verschieben lässt sich höchstens noch der Kleber, der dabei aber hässliche Flecken hinterlässt.

Facelift Scheinwerfer

Damit die Scheinwerfer ausgebaut werden können, muss zuerst der Grill weichen.

01 Dazu entfernen wir die Blende oberhalb des Kühlers...

02 ...lösen die zwei Halteschrauben des Grills...

03 ...und haken die Kunststoff-Clips oben aus.

In der Mitte sitzt ein weiterer

04 Befestigungspunkt. Nach Entfernen einer Schraube...

...kann das schnöde Plastikteil endlich abgenommen werden.

05 Sollen wir das später tatsächlich wieder anbauen?

06 Der Scheinwerfer ist mit drei Schrauben oben...

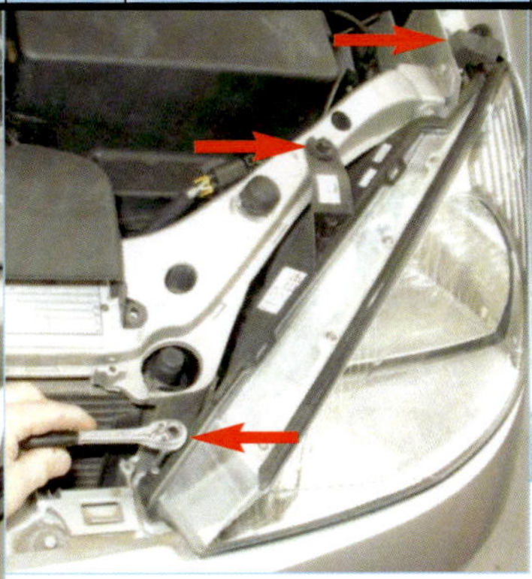

07 ...und einer etwas versteckten Schraube weiter unten befestigt.

Vorsichtig wird der Scheinwerfer herausgehoben.

08 Auf halbem Weg kann der Stecker bequem abgezogen werden.

09 Neben den Scheinwerfern selbst fehlen für den Umbau noch einige Kleinteile: Der hintere Deckel, zwei Lampen für das getrennte Fahr- und Fernlicht und nicht zuletzt der Halter für die im Scheinwerfer sitzende Blinkerbirne.

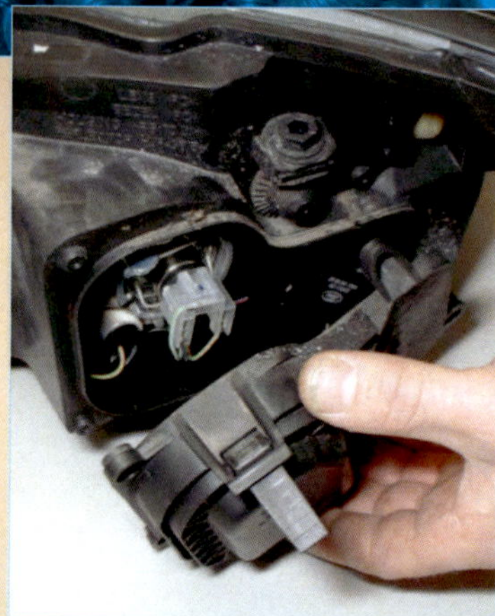

10 Da wir noch Teile des alten Scheinwerfers brauchen, entfernen wir die Rückplatte...

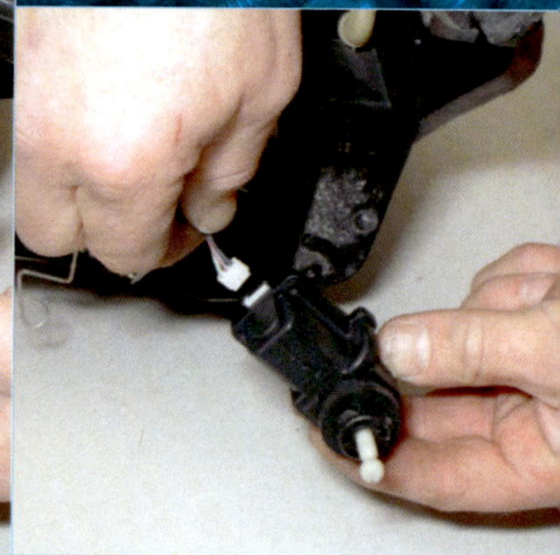

11 ...und bauen den Motor der Höhenverstellung aus. Dieser ist mit einem Bajonettverschluss (drehen) und einem Kugelkopf (vorsichtig abziehen) gesichert.

15 Der neue Scheinwerfer wird auch gleich mit den neuen Lampen bestückt. Vorsicht! Die Lampen niemals am Glas anfassen! Der Fingerabdruck brennt sich sonst ein.

16 Das Standlicht nicht vergessen! Jetzt ist es noch bequem zu erreichen!

17 Deckel drauf und fertig! Naja... leider noch nicht ganz!

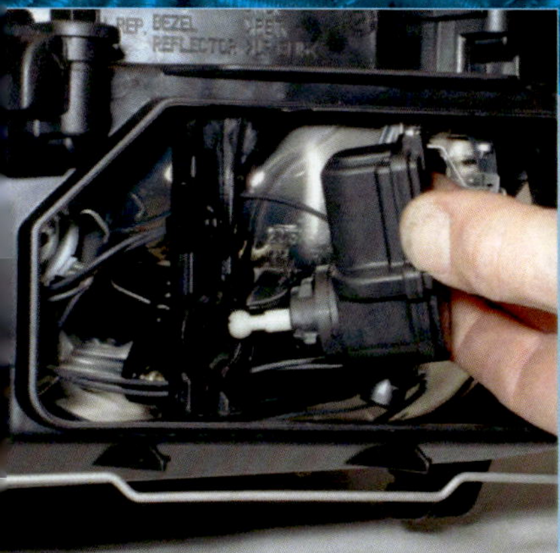

12 Der neue Scheinwerfer wird damit bestückt.

13 Auch die alte Blinkerbirne können wir noch weiter verwenden.

14 Dazu bekommt das gute Stück ein neues Zuhause.

18 Damit die Umrüstung nicht ganz so einfach ist, hat Ford die Stecker verändert. Das bedeutet für uns: Alten Stecker abschneiden und neu verbinden.

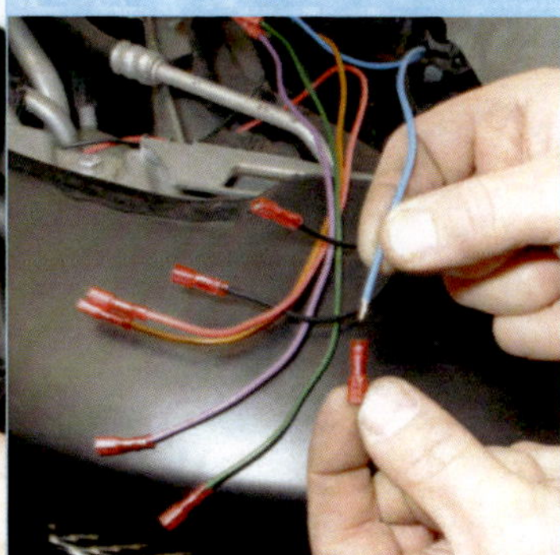

19 Dazu crimpen wir Lautsprecher-Stecker auf die Kabel...

20 ...vergessen dabei nicht die Zuleitung für das Standlicht...

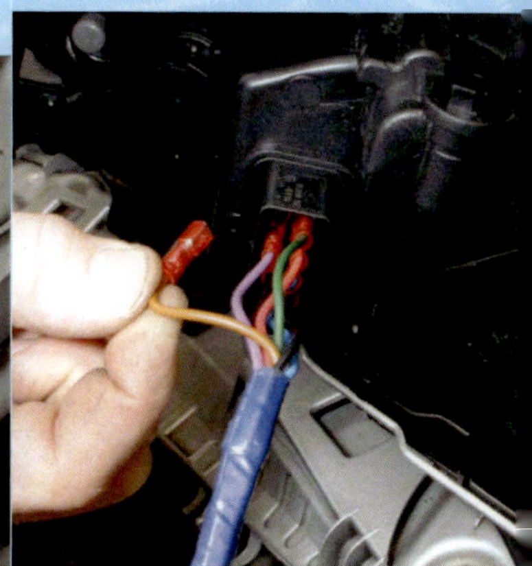

21 ...und stecken unseren umgebauten und schön isolierten Kabelbaum direkt im neuen Scheinwerfer ein.

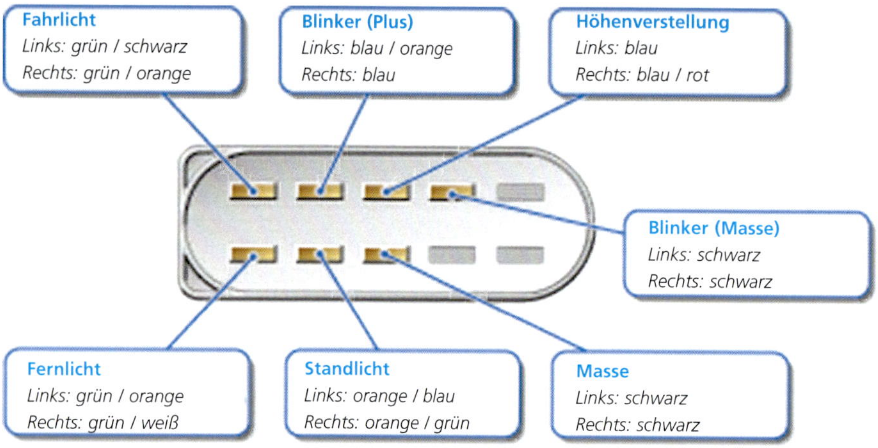

22 Natürlich in der richtigen Reihenfolge! Damit das besser gelingt, hier eine kleine Skizze.

23 Endlich können die neuen Scheinwerfer an ihren Platz. Dabei fällt uns auf, das Ford offensichtlich einen Befestigungspunkt eingespart hat.

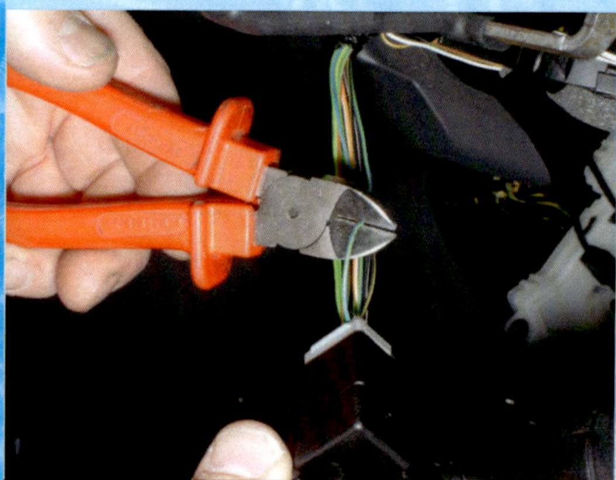

27 Kurz hinter dem Stecker trennen wir das grün / blaue Kabel ab...

28 ...verlängern es (in diesem Fall mit einem gelben Kabel) und führen es zur anderen Seite der Lenksäule.

29 Der Lichtschalter ist mit drei Schrauben befestigt, die sich nach Entfernen der oberen Blende leicht lösen lassen.

24 Leider müssen wir auch im Innenraum etwas am Kabelbaum ändern...

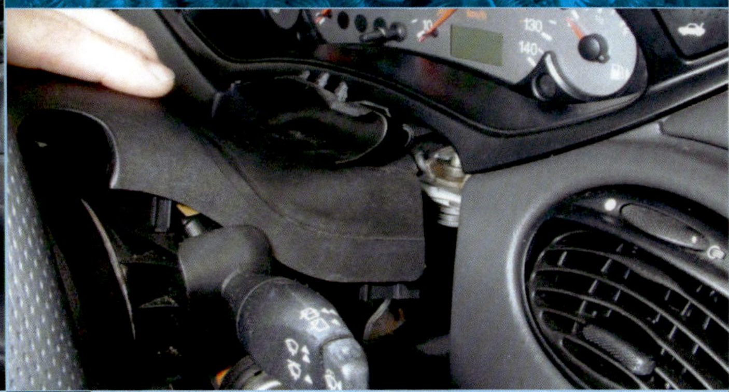

25 ...weshalb wir zunächst die Lenksäulenverkleidung demontieren.

26 Danach bauen wir den linken Schalter (zuständig für das Fernlicht) aus.

30 Auf der Rückseite des Schalters suchen wir das grün / rote Kabel, und verbinden es mit dem neu gelegten Kabel vom Lenkstockschalter, ohne den Durchgang zu trennen.

31 Natürlich kann man das Kabel auch trennen und dann alle Enden miteinander verbinden.

32 Das Ziel der Übung verdeutlicht dieser kleine Schaltplan. Ausgang 9 am Schalter wird überbrückt, von 8 führt ein Kabel direkt zum Fernlicht-Relais.

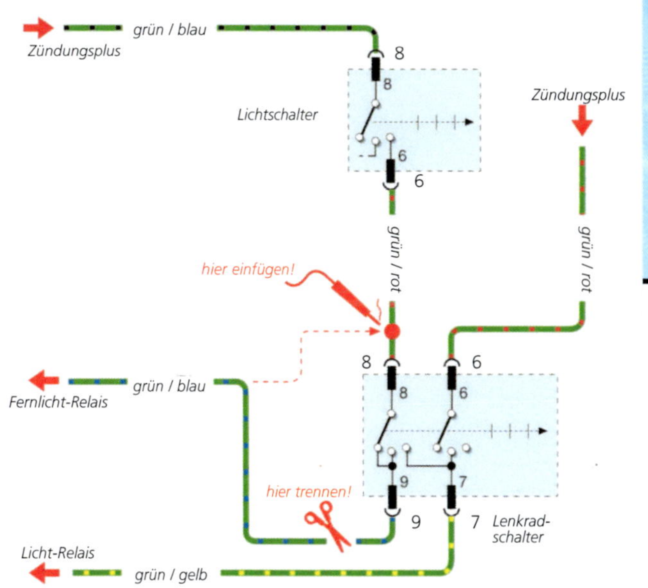

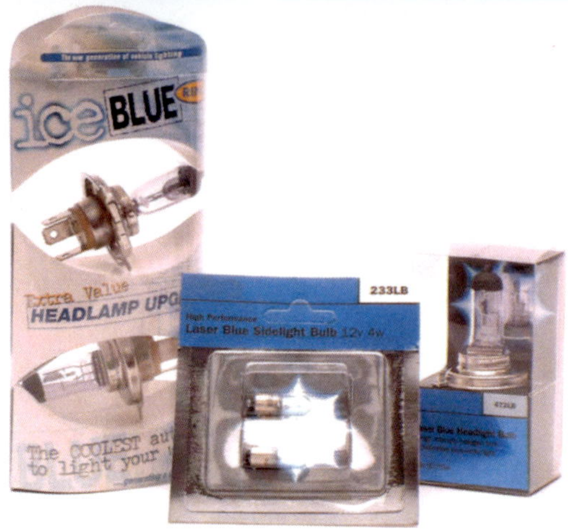

Glühlampen und Birnen

Eine der leichteren Modifikationen betrifft den Austausch der Scheinwerferlampen. Wer immer noch Birnen sagt, sollte sich die Dinger einmal genauer ansehen, denn inzwischen haben die Lampen genauso wenig mit Birnen zu tun wie mit Äpfel. Besonders beliebt sind derzeit die blauen Lampen, die in der Tat einen Xenon-ähnlichen Effekt erzeugen und zum Teil auch mehr Licht spendieren als die Standart-Leuchtmittel. Hüten sollte man sich vor stärkeren Wattzahlen: 60W/55 ist völlig ausreichend und alles was darüber hinaus geht ohnehin illegal auf öffentlichen Straßen.

Doch selbst wer es mit der Legalität nicht so genau nimmt und so viel Licht wie möglich haben will, sollte mit leistungsstärkeren Lampen vorsichtig sein: Eine 100W/90 Lampe erzeugt sehr viel Wärme. Wer das nicht glaubt, sollte bei eingeschaltetem Licht seine Scheinwerfer von außen anfassen. Sogar mit vorgehaltener Hand ist die Hitze spürbar! Noch stärkere Lampen können den Reflektor anschmelzen, verformen oder aber die Chrombeschichtung ablösen. Vielleicht sogar alles zusammen. Auch die Strombelastung im Kabelbaum sowie in den Schaltern und Relais ist nicht zu unterschätzen! Also besser Finger weg von extremen Leuchtmitteln, was übrigens durchaus wörtlich zu nehmen ist: Fingerabdrücke auf den Glaskolben brennen sich in Sekundenschnelle ein!

Praxistipp

Die gebrauchten Birnen sollten selbstverständlich irgendwo im Auto deponiert werden. Denn es ist vielleicht nicht jeder mit der Nachrüstlösung einverstanden...

Zusatz-Scheinwerfer

Zusatzlampen, ob nun Nebel- oder Fernscheinwerfer, sind eine gute Möglichkeit die Front des Focus aufzuwerten. In den meisten Frontschürzen ist dafür sogar schon ein Platz vorgesehen.

Zunächst ist etwas Theorie angesagt: Nebellampen dürfen grundsätzlich immer leuchten, Zusatzscheinwerfer sollen jedoch nur beim Einschalten des Fernlichts angehen. Also müssen die zusätzlichen Lampen unterschiedlich geschaltet werden. Fangen wir mit dem schwierigeren Teil an: den Fernscheinwerfern. Dazu suchen wir am Lichtschalter (oder am Sicherungskasten) das Kabel, an dem bei eingeschaltetem Fernlicht Strom anliegt.

Von diesem Kabel zweigen wir Strom an das Relais für die neuen Lampen ab. Genauer gesagt: Für Klemme 86 am Relais, die dafür sorgt, dass das Relais schaltet.

Die weitere Belegung des Relais ist schnell erledigt: An 85 kommt eine solide Masse, an Klemme 30 eine direkte Zuleitung vom Pluspol. Diese Plus-Leitung versorgt die Lampen dann mit Strom und sollte unbedingt in der Nähe des Anschlusses mit 15–20 Ampère abgesichert werden.

An dem verbleibendem Anschluss 87 hängen dann die Plus-Leitungen der Zusatzscheinwerfer. Zwei Scheinwerfer können dabei problemlos an einem Relais hängen. Nicht vergessen: Jeder Scheinwerfer braucht dann wiederum einen Masseanschluss.

Nebelscheinwerfern werden in den meisten Fällen von einem Schalter aus betätigt. Dieser hängt dann einfach vor Klemme 86 und sorgt dafür, dass das Relais durchschaltet. Theoretisch könnte auch ein Schalter allein die Stromversorgung zu den Scheinwerfern übernehmen, also warum ein Relais? Ganz einfach, weil ein Relais die entstehenden Lasten schalten kann ohne zu verschmoren oder mechanisch den Geist aufzugeben. Werden dagegen über einen Schalter hohe Ströme geschickt, verschmoren die Kontakte bei jedem Einschalten ein wenig mehr. Der Schalter wird warm und irgendwann ist er reif für den Schrott.

Weiße Blinker

Die ersten Modelle hatten die Blinker noch in der Stoßstange. Damit kann man leben oder auf die neueren Scheinwerfer mit integrierten Blinkleuchten umrüsten. Es gibt aber auch die Möglichkeit, die Serienblinker durch andere Exemplare zu ersetzen – zum Beispiel durch solche mit weißem Glas und einer gelben Lampe.

01 Den Blinker auszubauen ist wirklich kinderleicht. Die kleine Torx-Schraube in der Ecke entfernen...

02 ...und den Blinker aus der Halterung nehmen. In der gegenüberliegenden Ecke ist nämlich ein Haken, der den Einsatz hält.

03 Dann den Lampenhalter drehen und herausnehmen. Wer es billig und schnell haben will, reinigt das Glas, nimmt ein Spray (zum Beispiel von Foliatec) und tönt seinen Blinker selbst mit ein paar dünnen Lagen Lack.

04 Ein weißer Blinker, wie wir ihn verbauen wollen, benötigt dagegen eine gelbe Lampe. Leider passt diese nicht in die Original-Fassung. Also zerlegen wir das Originalteil mit einen kleinen Schraubendreher.

05 Das Vorderteil kommt ab, während wir das Hinterteil und den Unterlagring weiter verwenden.

06 Jetzt passt auch unsere farbige Birne in den Halter. Das Teil in das neue Gehäuse einsetzen und den Dichtring nicht vergessen.

07 Das neue Gehäuse wird zuerst hinten eingehakt und anschließend vorne mit der kleinen Schraube befestigt.

Die Seitenblinker sind meist klar oder geraucht – je nachdem, wie die übrigen Lampen gestaltet sind. Klare Gehäuse können natürlich auch mit Lack getönt werden, allerdings ist die Gefahr groß die Blinker zu sehr abzudunkeln. Profi-Lackierer können das sicher besser und noch einen Tupfer der Wagenfarbe dazumischen. Das ist dann natürlich sehr speziell...

Seitliche Blinker müssen natürlich auch in gelb beziehungsweise orange leuchten und dürfen nicht zu dunkel sein. Weiße Blinker brauchen daher gelbe Lampen. Damit das jedoch nicht aussieht wie ein Ei im Eiswürfel gibt es auch Birnen die orange blinken ohne orange auszusehen. Die andere, hochmoderne Alternative sind natürlich LEDs...

Seiten-Blinker

Neben den farblichen Spielereien gibt es die Seitenblinker auch in verschiedenen Formen. Beim Focus besteht jedoch kein Anlass die Form zu ändern – schließlich werden genau diese Blinker auch gern für andere Autos genommen. Wer dennoch andere Blinker verwenden will hat viel Arbeit vor sich. Die Löcher in den Kotflügeln sind nämlich dreieckig!

Dann doch vielleicht lieber ganz verschließen und die Blinker im Mercedes-Style nach oben in die Rückspiegelgehäuse setzen.

01 Der Seitenblinker wird zum Ausbau nach unten gedrückt und dann herausgeklappt. Sollte das nicht mit bloßen Händen gehen kann man einen Schraubenzieher zur Hilfe nehmen. Aber aufpassen mit dem Lack!

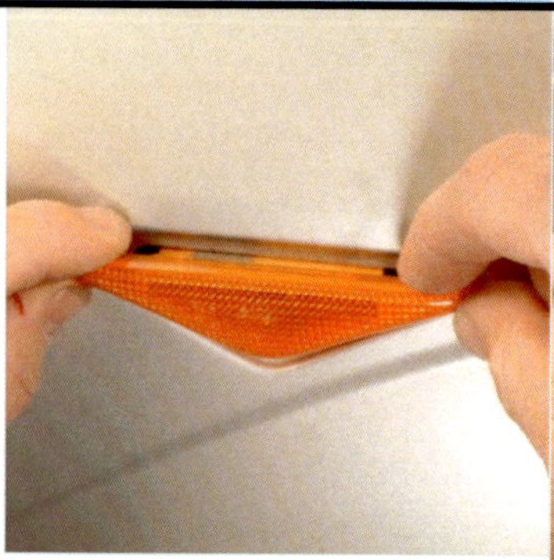

02 Mit einer Drehung gegen den Uhrzeigensinn lässt sich der Lampeneinsatz ganz einfach herausnehmen.

03 Die neue (orange-farbene) Birne wird ganz simpel in die Fassung eingesteckt.

04 Dann in das Gehäuse stecken, durch eine Drehung sichern und zurück mit dem Gehäuse in den Kotflügel.

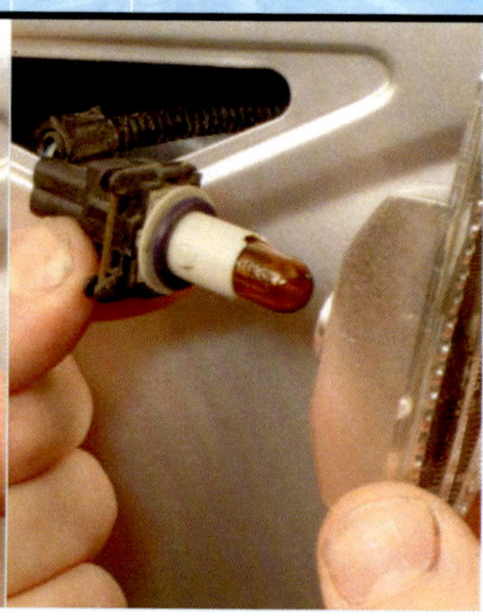

Rück-Leuchten

Wer die Wahl hat, hat die Qual. Es gibt Leuchten im Lexus-Style (vielleicht schon etwas oft gesehen?) aber auch ausgefallene Lösungen wie die „Nachbrenner" von Morette. Da die Rückleuchten ein elementarer Bestandteil des Focus-Designs sind, sollte gründlich überlegt werden. Da wir die dunkle Fensterlinie nicht durch knallige Farben unterbrechen wollten, griffen wir zu den „Black Magic"-Leuchten von ABC Design. Doch das muss jeder selbst entscheiden.

Über die Legalität

Es gibt zwar endlos viele Rückleuchten für den Focus, doch leider sind nicht alle legal. Auf jeden Fall sollte eine E-Kennzeichnung vorhanden und am besten auch Reflektoren und die Nebelschlusslampe integriert sein. Rückleuchten sind einfach zu groß und zu auffällig, um bei einer Kontrolle übersehen zu werden.

Das Problem mit den Reflektoren und der Nebellampe lässt sich beim Focus relativ leicht lösen, denn diese müssen nicht unbedingt in der Rückleuchte sitzen. In der Serien-Stoßstange ist dafür genügend Platz vorgesehen. Wenn die Stoßstange allerdings später gegen eine Heckschürze ausgetauscht wird, kann es ein Problem geben. Auch einer geänderten Auspuffanlage stehen die Dinger meistens im Weg. Also besser gleich oben integrieren.
Na gut, kleine selbstklebende Reflektoren gibt es überall zu kaufen, doch sehen die Dinger nicht gerade sexy aus. Darauf zu verzichten kann aber gefährlich sein. Spätestens wenn das geparkte Auto bei Nacht angefahren wird, gibt es Ärger mit der Versicherung. Und genau genommen erlischt sogar die Betriebserlaubnis, wenn keine Reflektoren vorhanden sind.
Wer einen größeren Heckumbau plant, sollte sich rechtzeitig Gedanken um eine Lösung des Nebellampen-Problems machen. Die Serienteile werden nicht mehr passen, die Leuchte vom Peugeot 206 ist jedoch ein guter Tipp. Oder aber man wählt einen radikalen Weg: So wurden schon Autos gesehen, bei denen die eine Seite der zweiflutigen Auspuffanlage eine reine Attrappe war, in deren Öffnung die Nebelschlussleuchte untergebracht war. Der Auspuff als Nebellampe? Warum eigentlich nicht? Ein interessanter Effekt, nicht nur bei Nebel...

Nebel- und Rückfahr-Scheinwerfer

Da wir unsere hintere Stoßstange behalten wollen, bleiben auch die serienmäßigen Leuchten an Bord. Allerdings wollen wir diese mit einem Tönungsset von Foiliatec etwas bearbeiten, damit sie besser zu unseren getönten Rückleuchten passen.

01 Wenn die Stoßstange abgebaut ist, lassen sich die Leuchten sehr einfach herausnehmen.

02 Zuerst müssen die Gläser sorgfältig gereinigt werden. Wir nehmen dafür Bremsenreiniger, der wider Erwarten den Kunststoff und die Farben nicht angreift. Das sollte man allerdings zuerst an einer unauffälligen Stelle probieren. Dann wird die Oberfläche mit einem Schleifpad leicht angerauht...

03 ... und das Gehäuse abgeklebt.

04 Die Kunst besteht nun darin, den Lack so gleichmäßig wie möglich aufzubringen. Am besten geht das in mehreren dünnen Schichten. Bei zu dicken Lackschichten gibt es unschöne Tränen und die Leuchte wird außerdem viel zu dunkel.

Rück-Leuchten

Bei geöffneter Kofferraumklappe springt einem die Befestigungsschraube förmlich entgegen.

01

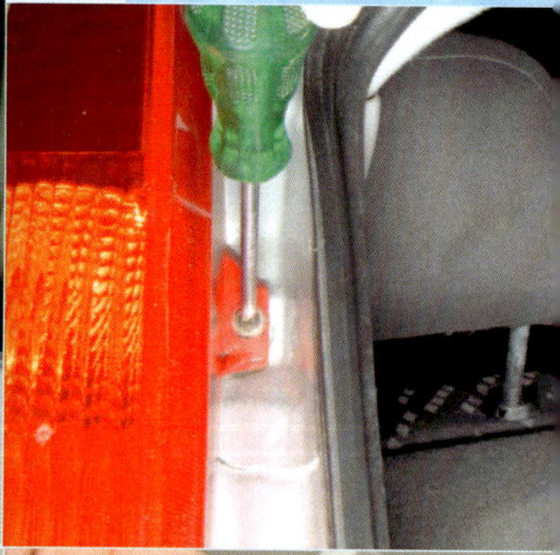

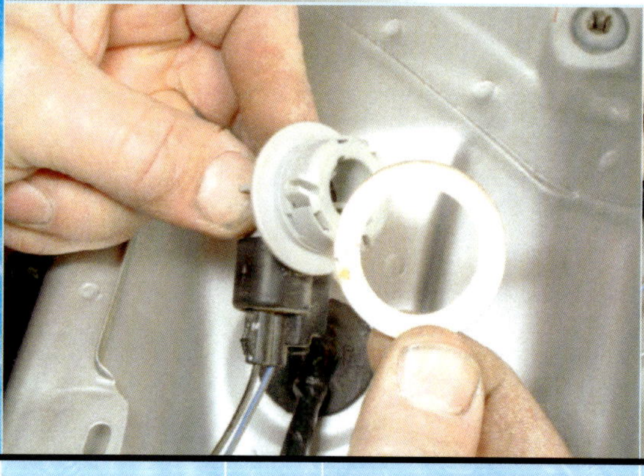

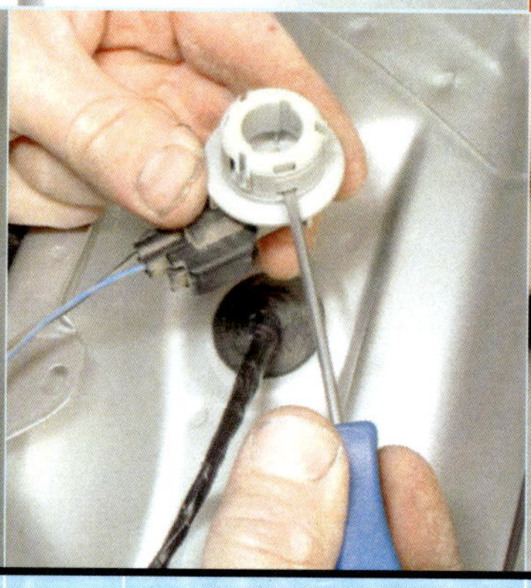

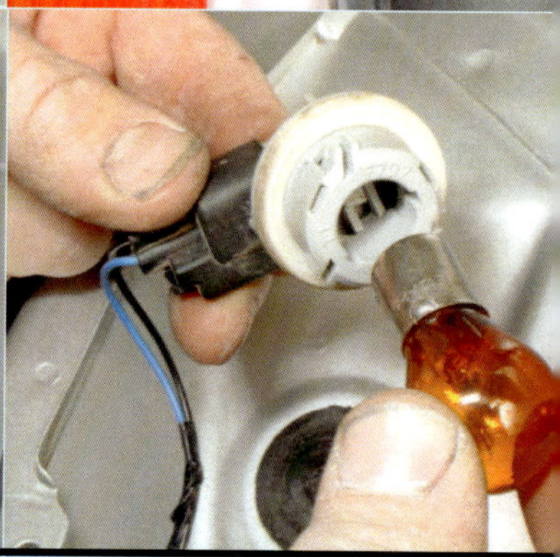

05 Denn die Birne passt nicht ohne Änderungen in die Fassung. Also zuerst den Dichtring abnehmen...

06 ...und dann den vorderen Teil der Fassung mit Hilfe eines kleinen Schraubendrehers entfernen.

07 Ohne das alberne Reduzierstück passt die Birne perfekt. Nicht den Dichtring vergessen!

Praxistipp

Die alten Leuchten sollte man gut aufheben. Entweder um sie zu verkaufen oder aber um sie vor dem Verkauf des Autos wieder einzubauen. Oder für den Fall, dass die neuen Leuchten kaputt gehen!

02 Allerdings gibt es auch im Innenraum noch eine Kunststoff-Flügelmutter, die ebenfalls gelöst werden muss.

03 Jetzt kann die Leuchte abgenommen werden. In der Leuchte stecken jedoch noch die Lampen und auch die Kabel sind in den meisten Fällen noch mit Kabelbindern gesichert. Sobald alles enfernt ist, sollte man dringend an der Stelle, an der die Leuchte sitzt, die Karosserie putzen.

04 Unsere neue Leuchte braucht statt der weißen eine gelbe Blinkerbirne, was uns auch hier ein wenig Arbeit macht.

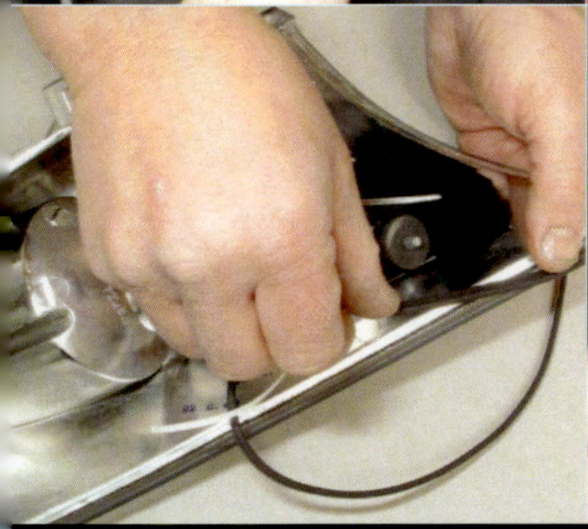

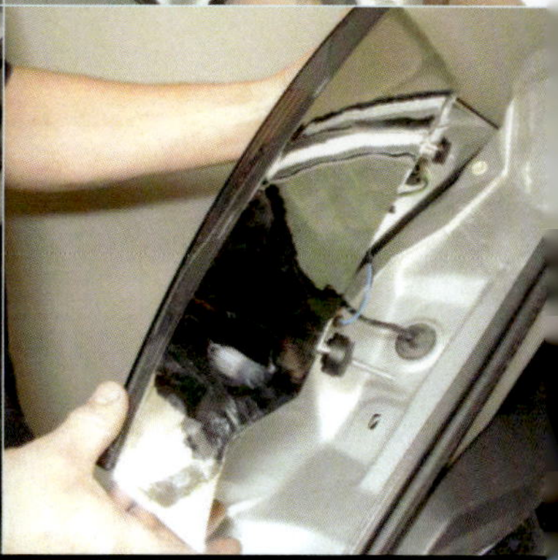

08 Damit die Leuchte gegenüber der Karosserie abgedichtet ist, müssen wir nun die beiliegenden Dichtstreifen aufkleben. Die Streifen sollten sehr genau in den dafür vorgesehenen Vertiefungen liegen und möglichst ohne Blasen geklebt werden.

09 Dann setzen wir die Birnen ein und befestigen die Kabel so, dass diese nicht gequetscht oder eingeklemmt werden.

10 Dann kann die Leuchte an ihren Platz und mit den zwei Schrauben befestigt werden. Anschließend alle Lichter durchschalten. Da unsere Leuchten im Gegensatz zu den Originalteilen keine Reflektoren im oberen Drittel haben, müssen wir uns jetzt etwas einfallen lassen.

Räder & Reifen

Die Wahl der richtigen Felge ist ausschlaggebend für den gesamten Look. Egal wie gut der Rest vom Auto aussieht – mit der falschen Felge kann das ganze Projekt ziemlich schnell ziemlich uncool werden. Eine gute Felge allein kann dagegen aus einer braven Familienkiste schon etwas machen.

Für den Anfang sind die Ford-eigenen 17- und 18-Zöller der ST oder RS-Modelle kein schlechter Einstieg. Die serienmäßigen 15-Zöller sind allerdings eindeutig zu mager. Hier einen Rat zu geben, welche Felgen zu welchem Stil passen, ist unmöglich, die Auswahl ist einfach zu groß. Grundsätzlich stehen die Mehrspeichen-Felgen im Stil des ST170 dem Focus recht gut. Es kann eigentlich kein Zufall sein, dass diese relativ häufig gestohlen werden. OZ-Racing hat ganz ähnliche Felgen im Angebot. Wer Felgen im Stil des RS sucht wird auch bei Compomotive fündig. OZ ist allerdings der Hersteller der Original-Felgen. Momentan schwer angesagt sind verchromte Felgen, die es unter anderem auch von Wolfrace gibt.
Wichtig beim Felgenkauf ist neben dem Durchmesser und der Breite auch die so genannte Einpresstiefe. Während dieser Wert bei den meisten Autos zwischen 30 und 40 liegt, beträgt er beim Focus 52. Das Problem dabei: Wenn die Einpresstiefe zu groß ist, kann das mit Spurverbreiterungen ausgeglichen werden. Ist der Wert aber zu gering, steht die Felge ohnehin schon aus der Karosserie hinaus. Mit einem Ziehen der Kotflügel ist es dann nicht getan. Auch das Handling leidet unter einer zu geringen Einpresstiefe, die hervorragende Achsgeometrie des Focus gerät dann völlig durcheinander. Wer sich nach Felgen umschaut, sollte also unbedingt darauf achten, dass die Felgen auch tatsächlich für den Focus geeignet sind.

Führe uns nicht in Versuchung

Bei der Auswahl der richtigen Felgen sollten auch die Themen Sicherheit und Zulassung nicht ausgespart werden. Leckere Felgen anzuschrauben ist sicher der leichteste Weg, dem Focus einen coolen Look zu verpassen. Daraus folgt natürlich eine gewisse Begehrlichkeit bei kriminellen Elementen. So eine Felge ist schließlich schnell abmontiert...
Deshalb sollten die Felgen gesichert und auch zusätzlich versichert werden. Bei den meisten Versicherungen ist das umsonst oder für ganz kleines Geld problemlos möglich. Auf alle Fälle sollte die Rechnung von Felgen und Reifen gut aufgehoben werden, ein Foto vom Auto mit den montierten Felgen kann ebenfalls nicht schaden. Wer nicht nachweisen kann, was montiert war, geht jedenfalls garantiert leer aus, wenn das ganze Auto oder der Radsatz eines Morgens verschwunden ist.
Das gilt natürlich auch andersherum: Wer gebrauchte Felgen kauft, sollte sich die dazugehörige Rechnung zeigen lassen. Wer im guten Glauben einfach kauft und mit gestohlenen Felgen herumfährt, ist unter Umständen fast genauso dran wie der tatsächliche Dieb. Ganz abgesehen davon, dass man diese Machenschaften ja nicht noch unterstützen will.

Wie billig darfs sein?

Wer seine Felgen nach der Optik und nicht unbedingt nach dem Preis auswählt, braucht nicht weiterzulesen. Wer den Geldbeutel regieren lässt, sollte sich ein paar Gedanken über die Qualität machen.

Wer sich an den Spruch hält „Gutes kann nicht billig sein" liegt in der Regel genau richtig. Das gilt nämlich bei Felgen umso mehr. Billige Felgen sind oft aus minderwertigem Material gefertigt und das meistens auch noch schlampig. Die Folgen sind kleine Lufteinschlüsse im Material (auch Lunker genannt), die quasi eine eingebaute Sollbruchstelle sind.

Sitzen diese Lunker oder Poren an einer ungünstigen Stelle, kann der Reifen nicht einmal die Luft halten .Schließlich wird der Reifen nach drei Seiten hin von der Felge abgedichtet. Das nervt nicht nur, sondern ist auch gefährlich, denn ein Reifen mit zu niedrigem Luftdruck ist extremen Belastungen ausgesetzt.

Oft ist die Qualität auch schon an der Lackoberfläche zu erkennen. Billige Felgen werfen ihren Lack oft schon nach wenigen Monaten ab. Ist die Oberfläche rauh und das Finish nicht sehr überzeugend, setzt sich Bremsstaub und anderer Dreck in die Poren und die Felgen sind kaum mehr sauber zu bekommen. Bald darauf beginnt die Korrosion.

Felgen aus minderwertigem Material korrodieren aber nicht nur außen, sondern auch an der Auflagefläche zur Radnabe. Nach einiger Zeit sind die Felgen dann regelrecht festgebacken und nur noch mit Gewalt von der Nabe zu bekommen.

Wer sich für eine wohlbekannte Marke entscheidet, hat auch keine Schwierigkeiten mit Ersatz. Sollte tatsächlich eine Felge verbogen sein (und das passiert bei billigen Felgen schon in einem tieferen Schlagloch), ist Ersatz leicht und schnell verfügbar. Vielleicht sogar gebraucht. Wer seine Felgen gebraucht kauft, sollte also sehr genau auf den Zustand achten und prüfen, ob die Felge noch im Handel erhältlich ist.

Das Wochenend-Ritual

Auf den ersten Blick gibt es vielleicht wichtigere Dinge, doch wie pflegeleicht eine Felge ist, sieht man spätestens bei der ersten Wäsche.

Vielspeichen-Felgen, wie zum Beispiel das klassische BBS-Design sind ein Albtraum, wenn es um die Reinigung geht. Mit einer Zahnbürste bewaffnet geht bei der Reinigung mindestens ein halber Samstag drauf. Wer darauf keine Lust hat, greift zu einem simpleren Felgendesign. Je weniger Speichen die Felge hat, umso einfacher ist auch die Pflege.

Die Sache mit den Radschrauben

Wer kostbare Alus montiert, sollte dazu gleich abschließbare Radschrauben kaufen. Wenn, dann aber die Richtigen.

Radschraube ist nicht gleich Radschraube! Die Länge und die Form des Sitzes sind entscheidend für die Verwendung. Schrauben für Stahlfelgen passen nur in den seltensten Fällen an Alufelgen. Und dass bei Zubehör-Felgen die Original-Schrauben passen, ist ebenfalls nicht garantiert. Wer einen Radsatz kauft, muss sich schlau machen und nicht unbedingt auf die Aussagen des Verkäufers vertrauen.

Praxistipp

Auch den Felgen kann etwas Politur nicht schaden. Der Dreck kann weniger gut anhaften, da die Oberflächen damit versiegelt werden. Im Handel sind dafür spezielle Mittel erhältlich, eine gute Lackpolitur ist dafür jedoch genauso gut geeignet.

Andere Optionen

Wer für kleines Geld ein paar neue Felgen haben will, hat auch noch andere Möglichkeiten.

Wer sich auf der Suche nach günstigen Serienfelgen in der Ford-Palette umschaut, stößt früher oder später auf das Problem mit der Einpresstiefe. So würden theoretisch die Felgen des Escort Cosworth dem Focus gut stehen, doch leider hatten die Cossies eine Einpresstiefe von 25. Das wird viel zu breit. Einen Versuch wert sind Felgen des Mondeo, dessen Einpresstiefe nicht sehr weit von Focus weg ist. Auch Sierra-Felgen können im Einzelfall passen.
Wer über den Tellerrand schaut wird feststellen, dass die meisten Peugeot und Citroën zumindest den selben Lochkreis für die Befestigung haben (4x108). Mit Adapterplatten können sogar Felgen mit anderen Lochkreisen montiert werden. Dann muss die Einpresstiefe allerdings noch größer ausfallen oder eine Verbreiterung montiert werden.

Praxistipp

Jedesmal, wenn die Räder abgenommen werden, sollten Nabe und Auflagefläche gründlich gereinigt und mit einer dünnen Schicht Kupferpaste eingestrichen werden. So kann die Felge nicht festkorrodieren. Die meisten Felgen werden mit Ringen aus Kunststoff montiert, die den selben Effekt haben und das Rad auf der Nabe zentrieren. Diese Teile niemals weglassen!

Wenn die Größe zählt

Für die meisten zählt nur der Durchmesser einer Felge – je größer umso besser. In den meisten Magazinen wird sogar alles unter 17-Zoll müde belächelt. Inzwischen gibt es aber auch eine Gegenbewegung: Möglichst kleine Räder.

Da die Radhäuser viel Platz bieten, passen an den Focus problemlos 8x19-Felgen. Allerdings wird alles über 17-Zoll die Fahreigenschaften eher verschlechtern als verbessern. Die Reifen werden sehr flach und geben alle Unebenheiten ungefiltert weiter, der Komfort wird deutlich schlechter. Auch die Kräfte an den Radaufhängungen werden größer und damit der Verschleiß an Traggelenken, Spurstangenköpfen und Radlagern. Wer mehr Wert auf die Fahreigenschaften legt, sollte bei 17-Zoll bleiben. In Verbindung mit einer Tieferlegung um 35–40 Millimeter sieht das nicht schlecht aus und fährt sich ausgezeichnet.

Praxistipp

Wer seine Räder wuchten lässt sollte darauf achten, dass die Klebegewichte im inneren der Felge angebracht werden. Alles andere ruiniert die Optik und hinterlässt unschöne Klebereste beim nächsten Reifenwechsel. Wer auf Nummer sicher gehen will sichert die Gewichte zusätzlich mit Gewebeband.

Die Herausforderung

Riesige Räder und dazu so tief wie möglich – das riecht nach Problemen und verbranntem Gummi.

Wer so tief und so breit wie nur irgend möglich unterwegs sein will, muss genau hinschauen. Neben dem Durchmesser kann nämlich auch die Breite der Reifen zum Problem werden.

Wenn der Reifen zu breit ist, beziehungsweise die Position der Felge zur Radnabe (Einpresstiefe) nicht genau stimmt, wird der Reifen irgendwo schleifen. Das kann am Federbein oder an anderen Fahrwerksteilen sein. Verschärft tritt dieses Problem an der Vorderachse auf, hier gilt es die Freigängigkeit bei vollem Lenkeinschlag zu beachten. Schleift der Reifen auf der Innenseite, kann dieses Problem mit Spurverbreiterungen leicht aus der Welt geschafft werden. Die Felge wird einfach etwas nach außen gerückt. Achtung! Je nach Dicke der Scheiben sind neue und längere Radschrauben fällig, damit diese nicht zu knapp im Gewinde sitzen.

Schleift der Reifen außen, muss die Kante des Radhauses umgebördelt oder sogar gezogen werden. Dabei ist darauf zu achten, dass der Reifen die Lauffläche noch abdeckt. Wenn er nur so eben nicht schleift, reicht das nicht.

Wenn der Reifen beim Einfedern streift, ist das ebenfalls nicht gut. Schleift er nur an der Radhausverkleidung, so kann diese entfernt werden. Mit der Zeit beginnen diese Teile ohnehin etwas herunterzuhängen.

Da sehr große Räder auch bei der Verwendung von extremen Niederquerschnittsreifen einfach größer sind als die Serienbereifung, ist der Job damit noch längst nicht erledigt. Damit der Focus nicht wie ein SUV daherkommt, wird in der Regel tiefergelgt. Und richtig schwierig wird das Ganze bei einer Tieferlegung um mehr als 40 Millimeter. Denn einerseits kommen sich Radhaus und Reifen automatisch näher, andererseits sind die Sportfahrwerke aber auch straffer und erlauben keine so großen Federwege mehr. Die Radhersteller und auch die Hersteller der Fahrwerke reagieren darauf oft mit einer Beschränkung der zulässigen Achslast. Klar, wer nicht ständig mit fünf Personen und Gepäck unterwegs ist, braucht weniger Federweg. Leider bleibt in manchen Fällen nur noch eine minimale Zuladung übrig. Das heißt, wir können die hintere Sitzbank gleich mit ausbauen.

Der Tacho als Lügner

Mit größeren Reifen wird das Auto langsamer. Oder lügt nur der Tacho nicht mehr?

Wer große Räder an sein Auto geschraubt hat, wird zunächst einmal enttäuscht sein. In der Höchstgeschwindigkeit fehlen plötzlich ein paar Stundenkilometer. Natürlich bieten breite Reifen einen höheren Roll- und Luftwiderstand – aber macht das gleich so viel aus?

Der eigentliche Hintergrund ist ein anderer: Mit dem Durchmesser erhöht sich auch der Abrollumfang. Da der Tacho am Getriebe angeschlossen ist und deshalb im Grunde nur die Radumdrehungen zählen kann, das Rad jedoch bei jeder Umdrehung eine länger Strecke zurückglegt als zuvor, zeigt der Tacho nun lediglich genauer an. Hoffentlich jedenfalls, denn ein Tacho, der zu wenig anzeigt, führt unweigerlich zu Problemen bei der Eintragung.

Die Genauigkeit kann bei Bedarf auf einem Rollenprüfstand geprüft werden, bei manchen Rad/Reifen-Kombinationen ist das sogar Pflicht. Jedenfalls heißt es jetzt aufgepasst bei Radarkontrollen. Was früher noch mit „10 drüber" ging, führt jetzt zu einem Blitzlichtgewitter.

Fachbegriffe

Abrollumfang – Der Weg den das Rad bei einer Umdrehung zurücklegt. Damit sich der Abrollumfang nicht allzu sehr von dem Original-Maß entfernt werden auf größere Felgen flachere Reifen aufgezogen. Damit bleibt auch der Abstand zwischen Radmitte und Lauffläche des Reifens einigermaßen erhalten. Wird der Abrollumfang größer, zeigt der Tacho weniger und die Beschleunigungswerte lassen etwas nach. Der Durchmesser wirkt sich nämlich auch auf die Gesamtübersetzung aus.

Lochkreis – Der Abstand und die Anzahl der Befestigungslöcher. Beim Focus beträgt dieser 4x108 (auch 108/4 bezeichnet), was nichts anderes bedeutet als das die vier Schrauben 108 Millimeter vom Zentrum entfernt sitzen. Bei vielen Felgen ist dieses Maß irgendwo eingeprägt.

Einpresstiefe – Der Abstand von der Befestigungsfläche zur gedachten Radmitte. Außer vielleicht im Motorsport ist jedes Rad mit einer Hälfte etwas weiter in das Radhaus hinein versetzt. Mit anderen Worten: Je kleiner die Einpresstiefe, umso weiter steht das Rad nach außen. Beim Focus beträgt dieser Wert ET 52, bei einer Felge mit ET 0 würde das Rad also 52 Millimeter weiter aus dem Radhaus schauen. Ist die Einpresstiefe zu groß kann das mit Spurdistanzscheiben ausgeglichen werden, denn deren Breite muss von der Einpresstiefe abgezogen werden. Wenn also ein Rad mit ET 30 auf eine Distantscheibe von 20 Millimeter Stärke montiert wird, beträgt die tatsächliche Einpresstiefe nur noch ET 10.

Diebstahlschutz

In dem Moment, in dem ein wertvoller Satz Räder an das Auto geschraubt wird, wird das Auto zum Hingucker. Und wo schicke Räder montiert sind, ist bestimmt noch mehr Interessantes zu entdecken. So lange es sich um friedliche Bewunderer handelt, ist das alles kein Problem. Leider gibt es Zeitgenossen, die etwas anderes im Schilde führen. Räder zu stehlen ist nämlich im Grunde eine leichte Sache.

Das Problem mit Räder ist: So schnell wie diese angeschraubt sind, sind diese auch abgeschraubt. Zumindest so lange keine Hindernisse eingebaut sind. So mancher hat sich schon gewundert, dass sein Auto morgens auf dem Unterboden liegt. Der Schaden kann in die Tausende gehen – ganz abgesehen davon, dass so etwas auch für Auspuff und Bremsen sehr schädlich ist.

Der Schwarzmarkt für gestohlene Räder und Reifen ist nicht zu unterschätzen, zumal sich kaum jemand die Mühe macht, die Felgen zu kennzeichnen. Nur damit ließe sich eine gestohlene Felge zweifelsfrei identifizieren.

Tatsächlich scheuen Profis markierte Felgen wie der Teufel das Weihwasser. Die Spur der Hehlerware lässt sich dann nämlich leicht verfolgen. Wer jedes Risko vermeiden will, lässt sich ganz offensichtlich seine Felgen tätowieren.

Eine andere Möglichkeit ist eine Alarmanlage mit Neigungssensor. Auch das hassen die Profis, denn beim Abmontieren der Räder ist eine Lageänderung nicht zu vermeiden. Im Prinzip sitzt hier eine kleine Metallkugel in einer Schale auf einem Magneten. Sobald die Schale bewegt wird rollt die Kugel von ihrem Platz und löst den Alarm aus. Reine Erschütterungssensoren sind nicht ganz so empfindlich. So lange das Auto nicht vom Heber fällt, ist es durchaus möglich, die Räder abzuschrauben. Und wenn der Sensor auf maximale Empfindlichkeit gestellt wird, löst jeder vorbeifahrende Lkw den Alarm aus. Aber immer noch besser als nichts. Denn wer mitten in der Nacht an einem hupenden und blinkenden Auto alle vier Räder abmontiert, muss schon wirklich gute Nerven haben.

Felgenschlösser

Spezielle Radbolzen sind ein guter Schutz vor Gelegenheitsdieben. Den Profi schreckt so etwas dagegen kaum.

Diebe wollen vor allem schnell sein. Dazu ist ihnen jedes Mittel recht. Ein billiges Felgenschloss ist mit Hammer und Meißel blitzschnell abgeschlagen. Manche Spezial-Radbolzen werden überlistet, indem einfach eine einigermaßen passende Nuss daraufgehämmert wird. Schlösser mit einem Schlüssel lassen sich dagegen oft schon mit einem einfachen Schraubenzieher knacken. Man sollte also keine absolute Sicherheit erwarten, bestenfalls halten solche Schlösser und Bolzen die Diebe ein paar entscheidende Minuten auf.
Wer auf die Idee kommt, mehr als einen Spezial-Radbolzen pro Rad zu verwenden, muss selbstverständlich noch mehr auf die Qualität achten. Was bei einem Bolzen von fragwürdiger Qualität noch nicht so tragisch ist, kann bei vier Radbolzen auch im Krankenhaus enden. Radbolzen sind hoch belastete Teile, die nach genauen Vorgaben gefertigt werden!
Bei den Adaptern oder Schlüsseln stellt sich auch die Frage, wohin damit. Ideal wäre ein Platz am Schlüsselbund. Dann sind die Schlüssel im Fall einer Reifenpanne immer dabei. Mit Adaptern (und davon vielleicht noch mehrere) wird das ein ziemlich dicker Schlüsselbund. Egal wie, ins Handschuhfach kommen die Dinger jedenfalls nicht! Das ist nämlich die erste Stelle, an der Diebe suchen, danach wird der Kofferaum unter die Lupe genommen.

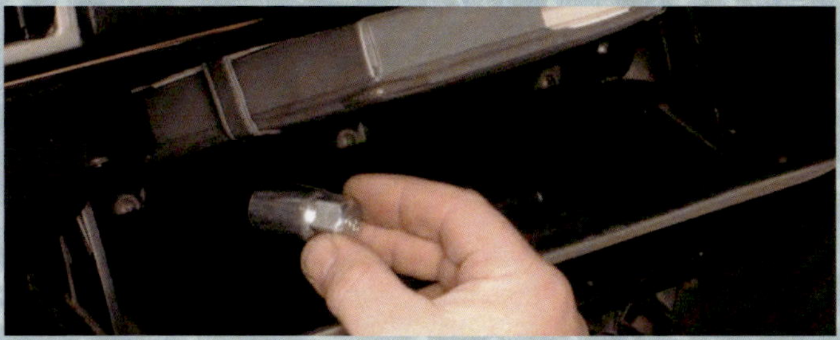

Der Radwechsel

Eigentlich eine einfache Übung. Doch leider werden auch dabei immer wieder ein paar Grundregeln missachtet.

Klar ist, das man zum Radwechsel einen Wagenheber und ein Radkreuz braucht. Wer mehr als ein Rad abbauen will, braucht auch einen Unterstellbock. Wer noch nie ein Rad gewechselt hat, sollte sich jetzt ein paar Gedanken machen, wo und wie der Heber beziehungsweise die Böcke angesetzt werden müssen. Leider können bei dieser Aktion nämlich ernste Schäden an Mensch und Material auftreten.

Das Werkzeug

Gut geeignet ist ein kleiner hydraulischer Rangierheber. Damit steht das Auto weitaus sicherer als auf dem wackeligen Heber aus dem Bordwerkzeug, der eigentlich nur für Notfälle gedacht ist. Dazu sieht so ein Heber wesentlich professioneller aus. Hydraulische Heber haben ein Ventil, das vor dem Anheben ganz geschlossen sein muss. Normalerweise sitzt dieses am Ende des Hebers und wird mit dem Ende der Stange auf- und zugedreht. Beim Ablassen wird das Ventil vorsichtig und langsam geöffnet. Wer es vorher sehr fest zugedreht hat, kann dabei eine Überraschung erleben.
Unbedingt zu empfehlen sind Unterstellböcke. Damit kann das Auto nicht herunterfallen, selbst wenn jemand über den Wagenheber stolpert oder dieser undicht wird. Die meisten hydraulischen Heber neigen dazu, unter der Last mit der Zeit nachzugeben. Bei Arbeiten unter dem Auto sollte man sich daher niemals auf den Heber allein verlassen.
Niemals sollte man Steine oder Holzklötze als alleinige Sicherung verwenden. Ein Focus ist kein leichtes Auto und kann Steine und Holzklötze knacken.

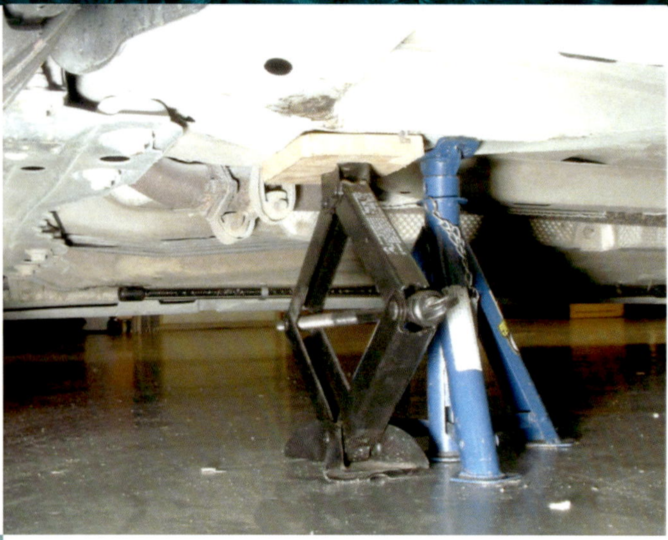

Sonst gibt es Kratzer oder Beulen im Hilfrahmen. Niemals den Heber unter den Querlenkern ansetzen! An dem Kastenprofil im Bodenblech kann der Heber ebenfalls angesetzt werden. Aber auch hier sollte ein Holz vor Beschädigungen schützen. Die dritte Möglichkeit ist der Ansetzpunkt des serienmäßigen Wagenhebers am Schweller. Dieser ist markiert, vorher muss aber eventuell die Kunststoffverkleidung entfernt werden. Außerdem ist dies die perfekte Stelle für Unterstellböcke.

Sobald das Auto angehoben ist, stellen wir einen Bock unter die vorgesehene Stelle am Schweller. Der Heber kann jetzt theoretisch entfernt werden, es ist aber besser, die Last teilweise auf dem Heber und teilweise auf dem Bock abzustützen. Das ist die sicherste Variante.

An anderen Stellen sollte das Auto nicht angehoben werden. Also nicht am Unterboden, nicht an der Ölwanne, nicht an beweglichen Fahrwerksteilen und auch nicht im Bereich von Kraftstoff- oder Benzinleitungen.

Der richtige Ort

Wichtig ist auch der richtige Untergrund. Der muss nämlich möglichst fest und möglichst eben sein. Selbst das kleinste Gefälle reicht und das Auto rollt vom Heber, sobald die Räder angehoben sind. Ein eingelegter Gang oder die angezogene Handbremse können ja auch nur wirken, wenn die Räder am Boden sind. Ein Auto auf weichem oder steinigem Untergrund anzuheben, ist ebenfalls keine gute Idee. Der Heber muss absolut sicher und gleichmäßig aufliegen. Sonst kann er kippen, brechen oder abrutschen.

Vorne anheben

Bevor irgendetwas anderes getan wird, ziehen wir die Handbremse fest an und sichern die Räder zusätzlich mit einem Keil vor dem Wegrollen.

Dann lösen wir die Radschrauben um eine Viertelumdrehung, solange das Auto noch am Boden steht. Ist das Rad in der Luft, ist es so gut wie unmöglich die Radschrauben zu lösen – außer man verfügt über einen elektrischen oder pneumatischen Schlagschrauber.

Die große Frage ist jetzt: Wo den Wagenheber ansetzen? Eine gute Möglichkeit ist der Hilfsrahmen hinter dem Motor, an dem die Querlenker angeschraubt sind. Dieser Bereich ist sehr stabil, trotzdem sollte die Last mit einem Stück Holz verteilt werden.

Hinten anheben

Wenn das Heck angehoben wird, müssen die Vorderräder unbedingt gegen Wegrollen gesichert sein. Der eingelegte erste Gang ist schon nicht schlecht, allerdings kann damit das Auto trotzdem wegrollen, sobald ein Vorderrad den Bodenkontakt verliert. Denn durch das Differenzial gibt es keine kraftschlüssige Verbindung zur anderen Seite.

Auch hinten sollten zuerst die Radmuttern um eine Viertelumdrehung gelöst werden, bevor das Heck angehoben wird. Die Radbolzen können sehr fest sitzen und die Handbremse kann die Räder nur zu einem gewissen Grad festhalten.

Das Heck eines Focus anzuheben ist ein wenig kompliziert. Da heißt es genau hinschauen, bevor der Heber angesetzt wird. Der Hilfsrahmen ist ein guter und stabiler Ansatzpunkt, aber etwas schwer zu erreichen. Die daran befestigten Kabel und Leitungen dürfen auf keinen Fall gequetscht werden. Weitere Teile, die unbedingt zu vermeiden sind: Der Tank, der Einfüllstutzen, der Auspuff, der Stabilisator und die Reserverradmulde.

Eine weitere Möglichkeit sind die Federteller an der Achse oder auch die Verschraubung der Stoßdämpfer. Allerdings sind das bewegliche Teile, das Anheben muss also langsam und vorsichtig erfolgen.

Die vielleicht beste Möglichkeit ist ein verstärkter Bereich im Bodenblech (genau auf Höhe der Wagenheberpunkte am Schweller, nur etwas weiter innen), der aber nur mit einem schützenden Holzklotz zwischen Heber und Karosserie verwendet werden darf. Vorsicht mit den Kraftstoffleitungen und Handbremsseilen in diesem Bereich!

Die Böcke sollten dann so bald wie möglich an den markierten Stellen am Schweller untergestellt werden. Hier ist ein schmales Stückchen Holz von Vorteil. So leidet die Beschichtung weniger. Den Heber soweit ablassen, bis ein guter Teil der Last auf den Böcken ruht. Auch bei den Unterstellböcken gilt: Niemals unter irgendwelche Leitungen (ob elektrisch oder für Flüssigkeiten), niemals unter den Tank und auch nie unter die Reserveradmulde setzen.

Zu guter Letzt

Das aufgebockte Auto sollte niemals unbeaufsichtigt bleiben – besonders wenn Kinder in die Nähe gelangen können. Man stelle sich nur vor, was passieren kann, wenn ein Ball darunterrollt, ein Kind hinterherklettert und ein anderes Kind am Wagenheber spielt. Wer sich dann Vorwürfe machen muss, ist ja wohl klar, oder?

Räder wechseln

01 Dieser Alu- oder Kunststoffring ist sehr wichtig. Der Ring zentriert nicht nur das Rad auf der Nabe, sondern schützt auch vor Korossion an dieser Stelle. Wer schon mit einem festgegammelten Rad gekämpft hat weiß, dass das kein Spaß ist.

02 Doch selbst der Ring gibt noch keine Garantie. Wer es perfekt machen will, schmiert eine dünne Schicht Kupferpaste auf die Kontaktfläche. Aber wirklich nur dünn und niemals auf die Reibfläche der Bremse!

03 Die Nabenkappe wird gern unterschätzt. Auch dieses Teil schützt vor Korrosion, indem erst gar kein Spritzwasser nach innen dringt.

Dann setzen wir das Rad an, bis es an der Nabe anliegt und ziehen die Schrauben so weit es geht von Hand fest.

04

Mindestens ein Radbolzen dient als Diebstahlsicherung. Dieser sieht reichlich merkwürdig aus und ist definitiv zu groß für den Schlüsselbund. Doch wohin damit? In das Handschuhfach jedenfalls nicht.

05

Erst wenn die Räder Bodenkontakt haben, werden die Schrauben mit einem Drehmomentschlüssel korrekt angezogen. Wer den korrekten Wert nicht weiß, liegt mit rund 100 Nm nicht völlig daneben. Neben einem Drehmomentschlüssel sollte man sich einen Satz kunststoffbeschichteter Nüsse besorgen. Das schützt vor ärgerlichen Kratzern in den brandneuen Felgen.

06

Zu einer guten Felge gehört einfach ein guter Reifen.

Reifenfrage

Für viele sind Reifen einfach nur rund und schwarz, viel zu teuer und außerdem halten die Dinger ja viel zu kurz. Wir finden: Reifen haben etwas mehr Aufmerksamkeit verdient. Schließlich ist das die einzige Kontaktfläche zur Straße.

Runderneuerte Reifen sind der Renner – zumindest bei Leuten, die Geld sparen wollen. Für die Straße gilt das weniger, dort zeigt sich oft, woher der günstige Preis kommt. Manchmal beginnt das Drama schon bei der Montage: Wuchtprobleme und mangelnder Rundlauf sind eher die Regel als die Ausnahme.

Wer einen Markenreifen wählt, geht solchen Problemen von Anfang an aus dem Weg. An Reifen zu sparen, dafür aber in ein Sportfahrwerk zu investieren, ist definitiv der falsche Weg. Die Reifen übertragen die Lenk-, Brems-, und Antriebskräfte über vier postkartengroße Flächen auf die Straße. Das gleiche gilt für das Bremsentuning. Warum in bessere Bremsen investieren, wenn der Reifen die Kräfte überhaupt nicht auf die Straße bringt?

Selbst bei den Vortriebskräften stellt sich die Sinnfrage: Wozu dem Motor mehr PS einhauchen, wenn die Leistung nachher nur in Rauch aufgeht? Bei breiten Reifen – und nur von solchen reden wir hier – kommt noch ein echtes Sicherheitsproblem hinzu. Reifen, die keine gute Aquaplaningeigenschaften aufweisen, schwimmen schon bei niedrigen Geschwindigkeiten in Pfützen auf. Früher oder später ist das bei allen Reifen der Fall, doch ein paar km/h oder

Wissenswertes

Die meisten Markenreifen haben einen integrierten Felgenschutz, der nichts anderes ist als eine umlaufende Verdickung im Gummi die etwas über den Felgenrand hinaussteht. Das hat schon manches Felgenhorn gerettet.

Bei der Montage unbedingt auf die Drehrichtung achten! Moderne Reifen haben ein laufrichtungsgebundenes Profil

Millimeter Wassertiefe können über Wohl oder Wehe entscheiden. Bei Markenreifen wird großer Aufwand getrieben, die Grenze, an der das Auto unkontrollierbar wird immer weiter hinauszuschieben. Bei Niederquerschnittsreifen hat sich aus diesem Grund ein V-förmiges Profil durchgesetzt, das zudem ziemlich sexy aussieht.
Wer auf seinen Reifenflanken für jeden sichtbar den absoluten Sparwillen dokumentiert, wird außerdem auf dem nächsten Treffen Kopfschütteln ernten – egal wie toll die Lackierung aussieht.
Wer sich nicht sicher ist, zu welcher Marke er greifen soll, kann sich die jährlichen Reifentests ansehen und im Freundeskreis umhören. Noch ein Tipp zum Schluss: Bevor die guten Reifen das erste Mal ausgeführt werden, sollte jedes Schleifen an Kotflügel oder Radhaus verhindert und auch die Spur korrekt eingestellt werden. Sonst ist der wertvolle Satz blitzschnell ruiniert.

Was die Zeichen bedeuten

Reifengrößen werden in einer seltsamen Mischung aus metrischen und zölligen Maßen beschrieben. Hier ein typisches Beispiel für eine sieben Zoll breite und 17 Zoll große Felge:
205/40 R 17 V
und das bedeuten die Zahlen und Zeichen:
205 Breite des Reifens in Millimetern
40 Querschnittsverhältnis in Prozent, das heißt die Höhe der Flanke im Verhältnis zur Reifenbreite. Konkret in diesem Fall beträgt die Höhe von der Felgenkante zur Lauffläche 40% von 205 mm, also 82 mm.
R Radialreifen (Diagonalreifen sind bei Autos ausgestorben).
17 Raddurchmesser in Zoll
V Speedindex, in diesem Fall also zugelassen bis 240 km/h.

Der richtige Reifendruck

Nicht vergessen: Jeder Reifen braucht den richtigen Luftdruck. Nun ist es unwahrscheinlich, dass die individuelle Größe in der Betriebsanleitung steht. Den richtigen Luftdruck gibt es meist schon auf der Website des Reifenherstellers, wer es noch genauer will ,sollte sich vom Hersteller beraten lassen.
Mit zu niedrigen Luftdruck durch die Gegend zu fahren ist nicht nur für den Reifen extrem schädlich (die Karkasse wird heiß, der Reifen kann sich zerlegen), sondern auch sehr schlecht für das Fahrverhalten.

Speed Index

Neben der Größe verrät die Bezeichnung auch, für welche Geschwindigkeiten der Reifen zugelassen ist:

T bis 190 km/h

U bis 200 km/h

H bis 210 km/h

V innerhalb der Größe (225/50 VR 16) über 210 km/h

V außerhalb der Größe (185/55 R 15 V) bis 240 km/h

Z innerhalb der Größe (255/40 ZR 17) über 240 km/h (150 mph)

Wer solche Beulen am Reifen entdeckt, sollte schnellstens neue aufziehen lassen.

08 Fahrwerk

Fahrwerk

Wenn der Focus bis jetzt noch auf dem Serienfahrwerk rollt, wird es höchste Zeit, die Karosserie ein paar Zentimeter tiefer zu legen. Wir klären hier, welche Möglichkeiten es gibt und mit welchen Nebeneffekten zu rechnen ist.

Der Hauptgrund für eine Tieferlegung dürfte für die meisten die Optik sein. Speziell auf großen Rädern sieht der Focus sonst eher wie ein Traktor aus. Egal auf welche Art tiefer gelegt wird: Die Veränderung ist sofort sichtbar. Aber auch das Handling wird in der Regel besser. Der Schwerpunkt rückt näher in Richtung Straße und die gesamte Abstimmung wird härter. Das mindert die Rollbewegungen und die ganze Karosserie wankt weniger. Dadurch haben die Reifen theoretisch besseren Kontakt zur Straße. Theoretisch – denn eine extreme Tieferlegung oder eine nicht optimale Abstimmung zwischen Federn und Dämpfern können dazu führen, dass der Focus schlechter fährt als mit dem Serienfahrwerk. Auf eines muss man sich auf alle Fälle gefasst machen: Der Komfort wird schlechter. Je tiefer die Karosserie über dem Asphalt kauert, umso härter werden die Schläge und Stöße. Und das geht mit der Zeit auch auf die Karosserie.

Im Grunde gibt es drei Möglichkeiten der Tieferlegung, die nicht zuletzt auch eine Kostenfrage sind:

1. Tieferlegungsfedern
2. Komplettfahrwerk mit Federn und Dämpfern
3. Einstellbares Gewindefahrwerk

Tieferlegungsfedern

Das ist mit Abstand die günstigste Möglichkeit, allerdings auch die mit den meisten Risiken und Nebeneffekten. Im Prinzip sind diese Federn einfach etwas kürzer als die vom Werk montierten. Da jedoch weniger Federweg übrig bleibt, müssen diese Federn auch etwas straffer sein als die Originale. Ansonsten würde der Focus auf jeder Bodenwelle bis auf die Anschläge durchfedern. Was für die Fahrwerksteile überhaupt nicht angenehm ist.

Da diese Federn mit den Original-Stoßdämpfern zusammenarbeiten, muss hier schon der erste Kompromiss eingegangen werden: Selbst wenn die Seriendämpfer noch taufrisch sind, passt die Abstimmung zwischen den härteren Federn und den mehr auf Komfort ausgelegten Dämpfern nicht mehr so ganz. Fatal kann das enden, wenn die Seriendämpfer schon einen Teil ihrer Qualitäten verloren haben. Dann passt die Kombination gar nicht mehr.

Wer auf Nummer sicher gehen will, lässt seine Stoßdämpfer vorher prüfen und gegebenenfalls durch Neuteile ersetzen. Bei diesem Montageaufwand wäre ein Komplettfahrwerk sicher die bessere Lösung. Damit ist dann auch ein seltsames Fahrverhalten kein Thema mehr. Nur mit Tieferlegungsfedern ausgerüstetete Focus neigen nämlich zum Hoppeln und auch die Exaktheit der Lenkung geht in vielen Fällen verloren. Selbst wenn das Hoppeln auf der Geraden vielleicht noch nicht stört (Hauptsache die Optik stimmt), rächt sich die Sparsamkeit schon in der nächsten Ecke. Sobald eine kräftige Welle mitten in der Kurve die ganze Fuhre in Unruhe versetzt, wird auch dem coolsten Fahrer das Hemd nass.

Wenn es aus Kostengründen unbedingt bei der Federlösung bleiben muss, dann sollten die Federn wenigstens von einem renommierten Hersteller stammen. Nur dann kann davon ausgegangen werden, dass auch genügend Fahrversuche stattgefunden haben. Und wenn dieser Hersteller nur 35 Millimeter Tieferlegung anbietet, dann hat das auch seinen guten Grund!

Wer seine Radhäuser bis zur Kante mit seinen Rädern füllen, sprich große Räder und eine kräftige Tieferlegung kombinieren will, muss zusätzliche Arbeit einkalkulieren. Unter keinen Umständen dürfen die Reifen schleifen, was mit Sicherheit einige Nacharbeit in den Radhäusern und an den Kotflügelkanten mit sich bringt.

Um ein paar Anhaltswerte aus der Praxis zu liefern: Ein Focus, der auf 17-Zoll-Rädern steht, braucht aus optischen Gründen eine Tieferlegung um mindestens 30 Millimeter. Alles andere ist kaum sichtbar. Als ideal haben sich in diesem Fall 35 Millimeter erwiesen. Das Fahrverhalten bleibt erhalten und es sind keine großen Nacharbeiten zu erwarten. Noch mehr ist vielleicht für die Optik gut, aber nicht für die Antriebswellen. Bei einer Tieferlegung um 50 Millimeter laufen die Gelenke in einem sehr ungünstigen Winkel, was deren Lebenszeit spürbar verkürzt.

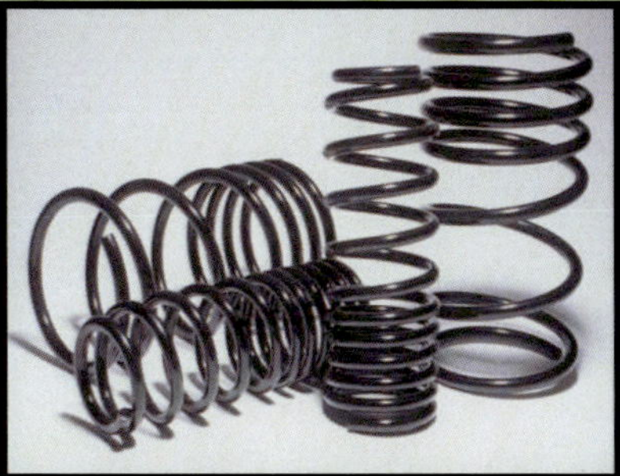

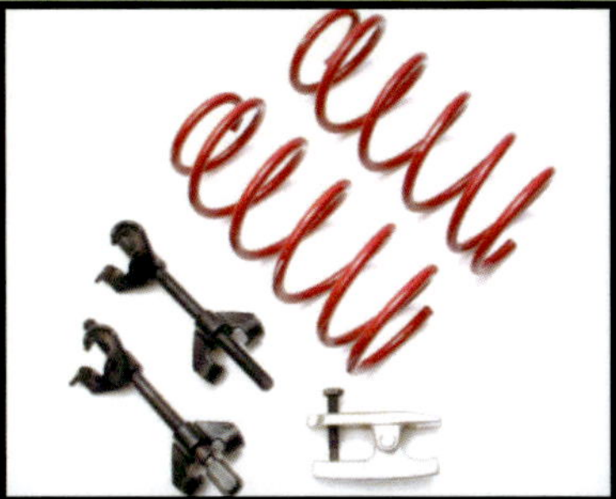

Komplett-Fahrwerk

Ein aufeinander abgestimmtes Set aus Federn und Dämpfern ist eine saubere Lösung. Das Angebot der bekannten Marken ist groß und so mancher Ford-Tuner kocht dabei noch sein eigenes Süppchen. Mit einem Komplettfahrwerk wird das Handling meist spürbar besser, manche Bausätze bieten sogar noch einen bemerkenswerten Restkomfort. Den Unterschied zu einer Tieferlegung nur mit Federn machen hier die Dämpfer aus. Einige Dämpfer sind sogar noch individuell einstellbar, von sportlich soft bis rennstreckentauglich.

Das Angebot an Komplettfahrwerken ist riesig. Daher muss zunächst einmal zwischen dem Lieferumfang unterschieden werden. Neben den Standart-Fahrwerken, die aus vier Federn und vier Dämpfern bestehen, gibt es auch solche, bei denen die Dämpferraten von innen (vor dem Einbau) oder sogar von außen (im Auto) verstellt werden können. Damit ist eine Feinabstimmung in gewissen Grenzen möglich. Meist betrifft die Einstellmöglichkeit nur die Zugstufe, manchmal werden aber auch Zug- und Druckstufe entlang einer vorher definierten Kennlinie verstellt.
Sehr viel Unterschied sollte man von diesen Einstellmöglichkeiten nicht erwarten, schließlich sollen die Dämpfer stets noch mit den Federn harmonieren. Auch in Sachen Tieferlegung beschränken sich die meisten Hersteller auf 35 bis 40 Millimeter. Nur so ist ein gutes Fahrverhalten auch bei Beladung und eine ausreichende Dauerhaltbarkeit aller Teile gewährleistet. Immer vorausgesetzt, die Spur wurde nach der Montage exakt eingestellt.

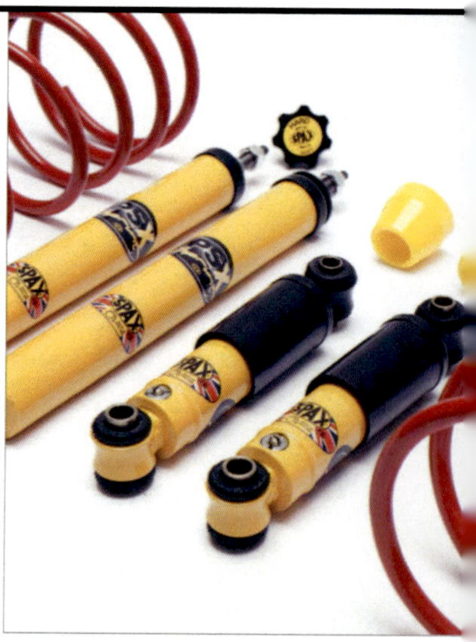

Gewindefahrwerke

Wer seinen Focus an die Grenze des technisch Machbaren bringen will, kommt an einem Gewindefahrwerk nicht vorbei. Der wesentliche Vorteil ist: Die Fahrzeughöhe kann auf den Millimeter genau eingestellt werden. Gewindefahrwerke bestehen, wie Komplettfahrwerke, aus einem Dämpfer und darauf abgestimmten Federn (manchmal mit einer zusätzlichen Hilfsfeder). Tendenziell sind Gewindefahrwerke jedoch härter ausgelegt und näher am Rennsport angelehnt.
Im Prinzip ist ein Gewindefahrwerk ganz ähnlich aufgebaut wie ein normales Federbein. Die Feder ist allerdings im Durchmesser deutlich kleiner und sitzt mit ihrem unteren Ende auf einem Ring, der in gewissen Grenzen auf dem Federbein hoch- und runter gedreht werden kann.
Was für die anderen Arten der Tieferlegung gilt, gilt leider auch für ein Gewindefahrwerk: Ab einem bestimmten Maß leidet nicht nur der Fahrkomfort, sondern auch das Material. Auch das Handling kann sich verschlechtern. Wer eine extreme Tieferlegung in Verbindung mit großen Rädern wünscht, muss sich darüber klar sein, dass er zugunsten der Optik klare Abstriche im Alltag machen muss. Wer nach wie vor jeden Tag zur Arbeit fahren muss, kann seinen Focus allerdings mit Hilfe des Gewindes unter der Woche etwas hochdrehen.

Gewindefahrwerk selber bauen

Wer ein extrem tiefes Auto haben möchte, aber wenig Geld ausgeben kann, hat noch eine weitere Option: Im Handel (damit ist vor allem das Internet gemeint) sind Umbausätze erhältlich, mit deren Hilfe ein serienmäßiges Federbein zum Gewindefahrwerk umgebaut werden kann. Ein solcher Umbausatz besteht hauptsächlich aus einer Gewindehülse mit einem Verstellring, die über das Federbein geschoben und anschließend verschweißt wird. Auf dem Gewindering können handelsübliche 60er-Rennfedern, die im Motorsport-Fachhandel in fast jeder Stärke und Länge zu haben sind, montiert werden. An das obere Ende der Kolbenstange wird dann ein spezielles Stützlager angeschraubt, das die Federkraft aufnimmt.
Natürlich ist klar, dass es für solche Eigenbau-Aktionen niemals ein Gutachten und auch keine Eintragung geben wird. Und ohne Eintragung auch keinen Versicherungsschutz! Für reine Show-Cars ist diese Variante allerdings eine einfache und günstige Möglichkeit, die Karossrie extrem tiefer zu legen, ohne dass die Federn beim Anheben sofort aus den Sitzen fallen.

Vorderrad-Aufhängung

Parxistipp

Es kann nicht schaden ein paar Tage vor Beginn der Arbeiten die wichtigsten Schrauben mit einem Rostlöser wie zum Beispiel WD-40 einzusprühen. Teilweise sitzen die Bolzen sehr fest und sind zusätzlich mit Dreck oder Unterbodenschutz verkleistert. Wenn sich die Schraube zunächst ein paar Umdrehungen löst, dann aber feststeckt, sollte die Schraube durch Hin- und Herdrehen vorsichtig gelockert werden. Eine abgerissene Schraube versaut nämlich garantiert das Wochenende.

01 Als erstes wird das Auto sicher auf Böcke gestellt und das Rad abgenommen. Dann lösen wir die Bremsleitung aus der Halterung am Federbein.

02 Die Koppelstange zwischen Stabilisator und Federbein wird ebenfalls gelöst.

Praxistipp

Ohne Federspanner und Drehmomentschlüssel sollte die Arbeit erst gar nicht in Angriff genommen werden!

03 Der von vorne eingesteckte Bolzen, mit dem der Achsschenkel das Federbein klemmt, wird herausgenommen.

04 Damit das Federbein aus dem Achsschenkel rutscht, ist etwas Überzeugungsarbeit mit dem Hammer nötig.

05 Um das Federbein ganz herausnehmen zu können, muss der Querlenker nach unten gedrückt werden. Mit Hilfe dieses Holzklotzes, einer Stange und einer Kette geht das ganz einfach. Man kann aber auch die Schrauben am Querlenker etwas lösen.

06 Im Motorraum ist das Federbein mit drei Schrauben befestigt. Nicht die innere Schraube lösen, sonst fliegt alles auseinander!

Vorsicht

Die Feder ist stark genug um das Fahrzeuggewicht zu tragen und stark vorgespannt. Was passiert, wenn sich die Feder schlagartig löst, ist leicht vorstellbar. Die Verwendung eines hochwertigen Federspanners ist also absolute Pflicht!

07 Jetzt kann das Federbein aus dem Radhaus genommen werden. Damit die Antriebswelle nicht unnötig belastet wird, stützen wir den Querlenker von unten ab.

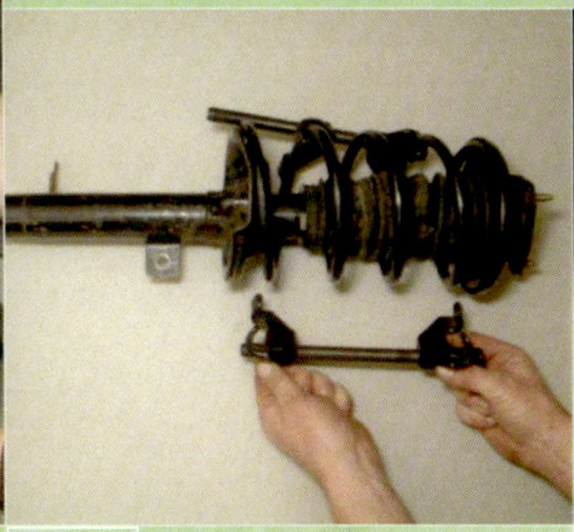

08 Jetzt kommt der heikle Teil: Mit einem guten Federspanner wird die Feder so weit zusammengezogen, bis kein Druck mehr auf dem Stützlager lastet.

09 Da wir das Stützlager für das neue Fahrwerk brauchen, lösen wir die gekonterte Mutter am oberen Ende der Kolbenstange. Aber erst nachdem wir uns davon überzeugt haben, dass tatsächlich keine Spannung mehr auf den Teilen ist!

10 Stützlager und oberer Federteller können nun abgenommen werden.

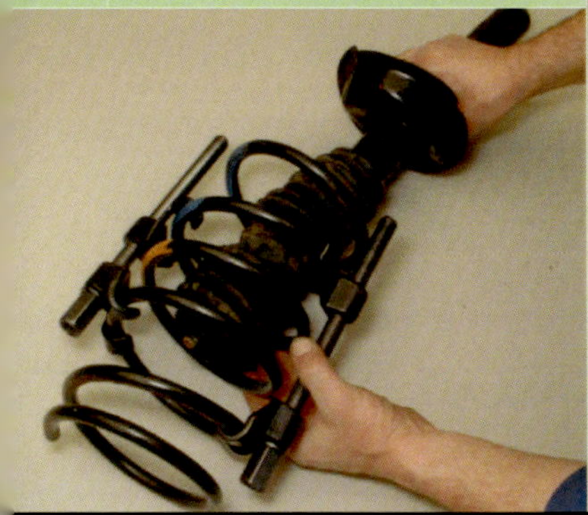

11 Die Feder wird langsam und gleichmäßig entspannt. Auch bei dieser Arbeit können noch schwere Verletzungen entstehen – sollte die Feder aus dem Spanner rutschen!

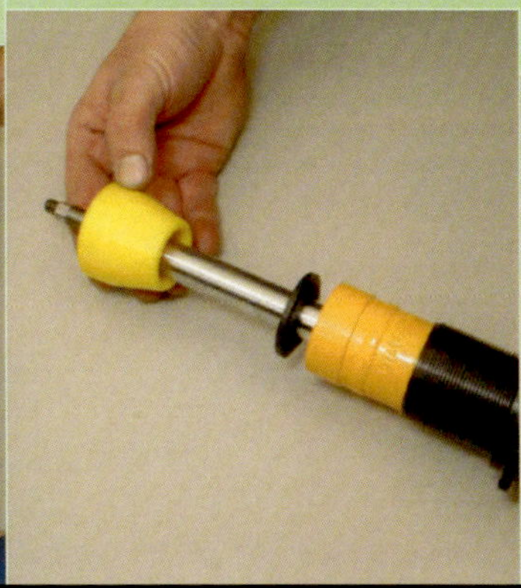

12 Das neue Federbein wird für den Einbau vorbereitet. Dabei den Anschlagspuffer nicht vergessen! In unserem Fall war ein neues Exemplar dabei.

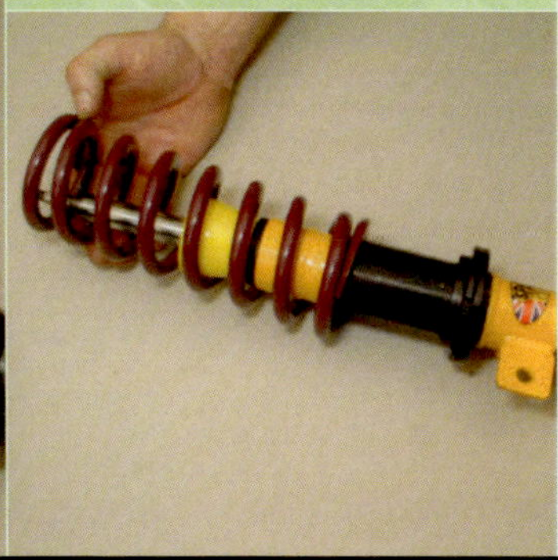

13 Die Feder wird richtig herum über die Kolbenstange geschoben. Wer sich nicht sicher ist, sollte an dieser Stelle in der Montageanleitung nachlesen.

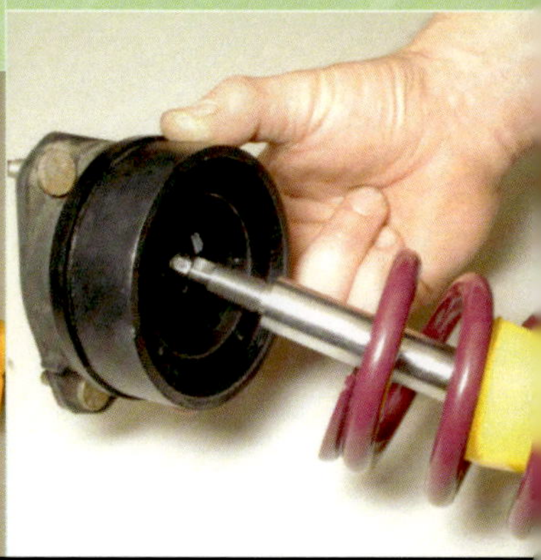

14 Das alte Stützlager wird wieder verwendet, allerdings muss zur Aufnahme der wesentlich kleineren Feder ein Adapter verwendet werden.

15 Eine neue Befestigungsmutter ist natürlich Pflicht...

16 ...und wird auf keinen Fall mit dem Schlagschrauber montiert, sondern gefühlvoll von Hand angezogen.

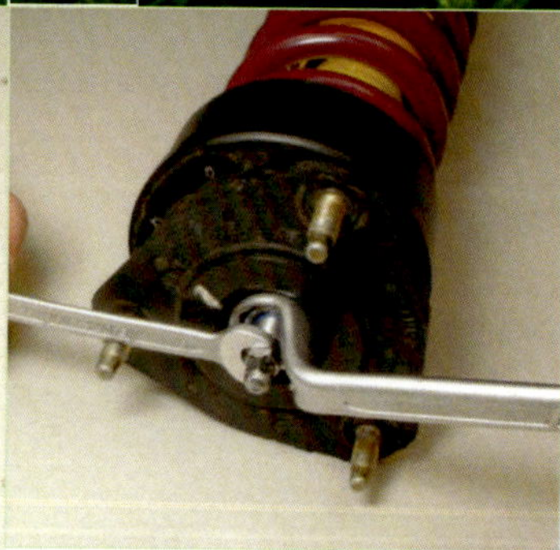

17 Bei Gewindefahrwerken wird jetzt die Höhe eingestellt. Beide Seiten müssen absolut gleich sein. Die entgültige Höhe kann später noch justiert werden, indem beide Seiten um die gleiche Zahl von Umdrehungen hoch- oder heruntergedreht werden.

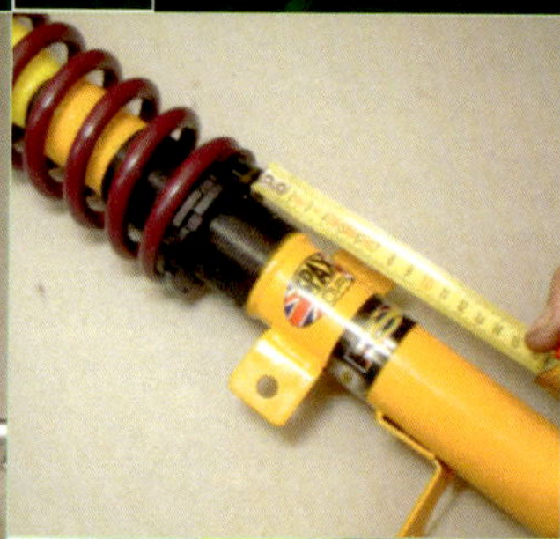

18 Beim Einbau ist ein Helfer von Vorteil. Einer hält das Federbein, der andere setzt oben die drei Muttern an.

19 Damit das Federbein leichter in seinen Sitz rutscht, wird es etwas eingefettet.

20 Das neue Federbein wird bis zur Markierung in den Achsschenkel gesteckt. Mit einem Wagenheber unter dem Querlenker sollte das leicht möglich sein. Vorsicht mit der Bremsleitung! Diese darf auf keinen Fall geknickt oder gedehnt werden!

21 Der Klemmbolzen bekommt zur Sicherheit ein paar Tropfen Schraubensicherungslack mit auf den Weg...

22 ...und wird anschließend mit 90 Nm festgezogen. Wenigstens die Mutter sollte unbedingt erneuert werden.

23 Die Bremsleitung kommt in den neuen Halter. Die Leitung muss in jedem Fall gut befestigt sein. Eine lose Bremsleitung kann vom Reifen durchgeschliffen werden!

24 Mit einem Montiereisen drücken wir den Stabi so weit nach oben, bis die Koppelstange eingehängt werden kann. Wenn beide Räder entlastet sind, geht das wesentlich einfacher.

25 Das reguläre Anzugsmoment beträgt 50 Nm – allerdings ist es schwierig, dabei gegenzuhalten.

26 Wenn das Auto wieder auf den Rädern steht, kann das Stützlager mit 25 Nm befestigt werden.

27 Mit Hilfe der Ringschlüssel stellen wir die endgültige Höhe ein und kontern die zwei Ringe miteinander.

28 Die letzte Herausvorderung besteht darin, die Dämpfer gleichmäßig einzustellen. Bei diesem Spax-Fahrwerk geschieht das vom Motorraum aus.

Hinterrad-Aufhängung

Vom Do-it-yourself-Standpunkt aus betrachtet ist die Focus-Hinterradaufhängung alles andere als ideal konstruiert: So muss zum Beispiel der Stabi abgebaut werden, um die Feder aus ihrem Sitz heben zu können. So lange alle Schrauben leichtgängig sind, ist das

01 jedoch kein großes Problem. Also kräftig einsprühen.

Das Hinterteil muss solide auf Böcken stehen. Der Wagenheber wird später als Stütze unter dem Schwingarm gebraucht. Zunächst lösen wir

02 die Befestigung des Stabis, um Raum zu schaffen.

07 Es ist normal, dass der Heber dabei etwas davonrollt. Das kann allerdings dazu führen, das sich der Querlenker gegen Ende etwas verklemmt. Mit einem stabilen Schraubendreher helfen wir nach.

08 Endlich geschafft: Der Querlenker ist ausgehängt und die Feder frei zugänglich. Falls sich jetzt jemand fragt, warum wir keinen Federspanner benutzt haben: Es ist ganz einfach kein Platz dafür!

09 Die neuen Federn sind wesentlich kürzer und viel leichter einzubauen als die alten Serienteile. Der Querlenker kann sogar jetzt schon zurück an seinen Platz, wo er mit 115 Nm befestigt wird. Auch die Stabihalteschellen (48 Nm) und die äußeren Anlenkpunkte (15 Nm) können schon montiert werden.

10 Bei unserem Fahrwerk muss die obere Federauflage modifiziert werden. Der lange Bolzen, der den Hilfrahmen hält, lässt sich zum Glück recht einfach herausdrehen.

03 Weiter innen ist der Stabi mit zwei Schellen befestigt. Diese abzuschrauben ist kein Hexenwerk. Sollte eines der Gummis verschlissen sein, sollte es ausgetauscht werden, bevor der Stabi zurück an seinen Platz kommt.

04 Damit beim Ausbau unter der Kraft der Feder nichts verrutschen kann, haben wir zur Sicherheit dieses Hilfswerkzeug gebaut. Es besteht lediglich aus einem Gewindestab und einer stabilen Metallplatte. Die Konstruktion gibt zusätzliche Sicherheit, wenn der Querlenker mit dem Wagenheber abgelassen wird.

05 Das ist der kritische Punkt: Sobald diese Schraube gelöst ist, hält nur noch der Wagenheber die Feder in der Hinterachse. Sollte der Heber abrutschen, fliegt die Achse schlagartig auseinander. Da die Feder eine enorme Kraft hat, kann man sich dabei schwer verletzen.

06 Abwechselnd werden jetzt die Sicherungsschraube gelöst und der Heber abgesenkt. Auf diese Weise kann kaum etwas passieren.

11 An Stelle des alten Bolzens wird die verstellbare Federaufnahme geschraubt. Die Schraube mit 115 Nm gut festziehen, schließlich hält sie den Hilfsrahmen an der Karosserie.

12 Auf die Gewindehülse kommen die beiden Stellringe...

13 ...und in die untere Aufnahme dieser Adapter. Damit dieser nicht festrosten kann, wird er mit Kupferpaste behandelt.

14 Die schicke neue Feder ist so kurz, dass sie praktisch von alleine in ihren Sitz fällt.

15 Allerdings möchte die Feder auch ebenso leicht wieder herausfallen. Wir stellen also für die restliche Montagezeit einen Heber unter. Spätestens wenn das Auto abgelassen wird, muss die Position noch einmal überprüft werden. Die Feder muss oben und unten sauber sitzen.

16 Als nächstes kümmern wir uns um den Stoßdämpfer. Diese sitzen beim Focus nicht direkt in oder an der Feder sondern ein Stück weiter vorn. Wir lösen zuerst die untere Befestigungsschraube...

17 ... und dann das obere Lager, das vom Kofferraum aus zugänglich ist.

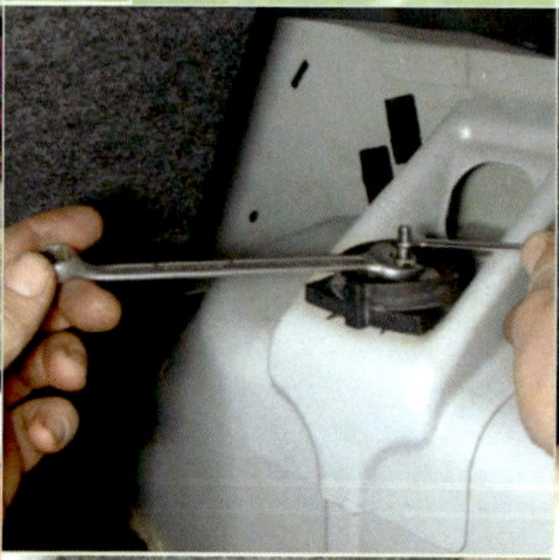

18 Das Gummilager brauchen wir noch – also gut aufheben!

19 Wenn der Dämpfer nicht von allein herausgefallen ist, dann nehmen wir ihn jetzt aus dem Radhaus. Auch dieses Lager heben wir auf.

20 Der neue Dämpfer wird mit dem Lager ergänzt und von unten in das Radhaus geschoben. Dann den unteren Bolzen mit 115 Nm anziehen und die Kolbenstange mit viel Gefühl vom Kofferraum aus oben befestigen. Das Gummi nicht vergessen!

21 Die hintere Fahrzeughöhe stellen wir auf beiden Seiten zunächst nach Augenmaß aber doch so genau wie möglich gleich ein. Erst wenn der Focus auf den Rädern steht, können wir genau nachmessen und korrigieren. Ein wenig mühsam das Ganze, aber sehr wichtig für das Fahrverhalten.

22 Auch die Dämpfereinstellung braucht sicher noch etwas Feinjustierung. Zunächst lassen wir die kleine Schraube in Richtung weich. Härter kann man später immer noch gehen...

Achs-vermessung

Sturz und Spur

Bei jeder Form von Tieferlegung wird sich die Achseinstellung verändern. Sei es durch Schrauben, die gelöst wurden, oder durch den Fakt, dass keine Achse auf der Welt über den gesamten Federweg konstante Spur- und Sturzwerte halten kann. Je mehr also tiefer gelegt wird, umso intensiver muss korrigiert werden. Ansonsten wird sich die Lenkung seltsam anfühlen, der Geradeauslauf leiden und die Reifen schneller verschleißen als einem lieb sein kann. Das geht nicht nur mächtig ins Geld, sondern kann auch zum echten Sicherheitsproblem werden.

Auch an der Hinterachse kann dieser Effekt auftreten, schleißlich besitzt der Focus auch hinten keine 08/15 Radführung. Kurz gesagt: nach jeder Tieferlegung gehört der Focus auf einen Achsmessstand!

Während sich die Spurwerte schon bei kleinen Veränderungen aus der Toleranz bewegen können, bleibt der Sturz noch über längere Zeit nahezu konstant. Erst bei rund 60 Millimeter Tieferlegung wird es kritisch. Dann verschleißen die Innenseiten der Laufflächen deutlich schneller als die Außenseiten. Nur bei Rennwagen macht ein extremer negativer Sturz Sinn, aber dort müssen die Reifen auch nur ein Rennen lang halten.

Prinzipiell ist ein leichter negativer Sturz (das Rad steht oben weiter innen als unten) nicht verkehrt. So kann sich der Reifen bei strammer Kurvenfahrt besser auf der Straße abstützen. Nach einer Tieferlegung sollte der Sturz allerdings noch im Toleranzbereich des Serienfahrwerks liegen.

Leider ist der Sturz nur bei wenigen Autos ab Werk einstellbar. Oft müssen Teile verändert oder ausgetauscht werden, um den Sturz hinzubekommen. Das ist also eindeutig ein Job für Leute mit Erfahrung in solchen Dingen. Und davon gibt es nicht allzu viele.

Dom-Streben

Im Rennsport wir jede noch so kleine Schwachstelle der Karosserie verstärkt. Ein typisches Hilfsmittel dafür ist die Domstrebe.

Die Idee hinter der Domstrebe ist: Die deutlich höheren Kräfte, die durch ein Sportfahrwerk und die damit möglichen Kurvengeschwindigkeiten entstehen können, werden unweigerlich über die Befestigungspunkte des Fahrwerks in die Karosserie eingeleitet. Wenn sich die Karosserie aber unter den Kräften verwindet, wird ein Teil der durch das Fahrwerk ereichten Fortschritte zunichte gemacht. Deshalb werden die beiden oberen Befestigungspunkte gerne miteinander verbunden. So kann ein Befestigungspunkt einen Teil der Kräfte, die am anderen Punkt wirken, mit aufnehmen. Die Karosserie wirkt steifer und das Fahrverhalten direkter. In der Praxis treten solche Kräfte jedoch kaum auf und der Focus gilt zudem als eines der steifesten Autos überhaupt. Wer also in diesem Fall meint einen Effekt zu spüren, ist entweder eine hypersensible Fahrernatur oder besonders stolz auf seine neue Domstrebe.

Warum auch nicht? Zumindest als schmückendes Element im Motorraum hat die Domstrebe schon ihre Daseinsberechtigung.

09 Bremsen

Bremsen

Das mittlere Pedal ist vielen nicht so wichtig wie das rechte, das Gaspedal. Dabei ist Bremsentuning weder besonders schwer noch sinnlos. Allerdings sollte man dabei ein paar Dinge beachten.

Ein eher merkwürdiger Punkt beim Bremsentuning ist, dass Versicherungen Veränderungen an den Bremsen überhaupt nicht mögen. Dabei sollten bessere Bremsen doch eigentlich dazu beitragen können, das Unfallrisiko zu verringern. Wahrscheinlich steckt dahinter die Überlegung, dass jemand, der bessere Bremsen möchte, auch an der Motorleistung gedreht hat – oder aber ständig am Limit unterwegs ist. Wie auch immer, wer seine Bremsanlage modifiziert, kommt um eine Eintragung nicht herum. Wenn an diesen sicherheitsrelevanten Teilen etwas verändert wurde, ohne den Umbau anschließend zu legalisieren, wird die Versicherung im Schadensfall gar nichts zahlen.

Und noch eines gilt es zu bedenken: Die beste Bremsanlage nützt nichts, wenn an den Reifen gespart wird. Denn diese müssen die Bremskraft schließlich auf den Asphalt bringen. Da bei einer Vollbremsung bis zu 90 Prozent der Bremskraft auf den Vorderrädern lasten, diese aber auch zum Lenken gedacht sind, ist klar was passiert, wenn die Vorderräder nicht in Top-Zustand sind: Es geht nur noch geradeaus! Und früher oder später kommt irgendetwas Festes...

Sport-Bremsscheiben

Die Vorderradbremsen nehmen den Großteil der Bremsenergie auf. Besonders beliebt ist deshalb die Umrüstung auf Sportbremsscheiben, die meistens auch noch gelocht oder genutet sind.

Löcher in der Bremsscheibe sollen gleich doppelten Nutzen bieten: Durch die Verbindung zum belüfteten Innenraum der Scheibe wird die Hitze besser abgeleitet und die Löcher sorgen zusätzlich für eine Reinigung des Bremsbelags. Zusätzlich werden diese Scheiben aus einem anderen Material hergestellt und bieten daher einen höheren Reibwert als die Serienteile.

Allerdings haben die gelochten Scheiben auch Nachteile: Der Verschleiß der Bremsbeläge ist viel größer als bei einer glatten Scheibe und rings um die Bohrungen können bei extremer Beanspruchung Risse entstehen. Diese Spannungsrisse sind die Folge der Temperaturunterschiede zwischen den Löchern (die kühlend wirken sollen) und dem umliegenden, massiven Material. Gehen die Risse bereits von einem Loch zum nächsten, wird es gefährlich: Die Scheibe kann bei der nächsten Bremsung brechen! Darum müssen solche Scheiben regelmäßig kontrolliert werden und müssen von höchster Qualität sein. Also keine Scheiben selber anbohren, das kann fatal enden!

Bei genuteten Scheiben sind Hitzerisse kein Problem, allerdings fressen auch hier die Kanten den Belag. Da die Hitzeableitung nicht so gut funktioniert wie bei den gelochten Scheiben, muss damit gerechnet werden, dass sich die Scheibe bei extremen Beanspruchungen etwas verzieht. Die Folge sind Vibrationen und Geräusche beim Bremsen.

Zu Sportbremsscheiben gehören auch immer passende Sport-Bremsbeläge. Bei renommierten Marken wird viel Aufwand getrieben, um die richtige Materialpaarung zwischen Scheiben und Belägen hinzubekommen. Im Zweifel ist es also immer besser Scheiben und Beläge von einem Hersteller zu verwenden. Die Beläge selbst sind oft in verschiedenen Qualitäten zu bekommen. Für den Straßengebrauch ist es wichtig, dass die Beläge schon bei niedrigen Temperaturen einen ordentlichen Reibwert aufbauen. Rennsportbeläge vertragen zwar höhere Spitzentemperaturen, greifen aber auch erst bei einer bestimmten Mindesttemperatur. Das kann sehr gefährlich werden! Außerdem quietschen diese Beläge extrem laut und fressen die Scheiben regelrecht auf.

Es versteht sich von selbst, dass die Bremsanlage selbst in tadellosem Zustand sein muss. Ist ein Belag innerhalb eines Sattels sehr viel stärker abgenutzt als der andere, oder gibt es auffällige Unterschiede zwischen rechts und links, sollte die Bremsanlage überholt werden, bevor teure Scheiben und Beläge spendiert werden. Auch die Bremsflüssigkeit muss frisch und unverbraucht sein. Wie lange ist der letzte Wechsel her? Vielleicht eine gute Gelegenheit, auf eine höherwertige Bremsflüssigkeit umzusteigen, wie sie von vielen Bremsenherstellern angeboten wird.

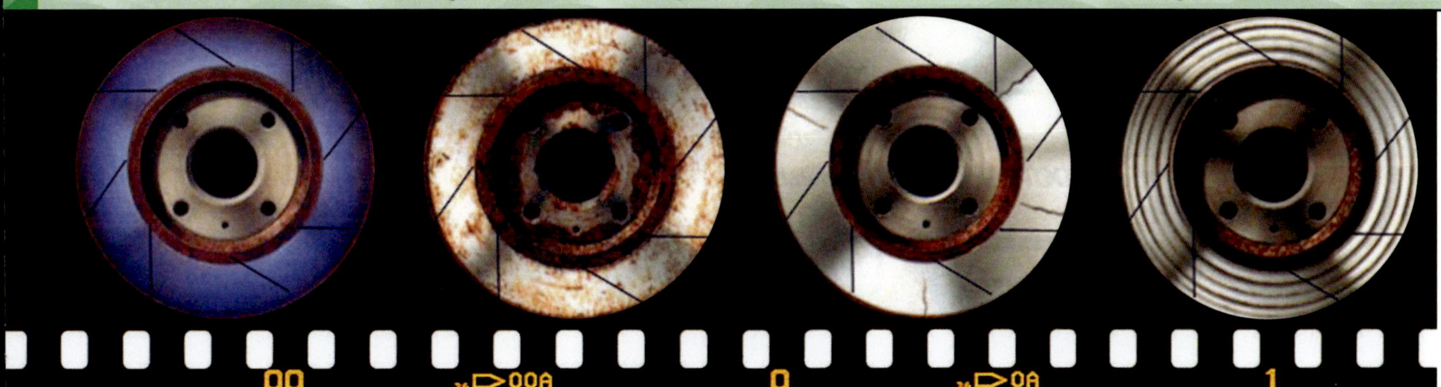

Große Scheiben

Zugegeben: Die kleine Serienbremse sieht hinter großen Rädern etwas mikrig aus. Eine Möglichkeit auf große Scheiben zu wechseln und dabei den Seriensattel zu verwenden, ist die Verwendung eines Adapters. Damit rückt der Sattel weiter nach außen und lässt genug Platz für die große Scheibe. So ein Umbau muss allerdings in Top-Qualität ausgeführt werden und ist so gut wie nie mit einem Gutachten zu haben.

Scheiben und Beläge wechseln

01 Zuerst wir das Auto angehoben, sicher abgestützt und das Rad abgenommen. Um Platz für die neuen Beläge zu schaffen, drücken wir den Kolben im Sattel mit einem Schraubendreher zurück. Diese Methode eignet sich nur, wenn hinterher neue Scheiben und Beläge eingebaut werden.

02 Die Befestigungschrauben für den Sattel sitzen hinter zwei Staubkappen...

Achtung! *Bremsenstaub ist immer noch gesundheitsschädlich. Besser eine Maske tragen!*

03 ... und können mit einem 7 Millimeter Innensechskant gelöst werden.

04 Die Sicherungsfeder außen am Sattel kann mit einem Schraubendreher abgehebelt werden. Wir merken uns dabei die genaue Position.

05 Jetzt kann der Sattel abgenommen werden, wobei darauf zu achten ist, dass die Bremsleitung nicht geknickt, verdreht oder gedehnt wird. Den Sattel niemals an der Leitung hängen lassen! Der innere Bremsbelag ist in den Kolben gesteckt und wird mit Federn gehalten.

06 Der äußere Belag wird inklusive der Feder seitlich herausgezogen.

07 Damit dem Bremsschlauch nichts passiert hängen wir den Sattel mit einem Draht am Federbein auf. Natürlich geht auch eine Schnur oder ein Stück Leitung.

08 Die Halterung des Sattels muss nicht abgeschraubt werden um die Scheibe zu entfernen. Die kleinen Sicherungsbleche müssen jedoch weg, sonst wird es schwierig, die Scheibe abzunehmen.

>>

09 Falls die Scheibe festgerostet ist, lässt sie sich mit ein paar Hammerschlägen zwischen den Löchern sicher überreden.

10 Schmutz und Rost an der Radnabe muss sorgfältig entfernt werden. Sonst sitzt die Scheibe möglicherweise schief und lässt sich später auch nur schwer entfernen.

11 Damit das nicht passiert, spendieren wir der frisch geputzten Nabe etwas Kupferpaste.

12 Neue Bremsscheiben müssen vor der Montage gründlich entfettet werden, da sie zum Schutz vor Korrosion versiegelt wurden.

13 Jetzt können die neuen Scheiben auf der Nabe positioniert werden. Liegt die Scheibe ringsum richtig an? Lässt sie sich leicht bis zum Anschlag aufschieben?

Praxistipp

Natürlich ist es immer besser nach der Montage von neuen Bremsen über einen Bremsenprüfstand zu fahren, bevor man sich in den Straßenverkehr wagt. Vielleicht ist das bei einer kleinen Werkstatt um die Ecke gegen ein kleines Trinkgeld möglich.

14 Sitzt die Scheibe ordentlich, kann der kleine Sicherungsclip montiert werden. Achtung: Nicht bei allen Felgen ist dafür genug Platz vorgesehen. Im Zweifelsfall kann der Clip auch entfallen.

15 Sobald die neuen Beläge im Sattel eingebaut sind, kann dieser zurück an seine alte Position. Hoffentlich ist auch der Kolben weit genug zurückgedrückt.

16 Die Befestigungsbolzen dienen auch als Gleitstücke. Darum haben wir sie gründlich gereinigt und mit einer Prise Gleitmittel versehen.

17 Anschließend werden die Bolzen mit 28 Nm festgezogen.

18 Platikkappen und Sicherungsfeder nicht vergessen!

19 Zum Schluss bestreichen wir noch die Kontaktflächen zwischen Belag und Sattel hauchdünn mit Kupferpaste. So können die Beläge nicht so leicht festfressen. Unbedingt darauf achten, dass kein Fett auf die Reibflächen kommt! Abschließend das Pedal ein paarmal treten, damit sich die Beläge an die Scheiben anlegen!

Wissenswertes

Neue Bremsbeläge, egal welcher Art, müssen sich erst einlaufen, bevor die gesamte Reibfläche zur Verfügung steht. Während der ersten 150 Kilometer sollte also, außer in Notfällen, jede Gewaltbremsung vermieden werden. Die Bremswirkung kann auf den ersten Kilometern überraschend schwach ausfallen – deshalb lieber etwas Abstand halten.

Bremssättel lackieren

Ein unangenehmer Nebeneffekt bei großen Rädern ist, dass jederman sieht, was sich dahinter verbirgt. Da eine rostige Serienbremse nicht besonders attraktiv aussieht, haben wir uns entschlossenn den Sattel mit Farbe etwas aufzupeppen.

Das Schwierigste beim Lackieren der Bremsen ist im Grunde die Planung. Während die Farbwahl an den vorderen Bremssätteln rein vom persönlichen Geschmack abhängt, stellt sich bei einem Focus mit Trommelbremsen hinten eine zusätzliche Frage: Sollen die Trommeln in der gleichen Farbe wie die vorderen Sättel leuchten? Oder in unauffälligem schwarz doch besser so gut wie verschwinden? Und ist es nicht vielleicht besser, hinten gleich auf Scheibenbremsen umzurüsten? Soll ich vielleicht warten bis ich ohnehin neue Beläge montieren muss?
Schwierige Fragen, die wir hier nicht beantworten können. Nur so viel: Eine Umrüstung auf Scheiben hinten geht dann vielleicht doch etwas zu weit, wenn nur die Optik zählt.

Einen Vorteil hätte das Ganze jedoch: Nur bei der Verwendung von Neuteilen sind die Sättel richtig sauber. Und das sollten sie schon sein, wenn die Farbe länger als eine Woche haften soll. Also heißt es schrubben, kratzen und entfetten!
Bei manchen speziellen Bremsenfarben (und nur diese sollten verwendet werden) ist sogar ein wenig Reiniger beigelegt. Ein, zwei zusätzliche Dosen Bremsenreiniger sind aber sicher nötig.
Bremssattellack sollte im übrigen nur gestrichen werden. Bei Lack aus der Spraydose ist das Risiko viel zu groß, andere Teile mit zu lackieren. Die Farbe soll schließlich nur auf dem Sattel und nicht im Radhaus oder auf der Scheibe erkennbar sein. Mit dem Pinsel lässt sich die Farbe gezielter und dicker auftragen.
Theoretisch kann die Lackierung sogar im eingebauten Zustand erfolgen, womit die ganze Sache in nicht einmal einer Stunde erledigt ist. Wir empfehlen allerdings die Demontage der Teile, denn das Ergebnis ist den Mehraufwand wert.

01 Auto aufbocken und gut abstützen! Es wäre mehr als peinlich, wenn das Auto beim Putzen der Sättel vom Heber fällt! Es macht Sinn das Auto ringsum aufzubocken und alle Bremsen in einem Durchgang zu lackierenn – wenn doch die Farbdose schon geöffnet ist...

02 Nach endloser Schrubberei mit der Drahtbürste wird der restliche Dreck mit einem Reiniger entfernt und die Oberfläche gründlich entfettet.

Praxistipp

Wer nach dem Lackieren Schwierigkeiten hat die Bremse zusammenzusetzen, hat wahrscheinlich zu viel Farbe aufgetragen. Diese lässt sich aber nach dem Durchtrocknen mit einem scharfen Messer gut abkratzen.

03 Endlich kann die Farbe vorbereitet werden. manche Farben bestehen aus zwei Komponenten, also nicht den Härter vergessen! Noch einmal gut umrühren und los geht's. Wie immer beim Lackieren kommt es auch hier darauf an, nicht zu viel und nicht zu wenig Lack aufzutragen. Außerdem dürfen Bremsbeläge und Bremsscheiben nicht mitlackiert werden. Aber das ist ja wohl klar, oder?

04 Auch die Auflagefläche der Räder darf nicht gestrichen werden. Sonst können sich die Räder lösen! Bremstrommeln sind vergleichsweise leicht zu lackieren. Etwas Farbe – ein Stück drehen, wieder etwas Farbe – so können fast keine Tränen im Lack entstehen. Man sollte sich allerdings beherschen und nicht losfahren, bevor die Farbe nicht vollständig durchgetrocknet ist. Durch die Fliehkraft gibt es sonst doch noch hässliche Läufer im Lack.

10

Innenraum

Innenraum

Der Innenraum des Focus ist nichts, dessen man sich schämen müsste. Die Einrichtung sieht ziemlich schräg aus und fühlt sich auch nicht so an, als ob gleich irgendwelche Teile abfallen würden. Doch alles kann verbessert, verschönert oder individualisiert werden. Der Innenraum ist eine dankbare Geschichte, denn viele Teile lassen sich leicht austauschen oder zumindest einfärben. Man sollte dabei jedoch bei einem Thema bleiben und diesen Stil konsequent durchziehen.

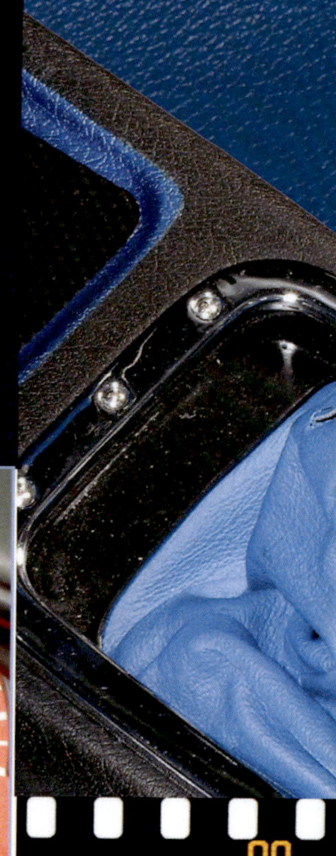

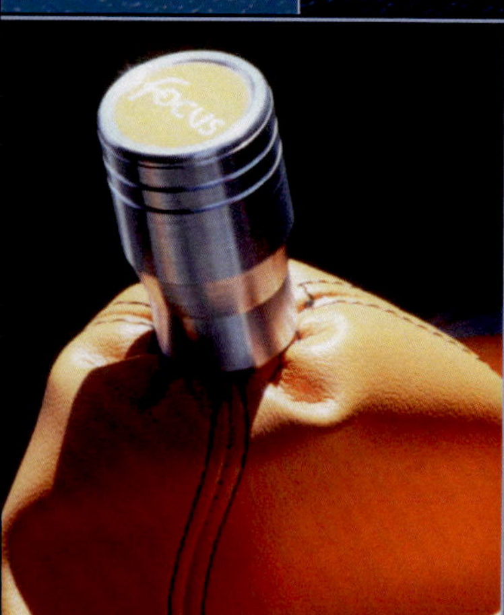

Wie beim Karosserie-Styling, so wechselt auch der Trend im Innenraum-Design ständig. Das heißt im Prinzip: Alles ist erlaubt! Wenn schon nicht der aktuelle Stil getroffen wird, so doch vielleicht der künftige. Viel verkehrt kann man also nicht machen. Nur eines ist längst vorbei und kommt vermutlich auch nicht wieder: Holz.

Innenraum ausräumen

Geduld zahlt sich aus

Bei vielen Modifikationen müssen Teile des Innenraums ausgebaut werden, was ziemlich schwierig sein kann. Die Kunststoffteile können brechen, besonders wenn der Kunststoff schon etwas alt und spröde ist. Ein anderes Focus-spezifisches Problem ist die Befestigung der Teile. Die Ford-Ingenieure haben ganze Arbeit geleistet und viele Befestigungspunkte gut versteckt. Wir versuchen daher so genau wie möglich zu beschreiben, wie sich die Verkleidungen abnehmen lassen, ohne großen Schaden anzurichten.

Die Kunst besteht darin sein Temperament zu zügeln, denn das kann fatale Folgen für die Kunststoffteile haben. Da hilft dann auch keine Carbon-Folie und kein Lackspray mehr. Vielleicht noch ein Superkleber – aber so gut wie vorher wird die Verkleidung nie mehr sitzen und aussehen. In der Ruhe liegt die Kraft und gewürzt mit einer Prise logischem Denken sollte sich doch jedes Teil früher oder später lösen lassen.

Wir werden auf unserer Reise durch den Innenraum jeder Sorte von Clips und Verschlüssen begegnen, (die einen mehr, die anderen weniger zerbrechlich), die in der Regel aber beim Ford-Händler immer parat liegen. Denn auch der gelernte Ford-Schrauber steht vor dem gleichen Problem!

Türverkleidung abbauen

Es gibt viele Gründe die Türverkleidung abzubauen: Zum Einbau von Lautsprechern, um das Teil neu zu beziehen, zum Fenster tönen, um die Schlösser auszubauen...

01 Die Türverkleidung abzubauen dauert nur wenige Minuten. Zunächst muss diese kleine Abdeckung entfernt werden, die hinter dem Türöffner sitzt...

02 ...dann die Schraube entfernen und die ganze Blende inklusive der Tasteneinheit für die Fensterheber abnehmen. Dabei den Türöffner abwinkeln.

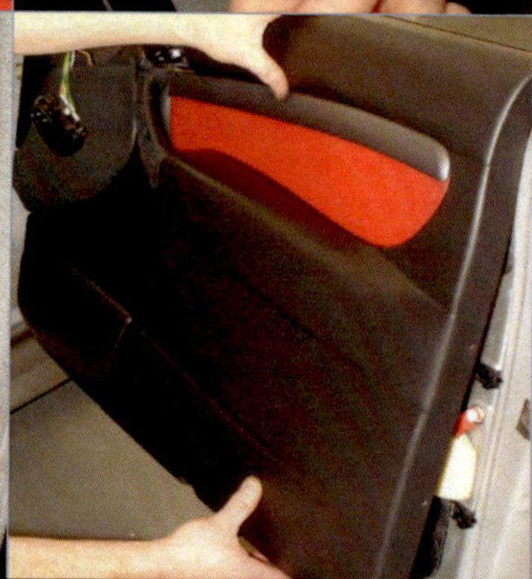

06 Rings um die Türverkleidung sitzen noch ein paar kleine Schrauben, die ebenfalls entfernt werden müssen.

07 Jetzt die Verkleidung nach oben aus dem Fensterschacht schieben.

08 Für die hinteren Verkleidungen wird zunächst die B-Säulenverkleidung ausgebaut...

Praxistipp

Ein altes Marmeladenglas oder ähnliches eignet sich gut um die Befestigungsteile aufzuheben. Besser zumindest als die „erstmal alles auf den Boden"-Methode.

03 Die Kabel an der Rückseite abziehen.

04 Die Abdeckung vom Türgriff mit einem kleinen Schraubenzieher an der Unterseite aushebeln (so sieht man keine Spuren wenn der Schraubenzieher abrutscht)...

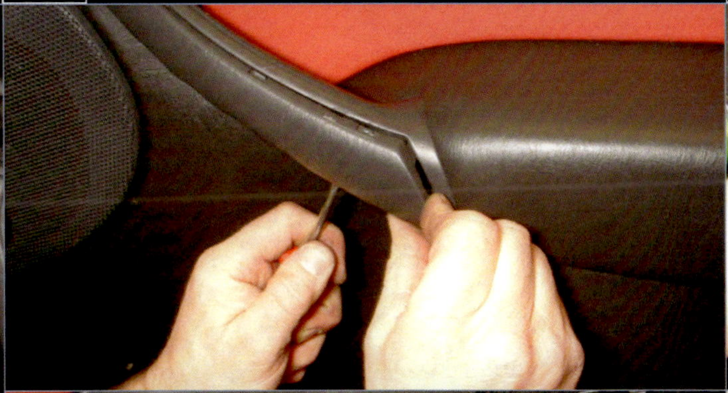

05 ...und die zwei Schrauben herausdrehen.

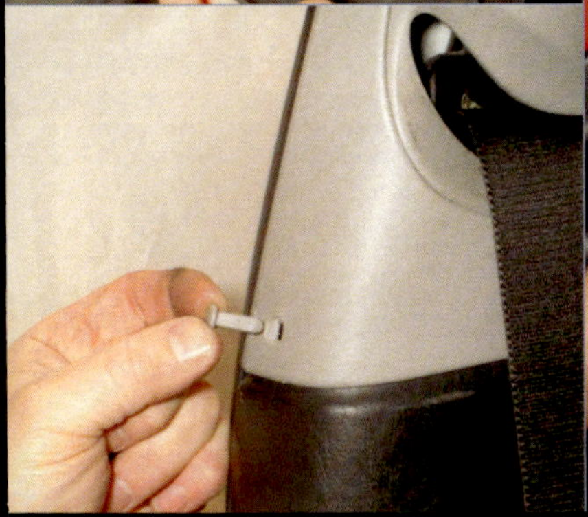

09 ...die mit solchen Einsteckclips befestigt ist.

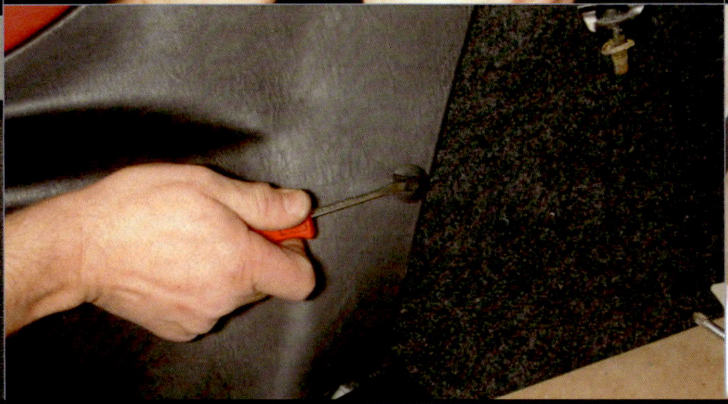

10 Um die hinteren Seitenverkleidungen leichter herausheben zu können ist es besser, die hinteren Sitze wegzuklappen oder ganz auszubauen. Dann die Clips entfernen...

11 ...und die Verkleidung herausziehen.

01 Unter den Cupholdern sitzt je eine kleine Befestigungsschraube.

02 Dann den hinteren Aschenbecher aushängen...

03 ...und die unter einer Abdeckung verborgene Schraube herausdrehen.

Mittelkonsole

04 Die Schalthebelmanschette lässt sich leicht nach oben ziehen.

05 Die Manschette der Handbremse wird ausgehakt und nach oben über den Griff gestülpt.

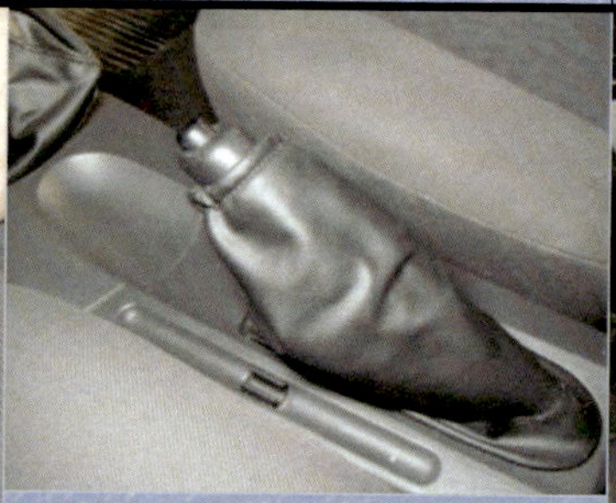

06 Beim Herausheben der Konsole wird die Schalthebelmanschette durch das Loch gefädelt und die Handbremshebelmanschette ganz abgezogen.

Alles, nur kein Schwarz!

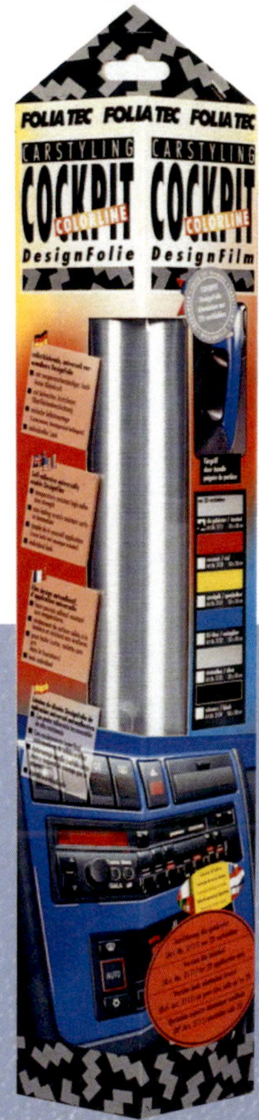

Die Innenraumteile des Focus sind robust und gut verarbeitet. Das ist aber eigentlich auch schon alles – Liebhaber der Farbe grau dürften damit wunschlos glücklich sein. Für alle anderen gibt es drei wesentliche Möglichkeiten, etwas Pepp in den Innenraum zu bekommen:

1) Farbspray – Prinzipiell gibt es fast jede Farbe aus der Sprühdose. Von der Firma Folia Tec gibt es zum Beispiel ein Spray, das auch für weiches Plastik und Leder geeignet ist. Diese Farbe wird in mehreren Schritten aufgetragen, der Decklack allein funktioniert nicht. Für ein Lenkrad ist ein deutlich widerstandfähiger Lack nötig. Normaler Lack aus der Sprühdose ist für Innenräume nicht geeignet – das Plastik kann Schaden nehmen und der Lack ist nicht elastisch genug. Beim Einkauf nicht vergessen: Jede Menge Abklebeband.

2) Klebefolie – Ebenfalls erhältlich in vielen Farben und dazu in Carbon-, Alu-, oder Holzoptik. Für glatte Flächen ist Folie gut geeignet, für komplexe Formen weniger. Von manchen Firmen gibt es auch hauchdünne Carbon-Folien mit klebender Rückseite – fühlt sich echt an und ist auch echt.

3) Austausch-Panele – die einfachste und schnellste Option, allerdings nicht die billigste und einfallreichste Möglichkeit. Das Angebot ist relativ stark begrenzt.

Wer etwas wirklich Edles will, greift zu Leder. Die Auswahl an Oberflächen und Farben ist riesig, allerdings hat Leder auch seinen Preis.

Farbe aus der Dose

Jede anständige Lackierung erfolgt in mehreren Schichten. Bei dem System von Folia Tec, das wir hier exemplarisch herausgegriffen haben, reicht es jedenfalls nicht, nur den Decklack aufzusprühen. Ohne die passende Grundierung wird die Farbe nicht lang halten, ohne die abschließende Versiegelung nicht lange gut aussehen.
Zur Vorbehandlung ist in der Regel kein besonderer Reiniger nötig. Nur wenn der schwarze oder graue Kunststoff plötzlich weiß wird, ist Vorsicht angebracht. Das Mittel ist dann eindeutig zu agressiv. Das mag noch in Ordnung sein wenn die Fläche später lackiert wird, doch leider lässt es sich meistens nicht vermeiden, das auch andere Stellen angegriffen werden.

Wer ein Virtuose am Klebeband ist, kann beim Lackieren wahre Wunder vollbringen. Denn auch damit lässt sich kreativ umgehen. Die Farbwahl ist die eine Sache, die Entscheidung, welche Flächen lackiert werden sollen, eine andere. Teile, die stark beansprucht werden, wie zum Beispiel die Türgriffe, sollten gemieden werden. Der Handschuhfachdeckel oder die Einfassung der Instrumente sind dagegen sehr gut geeignet. Auch die Mittelkonsole, original in tristem grau gehalten, wird gern eingefärbt. Generell sind alle hervorstehenden und demontierbaren Verkleidungsteile gut geeignet. In diesen Fällen muss auch nicht viel abgeklebt werden. Auch die Kombination von Stilen, Farben und Techniken ist natürlich erlaubt. Mixen wir doch einfach etwas Farbe mit einem Streifen Carbon oder gebüstetem Aluminium. Da diese Materialien, wie übrigens auch Chrom, sehr neutral wirken, vertragen sie sich ausgezeichnet mit anderen Kombinationen. Für Bereiche am Armaturenträger sind die Folien besonders geeignet, da diese Stellen nur schwer zu lackieren sind, ohne innen das halbe Auto abzukleben oder gar zu zerlegen.

01 Zunächst wird das in Frage kommende Teil (hier der Handschuhfachdeckel) mit etwas Sandpapier geschliffen. Wir versuchen dabei die Elefantenhaut zu glätten. Da diiese Arbeit sehr auf die Hände geht, wäre es für diesen Herrn vielleicht besser Handschuhe zu tragen!

02 Genug geschliffen, den Rest soll die Grundierung besorgen (die ja auch noch einmal geschliffen wird). Mit einem Reiniger wird das Teil gründlich gesäubert und entfettet.

03 Wie in der Anleitung beschrieben sprühen wir nun eine Lage Grundierung und lassen diese antrocknen.

Teile lackieren

04 Mit feinem Sandpapier wird die Grundierung angeschliffen. Sollten noch nicht alle Unebenheiten beseitigt sein, wiederholen wir das Ganze noch einmal.

Nach drei Lagen Grundierung war das Ergebnis für uns zufriedenstellend. Zeit für ein wenig Farbe! Das einfachste wäre nun, sich für die Außenfarbe der Karosserie zu entscheiden. Eine Lage

05 Decklack sollte reichen, manchmal sind jedoch auch zwei Lagen besser. Ganz zum Schluss verleiht eine Schicht Klarlack dem Deckel noch den richtigen Glanz.

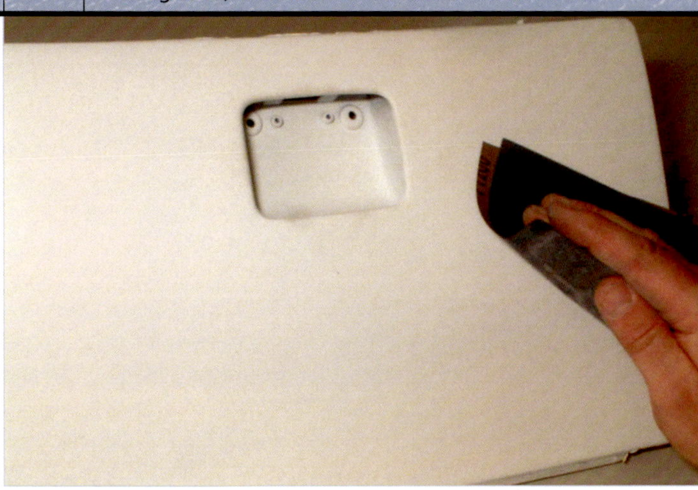

Dynamik im Cockpit

Ein einfacher Weg, um an ein Cockpit im Carbon- oder Alu-Look zu kommen, sind fertig zugeschnittene Folien.

Solche Komplett-Sets gibt es von verschiedenen Herstellern, es dürfte nicht allzu schwer sein, etwas Passendes für den Focus zu finden. Die einzige Schwierigkeit ist manchmal die Zuordnung der vielen „Schnipsel", was unbedingt vor dem Abziehen der Schutzfolie erfolgen sollte. Die Folie muss 100-prozentig ausgerichtet sein und darf beim Kleben nicht verrutschen. Einmal angeklebt sind diese Folien kaum mehr abzubekommen. Immerhin ist diese Aktion wesentlich weniger aufwendig als das Abkleben und all die anderen Lackiervorbereitungen.

01 Mit der (beiliegenden) Reinigungslösung reiben wir die zu beklebenden Flächen gründlich ab.Silikon, Cockpitspray und ähnliches müssen restlos entfernt sein.

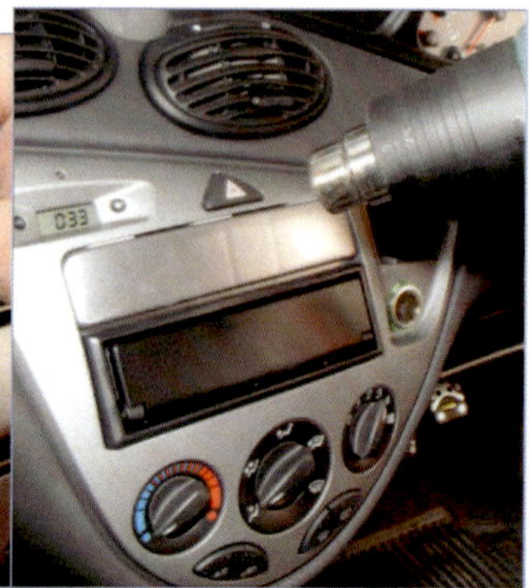

02 Ein kleiner Trick: Mit einem Heißluftfön erwärmen wir die Klebestellen etwas.

03 Und auch die Klebefolien werden eine nach der anderen, handwarm und geschmeidig gemacht.

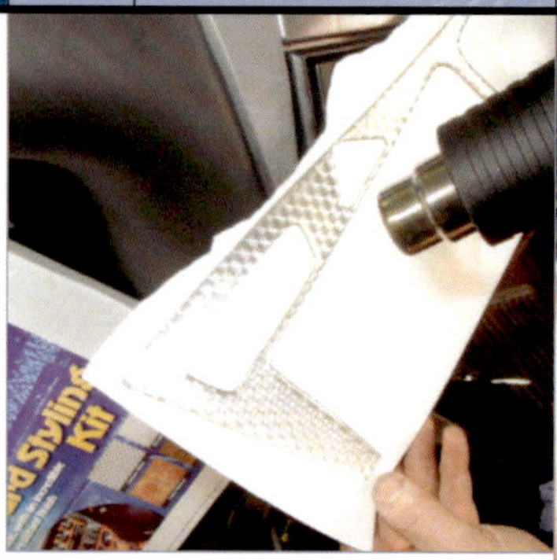

04 Nun kommen die Folien an ihre Plätze. Wenn etwas verrutscht ist, kann das zwar nur schwer, aber wenn dann auch nur jetzt korrigiert werden.

05 Mit einem Handschuh drücken wir die Folie schön fest. Besonders in den Ecken und Kanten. Danach dauert es ungefähr 24 Stunden, bis alles bombenfest hält. Mit einem Fön lässt sich das ein wenig beschleunigen. Sollte sich danach eine Ecke ablösen, einfach mit einem starken Kleber wieder ankleben.

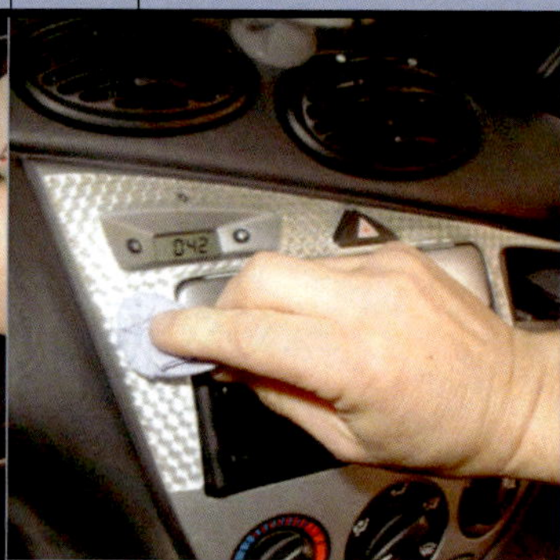

06 Wo nötig können überstehende Reste mit einem scharfen Messer abgeschnitten werden.

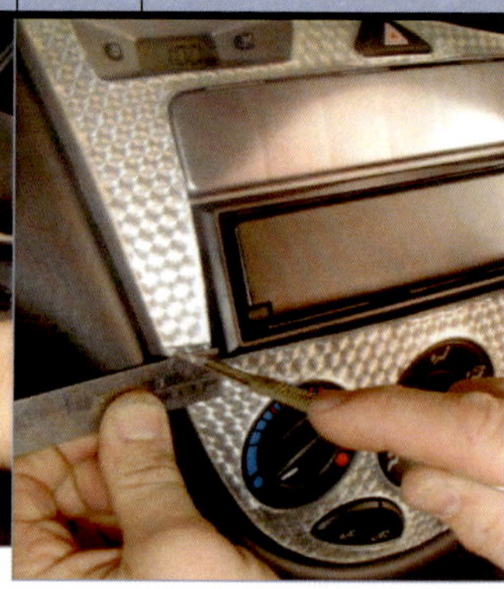

Teile folieren

Wer etwas raffinierteres sucht als ein einfarbige Lackierung, sollte zur Folie greifen. Aber: Die Verarbeitung ist nicht ganz einfach und hat schon so manchen den letzten Nerv geraubt. Wenn es aber unbedingt der Alu- oder Carbonlook sein soll, führt kein Weg an der Folie vorbei. Außer man kauft fertige Austauschteile – aber das kann schließlich jeder.

01 Zuerst schneiden wir die Folie grob zu und lassen dabei genügend Material überstehen. Besonders an den Ecken ist das wichtig, damit sich die Folie später nicht löst.

02 Dann wärmen wir das zu beziehende Teil und die Folie gründlich an. Nebenbei lesen wir in der Anleitung nach, was der Hersteller so alles schreibt.

03 Wenn alles warm ist, kann die Schutzfolie abgezogen werden. Der dünne Film sollte dabei keine Knicke bekommen und darf nicht zusammenkleben. Leider will das Folie immer.

04 Die Folie muss genau ausgerichtet werden, damit die Struktur richtig verläuft. Am besten man fängt an einer Seite an, um Luftblasen zu vermeiden. Sollte doch eine größere Blase oder ein Knick entstanden sein, ist es besser, die Folie noch einmal ein Stück abzuziehen.

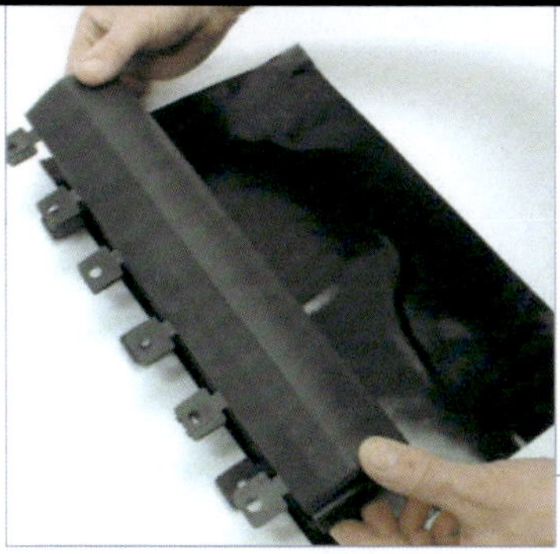

05 Die kleineren Luftblasen werden mit einem Tuch ausgestrichen. Dann mit einer ausgedienten Kreditkarte das Material schön fest anpressen. Erst wenn die Folie sicher hält, kommt die Feinarbeit.

06 Jetzt kommt der schwierige Teil: Die Ecken und Kanten lassen sich am besten bearbeiten, wenn das Material noch einmal angewärmt wird. Außerdem sollte das Messer, mit dem man arbeitet, wirklich scharf sein. Ein stumpfes Messer reißt mehr als dass es schneidet. Unter Umständen wird sogar die Folie wieder abgezogen.

07 Damit sich die Folie sauber um die Rundungen legt, schneiden wir das Material ein paarmal ein, legen die einzelnen Streifen herum und drücken alles kräftig an. Wenn die Folie dabei schön warm ist, hat sie auch nicht die Absicht, wieder in ihre alte Form zurückzukehren.

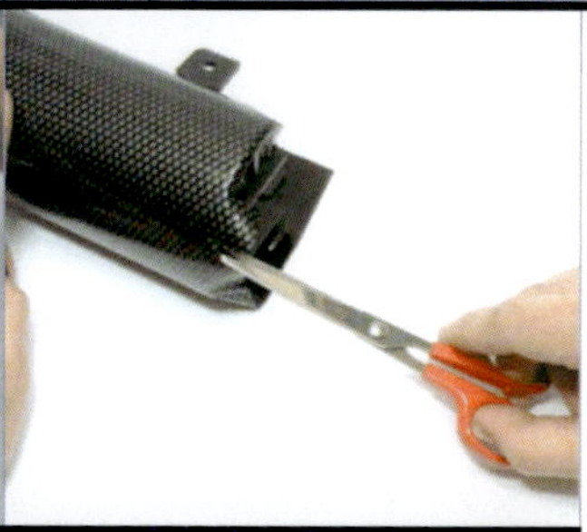

Wissenswertes

Natürlich gibt es für die Folierung auch Grenzen – doch das hängt vom Material ab. Es gibt Folien die sich sehr störrisch geben und bei denen sich die Ecken schon am nächsten Tag ablösen. Wir hatten so einen Fall – ein echter Alptraum Ein Qualitäts-Produkt hält dagegen viel länger, lässt sich viel leichter verarbeiten und macht somit einfach mehr Freude. Aber auch hier gilt: Geduld zahlt sich aus!

Schalthebel und Griffe

01 So einfach ist das: Der alte hässliche Schaltknopf wird einfach abgeschraubt. Entschuldigung – nicht hässlich, nur Großserie.

02 Auch die Manschette kann mit nackten Fingern aus ihrem Sitz in der Mittelkonsole gehoben und entfernt werden.

Schaltknöpfe, Manschetten und Griffe sind ein günstiger Weg die Optik und das Fahrgefühl zu verändern. Schließlich geht die Hand sehr häufig zu diesen Teilen.

06 Aus den beiliegenden Gummikappen suchen wir eine aus, die sich stramm über den Schalthebel stülpen lässt.

07 Wenn der Knauf einen schraubbaren Kragen hat ist es jetzt höchste Zeit ihn aufzustecken.

08 Schon kann der Knauf auf den Hebel geschoben und mit den kleinen Schrauben zentriert und befestigt werden.

03 Da wir den Rahmen noch brauchen, lösen wir den Sack von unten mit einem kleinen Schraubendreher.

09 Mit dem Anschrauben des verchromten Kragens ist dieser Teil der Arbeit abgeschlossen.

04 Der Befestigungsrahmen wird mit dem neuen Schaltsack verbunden und über den Schalthebel geschoben. Die Befestigung kann mit kleinen Nieten, Klammern oder Kleber erfolgen.

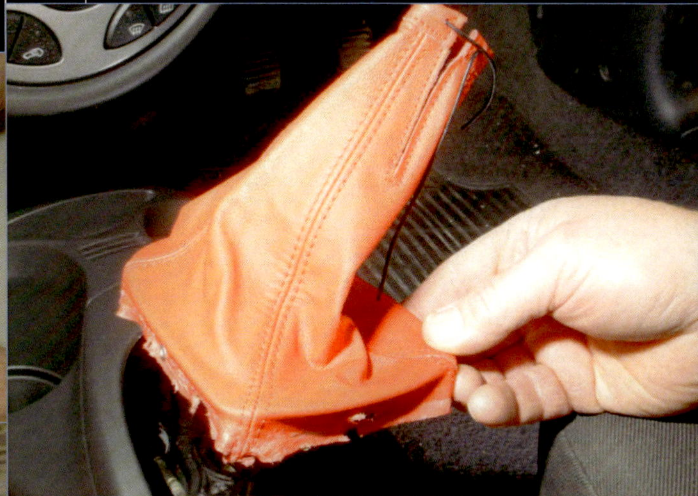

10 Ein verchromter Rahmen von Richbrook ist wahrscheinlich eines der simpelsten Dinge, die man bei Tuning haben kann. Das Schwierigste ist noch das Teil aus der Verpackung zu bekommen. Aufsetzen, festhalten und vier Befestigungslöcher bohren...

05 Oben wird der Sack schön zugeschnürt und schon sind wir bereit für den Schaltknauf

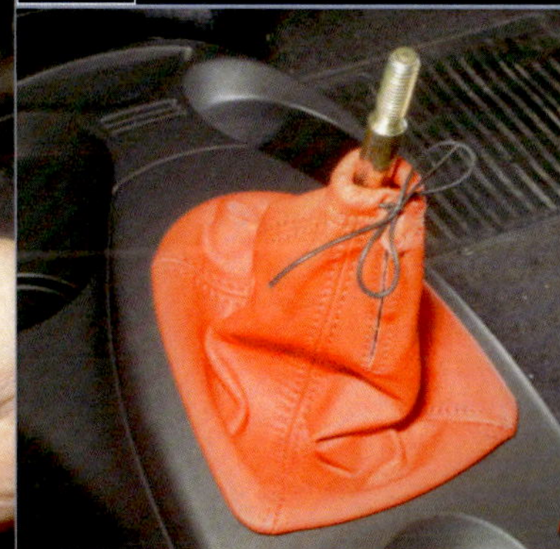

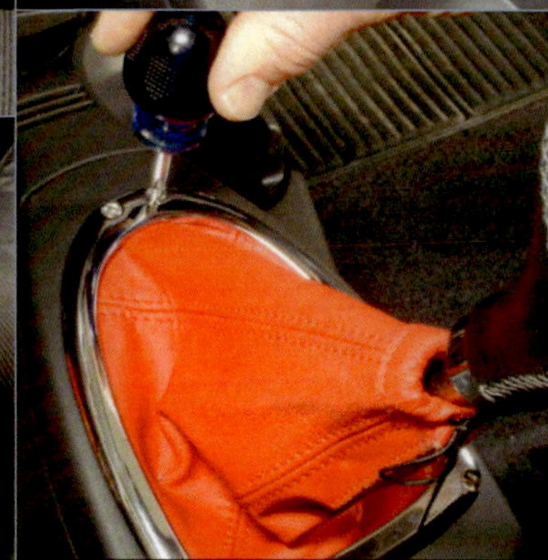

11 ...vier Schrauben einsetzen, fertig! Bitte zurücklehnen und staunen!

Handbrems-hebel & Manschetten

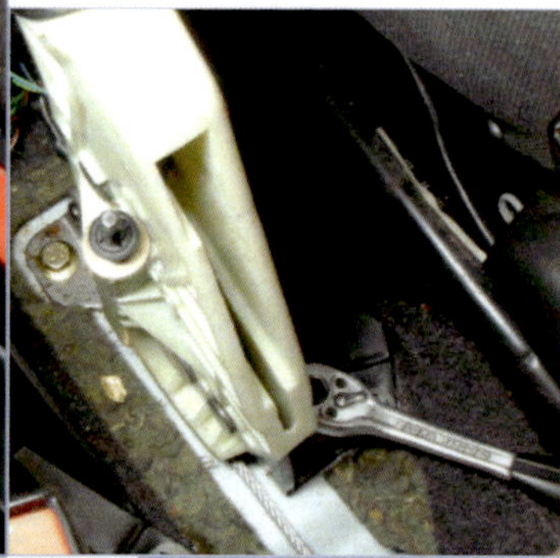

01 Na toll, mit einem peppigen Schalthebel in der Nähe sieht die serienmäßige Handbremse gleich noch viel langweiliger aus. Dagegen müssen wir unbedingt etwas tun! Wenn nicht schon geschehen, bauen wir also zuerst die Mittelkonsole aus. Denn wie wir herausgefunden haben ist es am einfachsten, den ganzen Handbremshebel auszubauen.

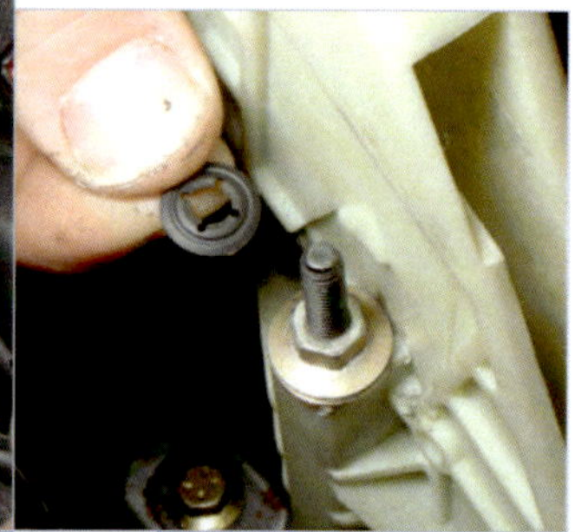

02 Dazu einfach die zwei Schrauben und Unterlegscheiben entfernen.

03 Bevor wir weitermachen, messen und notieren wir die Einstellung des Handbremsseils. Erst dann schrauben wir die Mutter komplett ab.

04 Den Kontaktschalter für die Warnlampe abziehen.

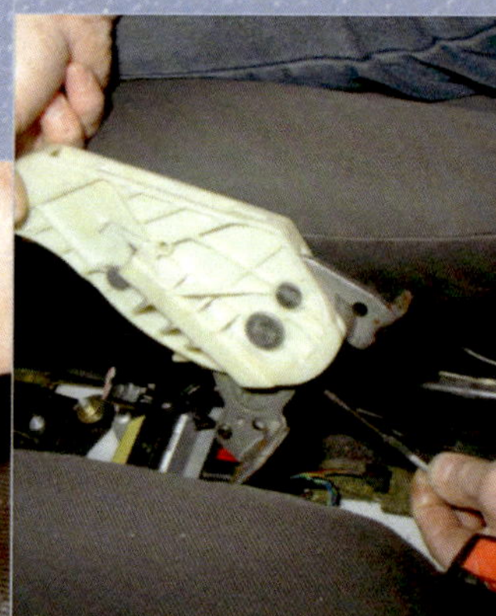

05 Dann den kompletten Hebel nach oben herausziehen. Das Kabel hat eine quadratische Aufnahme, das muss beim Wiedereinbau perfekt sitzen!

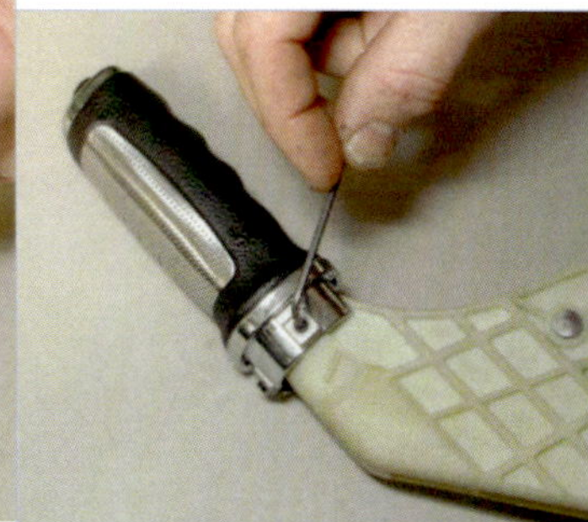

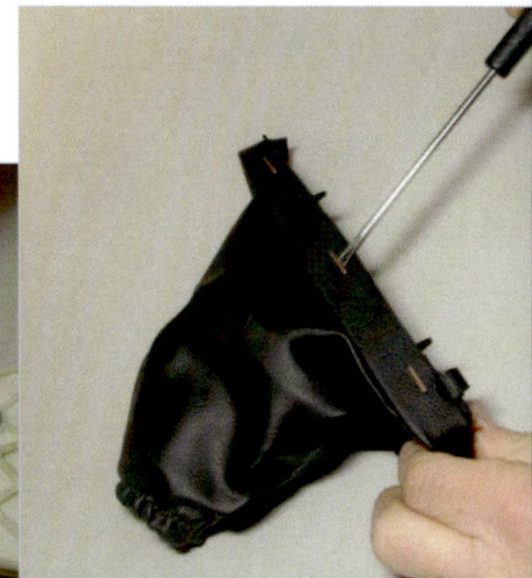

06 Da sich der Griff selbst mit viel Kraft nicht abziehen ließ, haben wir ihn kurzerhand mit einem Messer abgeschält

07 Der neue Griff hat ein Adaperstück, das in den Griff kommt.

08 Dann auf den Hebel schieben und mit den Schrauben sichern. Nun aber zurück damit ins Auto (und nicht das Einstellen der Handbremse vergessen!).

09 Auch die Manschette tauschen wir aus. Dazu die Manschette aus der Mittelkonsole herausziehen und den Rahmen abtrennen.

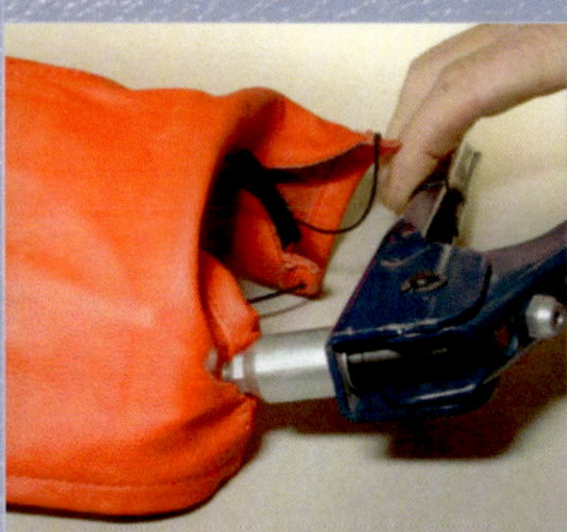

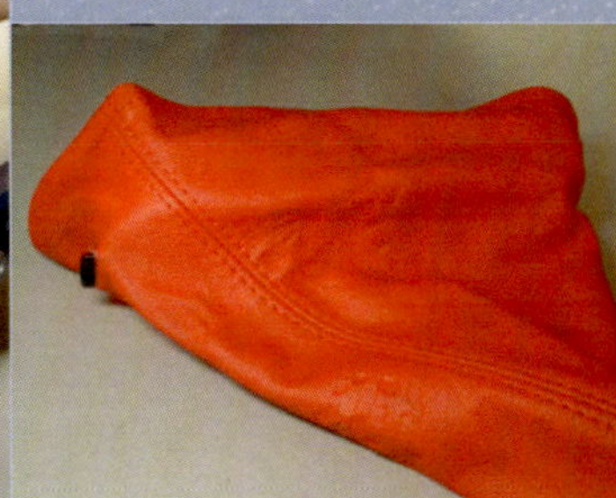

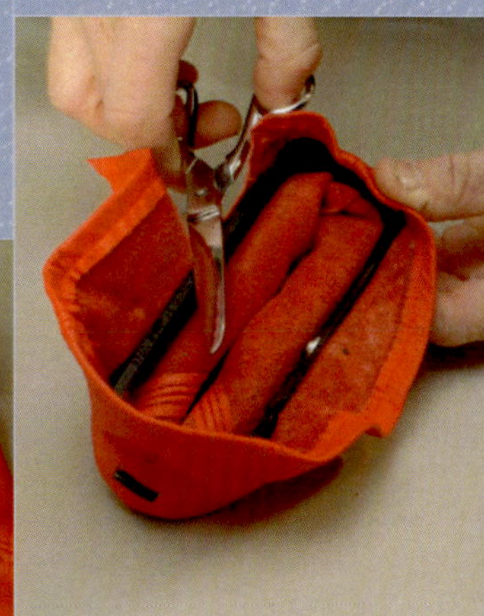

10 Das edle Simoni Racing-Teil befestigen wir von unten mit Popnieten am Rahmen. Passende Unterlagscheiben auf der Rückseite verhindern dabei, dass die Niete sich durch das weiche Plastik zieht. Wer keine Nietzange hat, kann auch klammern oder kleben.

11 Der kleine Haken, mit dem der Rahmen in der Mittelkonsole eingehängt wird, sollte im Freien stehen.

12 Das überstehende Material schneiden wir ab, damit es nicht in den Handbremsmechanismus gerät.

13 Zurück damit in die Mittelkonsole und zurück mit der Mittelkonsole in das Auto.

01 Keine Frage – hier ist mal wieder putzen angesagt. Da die Leisten geklebt werden, muss der Bereich fettfrei und sauber sein.

02 Bevor wir den Klebestreifen freilegen probieren wir, ob die Leiste überhaupt passt und ob es irgendwelche Probleme geben könnte. Mit einem Filzstift könnte man jetzt auch kleine Markierungen anbringen.

Einstiegs-Leisten

Diese Zierleisten am Einstieg gibt es eigentlich nur verchromt. Macht ja auch Sinn. Der letzte Schrei sind jedoch an die Innenraumbeleuchtung gekoppelte Lichtleisten.

Wir bleiben bei unserem „Momo"-Thema und spendieren entsprechende Chromleisten. Vorher noch ein Tipp: Wenn ihr noch mehr Modifikationen im Innenraum plant, montiert ihr die Leisten am besten zum Schluss – so gibt es weniger Kratzer.

03 Sobald die Schutzfolie abgezogen ist, heißt es aufpassen! Das Zeug klebt wirklich höllisch!

04 Zum Glück ist alles gut gegangen und die Leiste sitzt. Noch einmal kräftig andrücken, nur so zur Sicherheit.

Farbige Zifferblätter

Das Anbringen von farbigen oder weißen Zifferblättern ist im Grunde nicht schwer. Aber es erfordert ein wenig Geduld und eine ruhige Hand. Die Instrumente sind sehr empfindlich, doch das Risiko lohnt sich auf jeden Fall.

Bevor irgend etwas auseinander genommen wird, sollte man in Ruhe vergleichen um sicherzugehen, dass auch der richtige Kit geliefert wurde. Die Skala von Tacho und Drehzahlmesser muss genau übereinstimmen. Wenn der Hersteller keine genauen Angaben des Fahrzeugtyps verlangt, ist Misstrauen angebracht. Besonders bei Kits aus anderen Ländern (und besonders den USA) ist es unwahrscheinlich, dass die Skalierung stimmt.

01 Um ganz sicher zu gehen, klemmen wir vor Beginn der Arbeiten die Batterie ab. Dann schrauben wir mit einem kleinen Schraubendreher die Schrauben des Cockpitrahmens heraus, um an die Instrumente zu gelangen.

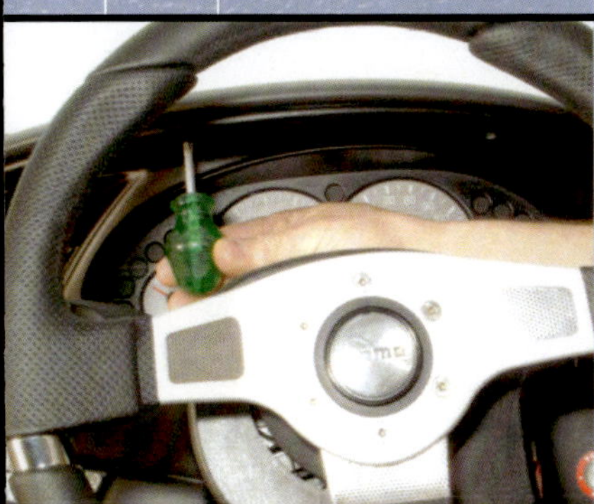

02 Die ganze Verkleidung wird nun vorsichtig nach vorne gezogen. Nicht vergessen, den Anschluss für die Heckklappen-Entriegelung abzuziehen!

03 Die Instrumente selbst sind mit vier Schrauben befestigt.

04 Die Instrumenteneinheit vorsichtig nach vorne ziehen, bis man an den Mehrfachstecker gelangt. Dieser ist mit einer Spange gesichern, die nach vorne gedrückt werden muss. Keine einfache Übung in dem knappen zur Verfügung stehenden Raum!

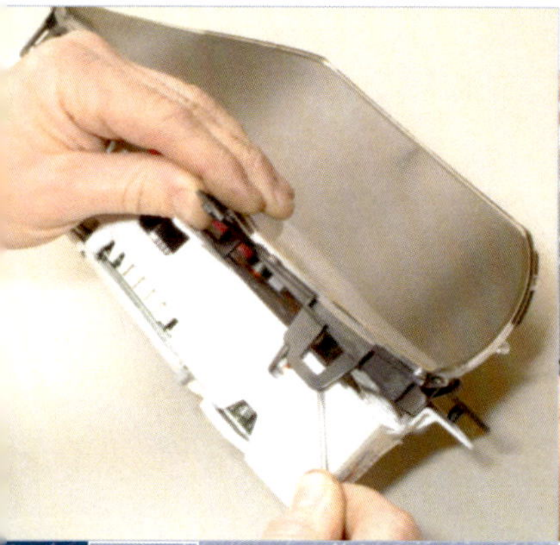

05 Auf einer sauberen, ebenen Fläche können wir nun die Instrumenteneinheit genüsslich zerlegen. Die Abdeckscheibe wird entfernt, indem die Halteklammern vorsichtig aufgebogen werden.

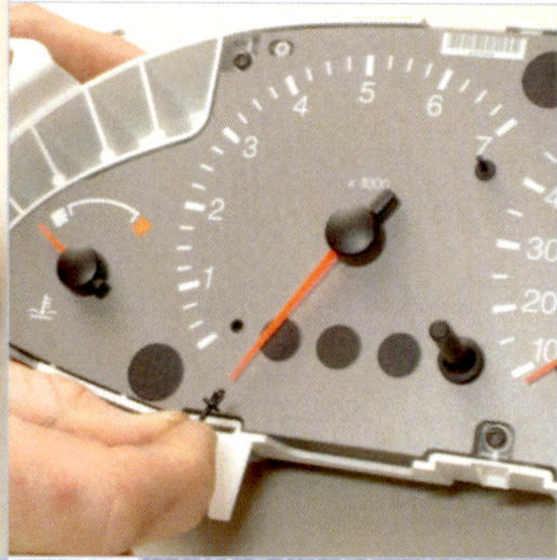

06 Die drei Anschläge der Nadeln (einer am Tacho und zwei am Drehzahlmesser) abziehen und die Nadeln auspendeln lassen.

07 Nach dem Lösen von drei kleinen Schrauben...

08 ...können die Instrumente aus dem Gehäuse gehoben werden.

Die Bewegung der Nadeln darf nicht behindert werden und die Ringe müssen exakt in Zentrum sitzen. Wenn der Ring perfekt sitzt, kann der kleine Anguss übrigens abgeschnitten werden. Er ist nur dazu da, das Teil bei der Montage besser greifen zu können. **13**

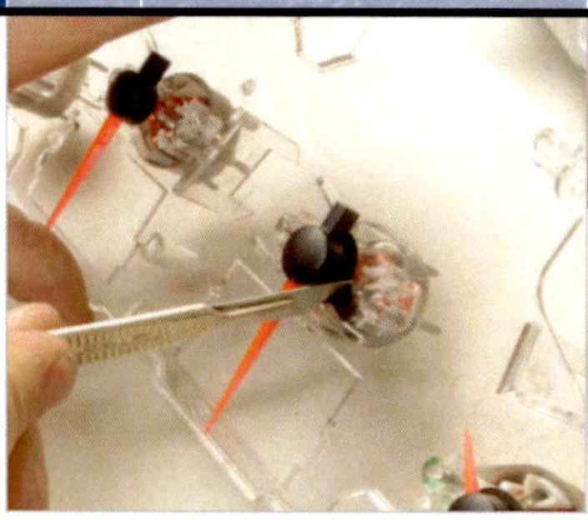

Jetzt an den neuen Tachoscheiben die Schutzfolie entfernen... **14**

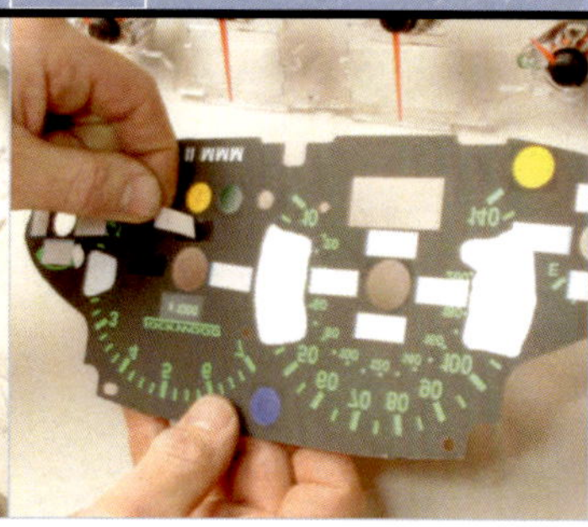

...die Nadeln vorsichtig auf die 12 Uhr-Position drehen und dann durch das Zentrum der Scheiben führen. Dazu die Folie etwas nach innen biegen, dann geht es leichter. Die Folie noch nicht andrücken, erst müssen die beiden kleinen Nadeln noch durchgeführt werden! **15**

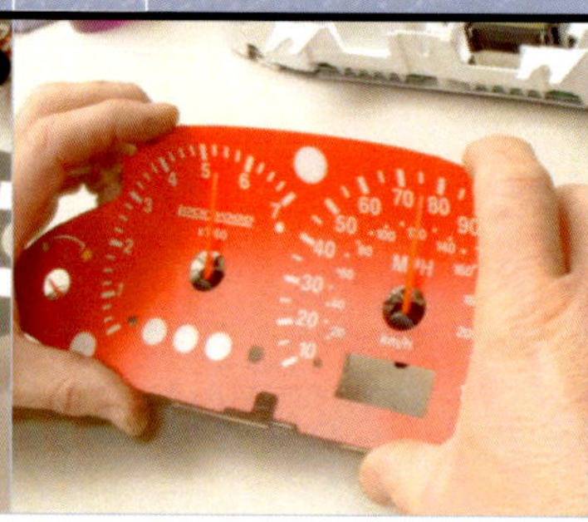

Auch die Nadel der Temperaturanzeige in die 12 Uhr-Position bringen und durch das Loch führen. Dann die Folie nach unten in Richtung Zentrum führen. Das Gleiche mit der Tankuhr machen. **16**

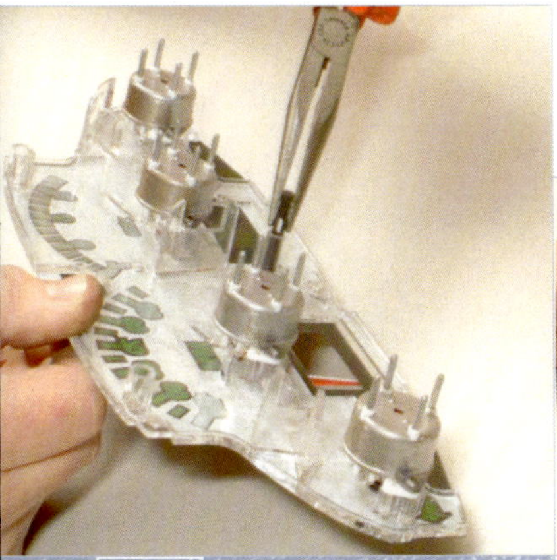

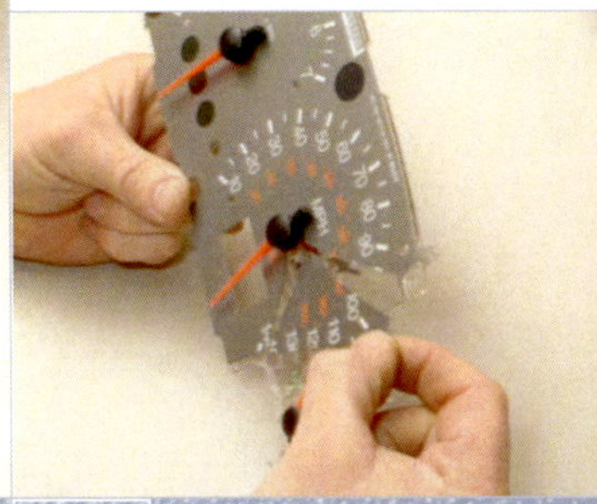

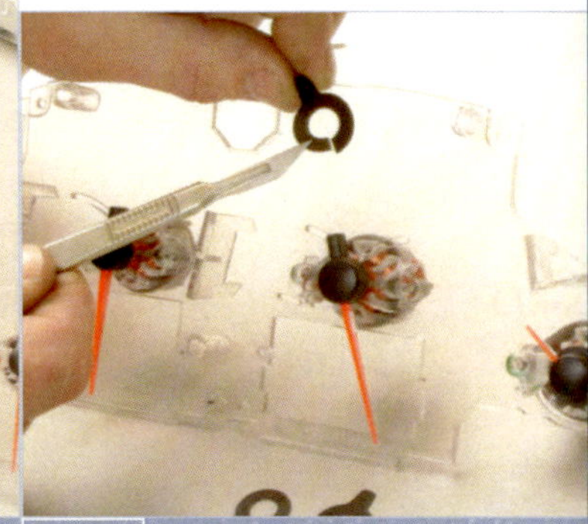

09 Um den Reset-Knopf zu entfernen, muss dieser von der Rückseite her vorsichtig zusammengedrückt werden

10 Jetzt kommt der interessante Teil: Um die alten Tachoscheiben enfernen zu können, müssen diese mit einem scharfen Messer in zwei oder mehr Teile geschnitten und vorsichtig abgelöst werden. Nur so ist garantiert, dass den Nadeln nichts passiert.

11 Mit einem Lösemittel werden nun die Klebstoffreste entfernt. Sehen irgendwie nackt aus die Instrumente, oder?

12 Bei unserm Kit langen schwarze Scheiben bei die verhindern sollen, dass aus der Nabe der Nadeln Licht auf die Tachoscheiben fällt. Dazu die Schutzfolie enfernen und die Ringe behutsam über die Aufhängung der Nadeln schieben.

17 Erst wenn alles richtig sitzt, die Folie andrücken.

18 Der Reset-Knopf kann nun wieder eingesteckt werden. Auf der Rückseite kontrollieren, ob dieser richtig sitzt.

19 Auch die Anschläge von Tacho- und Drehzahlmessernadel kommen zurück an ihre alten Plätze. Die Nadeln nur sanft bewegen.

20 Bevor die Abdeckung montiert wird, alle Fingerabdrücke beseitigen! Auch die Scheibe freut sich natürlich über eine kleine Reinigung. Anschließend darf die Instrumenteneinheit zurück in das Auto.

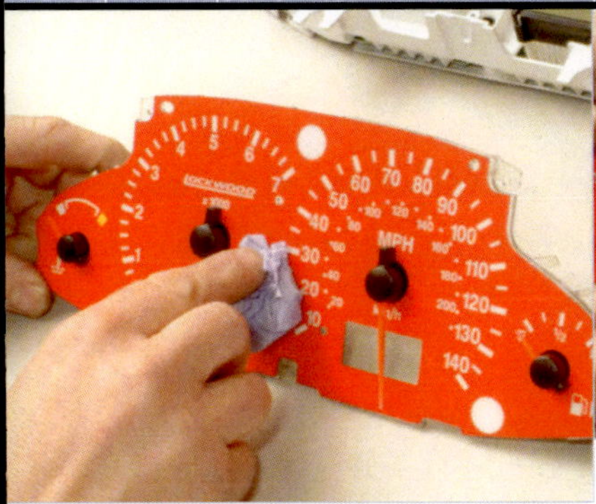

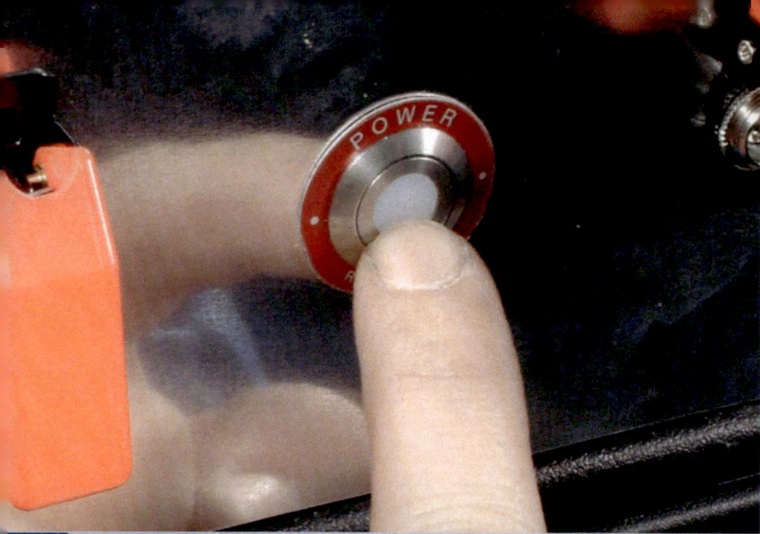

Starter-Knopf

Mit der schwierigste Teil beim Einbau des Starterknopfes ist, die richtige Stelle zu finden. Wir fanden, der Knopf sollte neben dem Lenkrad sitzen und beginnen daher ein paar Verkleidungsteile abzuschrauben. Außerdem müssen wir auch an die Verkabelung des Zündschlosses.

01

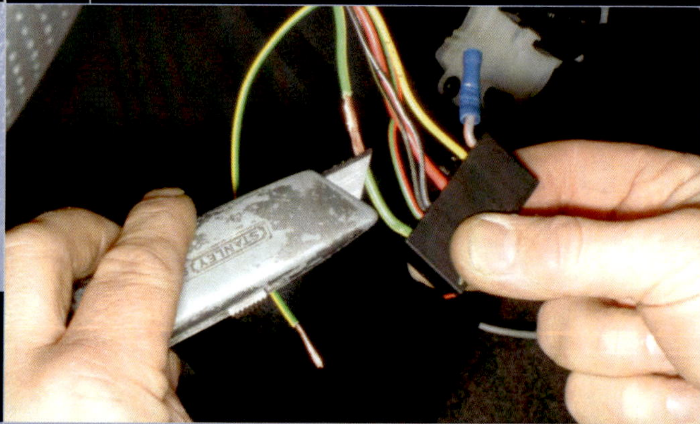

Wenn das Auto mit einem Starterknopf angelassen wird, sind die meisten Passagiere schwer beeindruckt.

Um mit einem Missverständnis aufzuräumen: Mit dem Starterknopf wird das Zündschloss nur ergänzt aber nicht umgangen. Wäre ja auch blöd, wenn jeder ohne Zündschlüssel mit dem Auto wegfahren könnte.

Achtung!
Die Batterie vor dem Umbau unbedingt abklemmen. Damit kann das Auto nicht ungewollt anspringen.

Gemäß der Anleitung braucht der Knopf ein Loch von 19.2 Millimetern. So etwas gibt es in keiner Werkzeugkiste. Nützlich wäre in diesem Fall ein Antennenloch- oder Stufenbohrer, doch da wir auch so etwas nicht haben, bleibt nur die gute alte Feile übrig.

02

Der Knopf wird dann von der Rückseite her verschraubt. Beim Ansetzen des Verkleidungsteil stellen wir leider fest, das dahinter kein Platz für einen Knopf ist. Also müssen wir dahinter erst etwas Platz schaffen.

03

Als nächstes kommt die Verkabelung an die Reihe. Dazu lösen wir die drei Schrauben, mit der die Verkleidung unterhalb der Lenksäule befestigt ist.

04

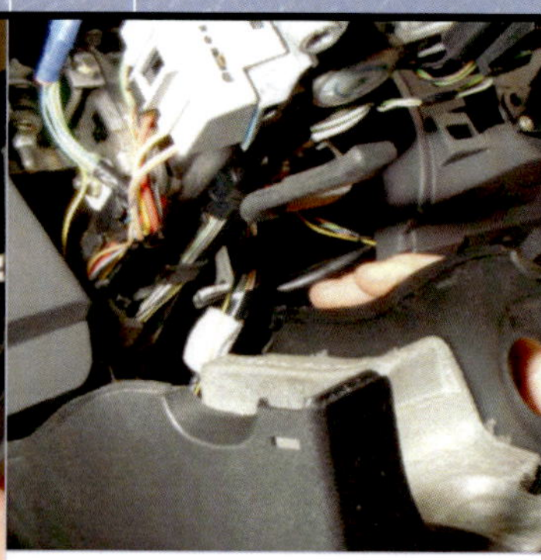

Irgendwo da unten muss nun dieser große graue Plastikstecker zu finden sein. Der ist für die Zündung zuständig. Mit einem Schraubendreher öffnen wir vorsichtig die Verriegelung...

05

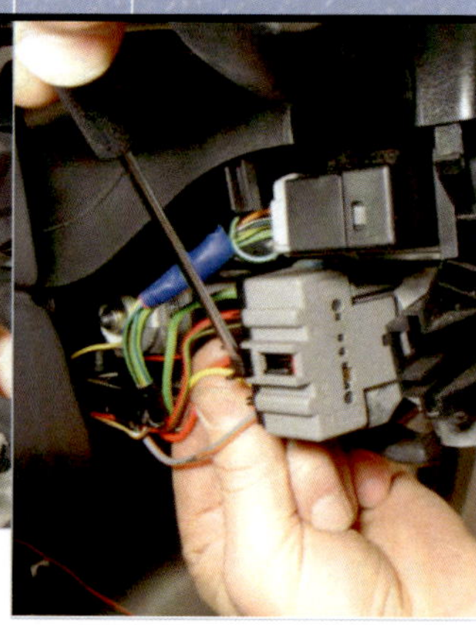

Achtung!

Da hier hohe Ströme fließen, sollte man sich bei dieser Arbeit viel Zeit lassen und besonders sorgfältig arbeiten. Die Isolierung muss tadellos ausgeführt sein, ansonsten kann nicht nur der Kabelbaum verschmoren, sondern sogar das ganze Auto abbrennen.

06 ...und suchen Pin 7, der ein graues / oranges Kabel beherbergt. Das zwicken wir jetzt mutig durch!

07 Das Kabel wird jetzt so weit wie möglich aus dem Kabelbaum gefädelt.

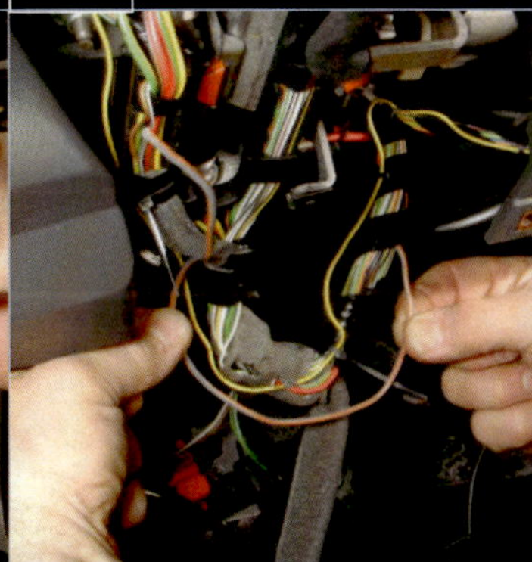

08 Wir wollen das grau / orange Kabel nämlich mit dem Starterknopf verbinden. Welcher Anschluss am Knopf benutzt wird ist dabei egal. Am anderen Ende des abgeschnittenen Kabels befestigen wir einen Kabelschuh. So ist das Kabel isoliert und kann einfach wieder angeschlossen werden. Falls jemand danach ist...

09 Wir suchen uns ein passendes Stück Kabel und schrauben es an den verbliebenen Anschluss am Starterknopf. Dann kann das Verkleidungsteil auch schon wieder montiert werden.

10 Parallel zu dem alten Kabel und dem Kabelbaum führt das neue Kabel zurück zum Stecker.

11 An Pin 1 sollte ein grün / gelbes Kabel herauskommen. Das isolieren wir ein wenig ab, ohne es durchzuschneiden. Unser neues Kabel soll nämlich dazugelötet werden.

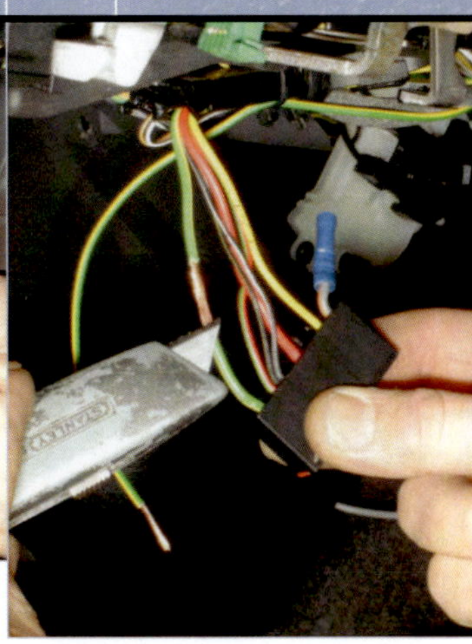

12 Und so sieht das dann aus. Nicht vergessen diese Stelle gut zu isolieren. Da Schrumpfschlauch ausscheidet, bleibt nur das gute alte Isolierband.

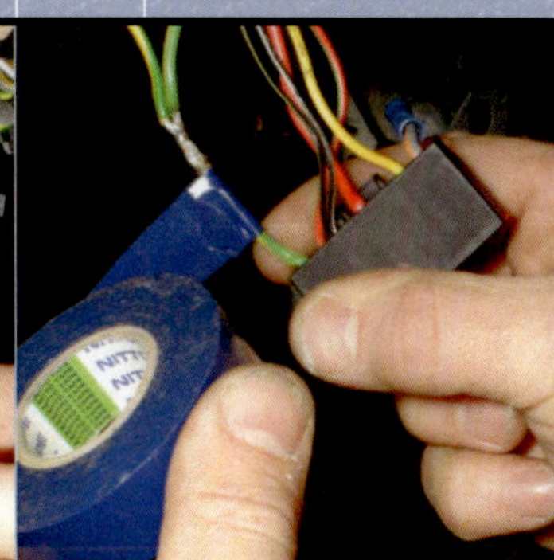

13 Zeit für einen Test. Dazu die Batterie anklemmen, die Zündung einschalten und den Knopf drücken. Wenn der Motor startet (warum sollte er das auch nicht tun) kann die Verkleidung an ihren Platz und fertig ist der Umbau.

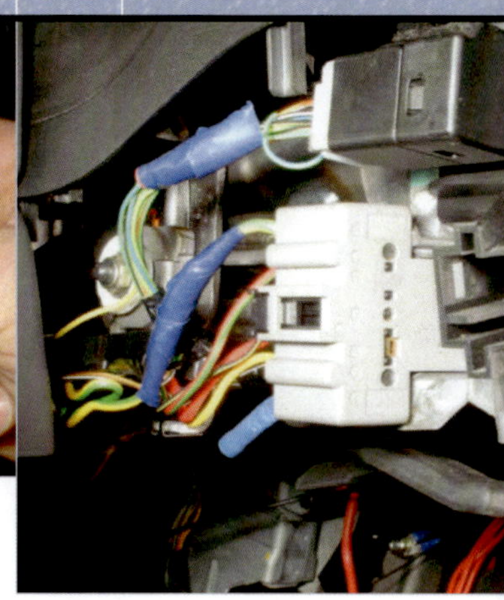

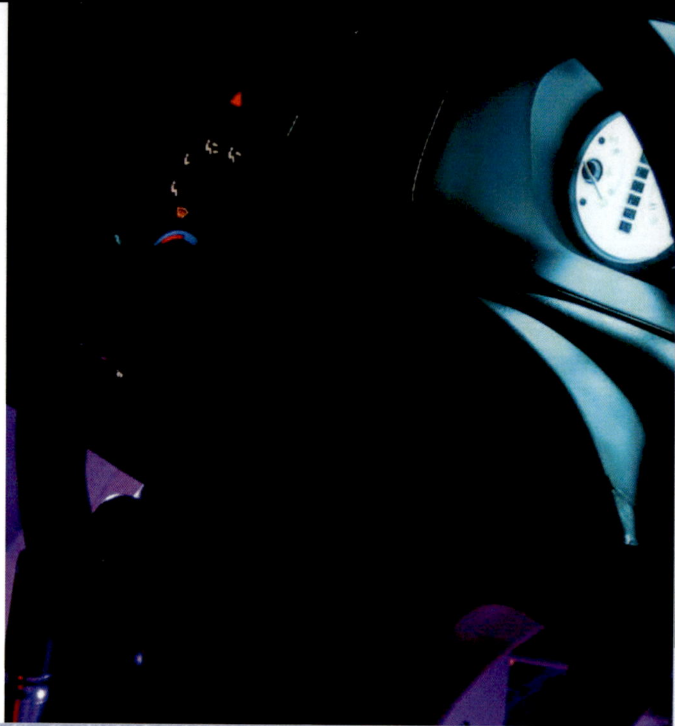

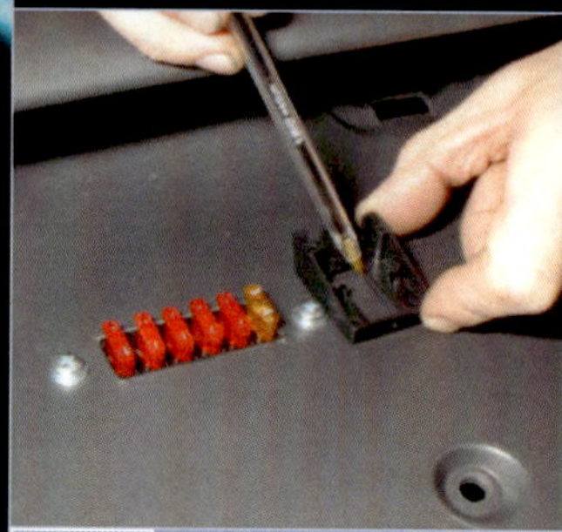

01 Zunächst suchen wir uns einen Platz für den Schalter. Unser Schalter sitzt neben der zusätzlichen Sicherungsbox, die wir bereits installiert haben. Das ist ganz praktisch, da wir ohnehin eine Plusleitung brauchen. Mit Hilfe der Schalterblende zeichnen wir die Stelle an.

Neon im Fußraum

Sehr, sehr cool, besonders in Verbindung mit hochwertigen Pedalen. Doch leider auch nicht so ganz legal. Wer es mit den Leuchten übertreibt, hat tatsächlich mit erheblicher Blendwirkung zu kämpfen. Ein Schalter ist sehr zu empfehlen.

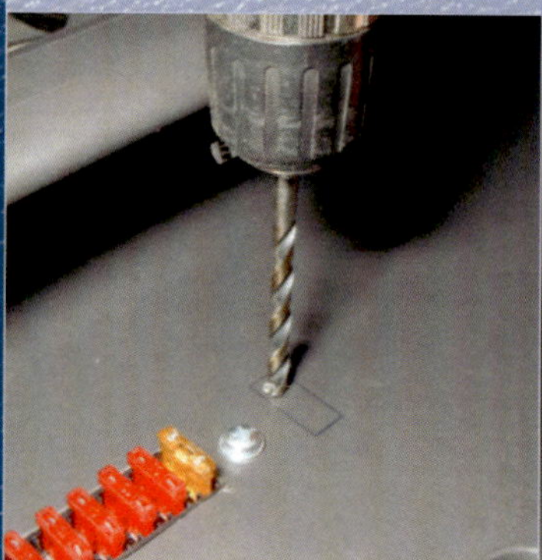

02 Dann bohren wir ein schönes Loch und schneiden den Rest mit einem Messer aus.

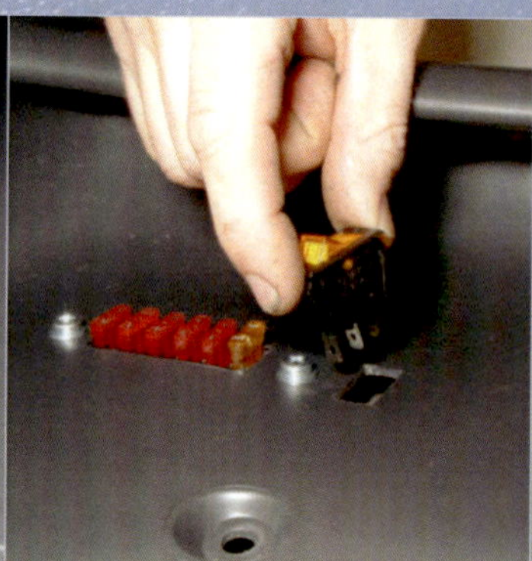

03 Schon kann der Schalter an seinen Platz.

04 Von der zusätzlichen Sicherungsbox legen wir ein kurzes Kabel an einen Pol des Schalters. Natürlich kann auch ein Kabel direkt von der Batterie gelegt werden. Dazwischen sollte aber auch eine Sicherung sitzen.

Wissenswertes

Da Neon-Leuchten im Innenraum zumindest nicht ganz legal sind (um es vorsichtig auszudrücken) sollte wenigstens ein Schalter vorhanden sein um die Leuchten im öffentlichen Strassenverkehr außer Betrieb zu setzen. Im Stand und bei abgeschaltetem Motor kann eigentlich niemand etwas dagegen sagen, denn es gibt ja auch Kartenleselampen...

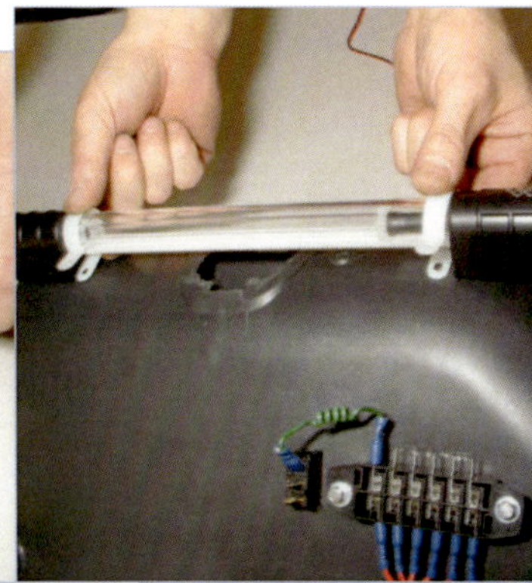

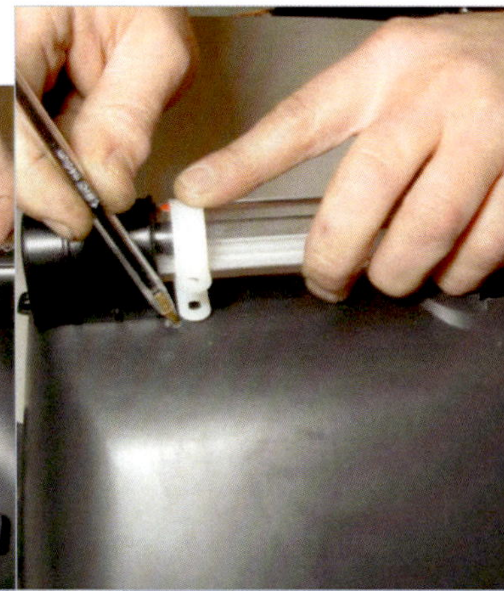

05 Wo die Neonleuchten angebracht werden, ist natürlich jedem selbst überlassen. Ein beliebter Platz ist unter dem Armaturenträger, denn dann beleuchten die Röhren den Fussraum. Um zu sehen, wo wir die Leuchten unterbringen können, bauen wir die Fussraumverkleidung ab.

06 Bei ausgebauter Verkleidung stellen wir fest, dass der Halter für den Diagnosestecker genau im Weg ist. Also sägen wir kurzerhand den Kasten ab und binden den Stecker mit Kabelbindern an einer anderen Stelle fest.

07 Na also, geht doch! Die Röhre sitzt gerade und versteckt an der idealen Position.

08 Mit Hilfe der mitgelieferten Plastikschellen wird die Röhre nun befestigt.

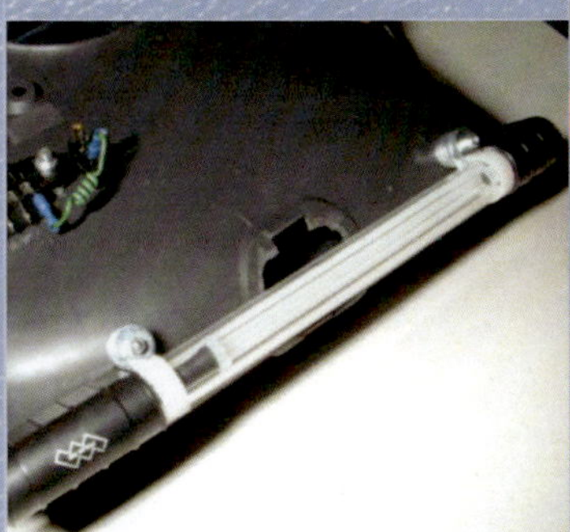

09 Da aber wie fast alles am Focus auch dieses Verkleidungsteil leicht gerundet ist, müssen wir die Schellen etwas unterlegen, damit die Röhre nicht unter Spannung sitzt.

10 Auf der Beifahrerseite montieren wir die Röhre unter das Handschuhfach. Eine leichte Übung. Die roten Kabel der Röhren führen wir nun bis zu unserem Schalter und schließen die Leitungen an.

11 Die zwei schwarzen Kabel werden ebenfalls verbunden und enden in einer Ringöse. Diese kann an jedem beleibigen Massepunkt der Karosserie angeschraubt werden. Ein kurzer Test und die Nacht kann kommen.

Boden- Belag

Teppiche haben meist eine dunkle, langweilige Farbe, damit der Schmutz nicht so auffällt. Oder hat jemand schon einmal ein Auto mit weißen Teppichen gesehen? Allerdings gibt es noch eine Alternative, die weder langweilig noch schmutzempfindlich ist.

Den alten Teppich zu enfernen kann richtig anstrengend werden: Als Erstes müssen die Sitze raus (vielleicht sind ohnehin neue geplant?), und dann reicht der Teppich bis weit unter das Armaturenbrett und die Mittelkonsole. Außerdem dämpfen der Teppich und die darunter liegenden Matten die Fahrgeräusche enorm. Und es lassen sich jede Menge Kabel darunter verstecken. Wer also keinen reinrassigen Rennwagen bauen will, sollte den Teppich drin lassen.
Riffelblech ist für den Fussraum ideal: Es ist auch bei geringen Blechstärken sehr stabil, lässt sich relativ leicht bearbeiten und glänzt wie die Hölle. Besonders toll ist der Effekt in Verbindung mit Neonlicht, aber das hatten wir ja schon...

Praxistipp
Wenn ein neuer Bodenbelag gewünscht ist sollte man diesen erst verlegen, wenn alle Kabel für die Musikanlage usw. installiert sind. So können alle Leitungen bequem versteckt werden.

Bodenmatten

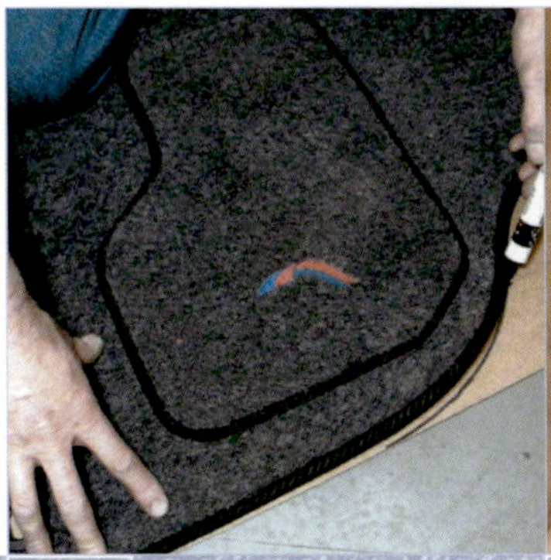

01 Wer es sich leicht machen will kann die Bodenbleche natürlich auch schon fertig kaufen, einlegen und losfahren. Aber das ist uns zu einfach. Wir nehmen stattdessen ein sehr dünnes Blech und verstärken dieses an den kritischen Stellen mit einer dünnen Platte (zum Beispiel Sperrholz). Als Schablone dienen uns die Schmutzmatten aus dem Ford-Programm.

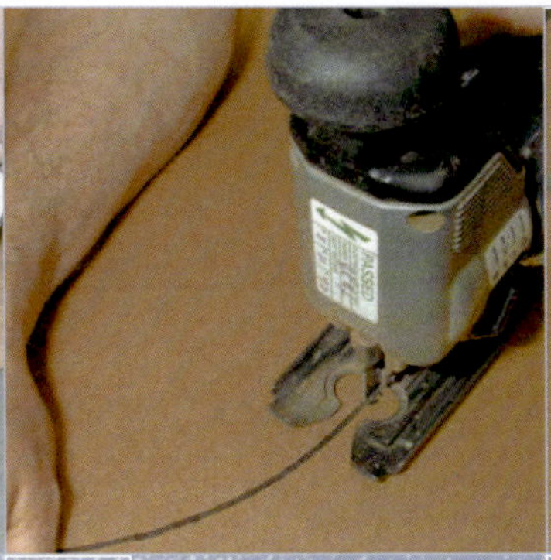

02 Mit einer Stichsäge wird die Verstärkungsplatte dann zugeschnitten

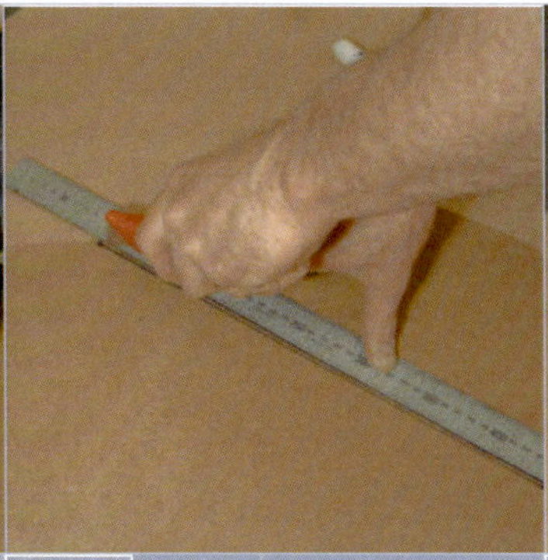

03 Damit die Platte besser sitzt, messen wir die Stelle aus, an der es unter die Pedale geht.

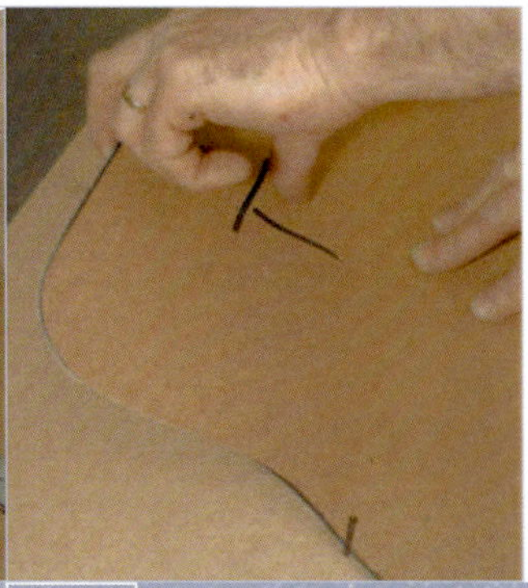

04 Die dünne Platte wird dann gefaltet. Kein Problem, wenn sie dabei einen Knacks bekommt!

05 Noch ein wenig Feinarbeit und die Platte sitzt perfekt im Fussraum.

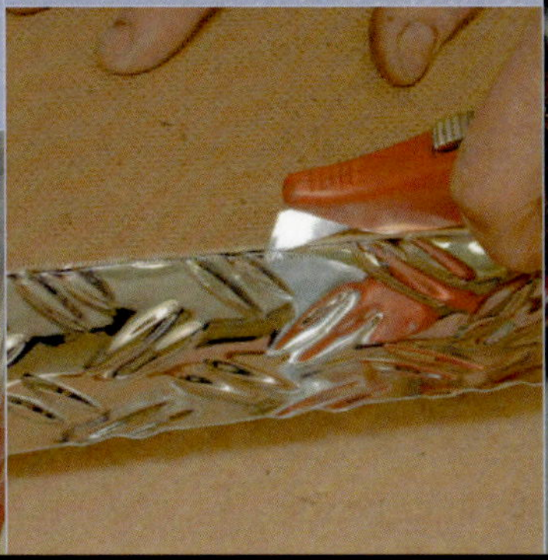

06 Mit der Verstärkungsplatte als Muster schneiden wir nun das Riffelblech zu. Lieber etwas zu wenig als zu viel abschneiden! Mit einem guten Kleber wird das Blech dann auf die Platte geklebt.

07 Wenn alles geklappt hat sieht das Ergebnis ungefähr so aus wie auf diesem Bild.

Sport-Lenkräder

Ein schönes Lenkrad macht einen riesen Unterschied. Schließlich sind die Hände ständig dran und es sitzt direkt vor der Nase!

Eine der guten Nachrichten ist, dass ein Lieblingslenkrad in den meisten Fällen in das nächste Auto mitgenommen werden kann. Die Lenkräder werden nämlich mit individuellen Naben an den Lenksäulen befestigt. Das bedeutet: neues Auto, neue Nabe – gleiches Lenkrad.
Solche Naben gibt es auch in abnehmbarer Ausführung. Die Idee stammt aus dem Rennsport und erleichtert das Ein- und Aussteigen erheblich. Außerdem ist das eine originelle Art der Diebstahlsicherung, denn welcher Dieb will schon ein Auto ohne Lenkrad stehlen? Aber es dürfte schwer werden, dafür eine Zulassung zu bekommen. Also wieder einmal nur etwas für die Show?

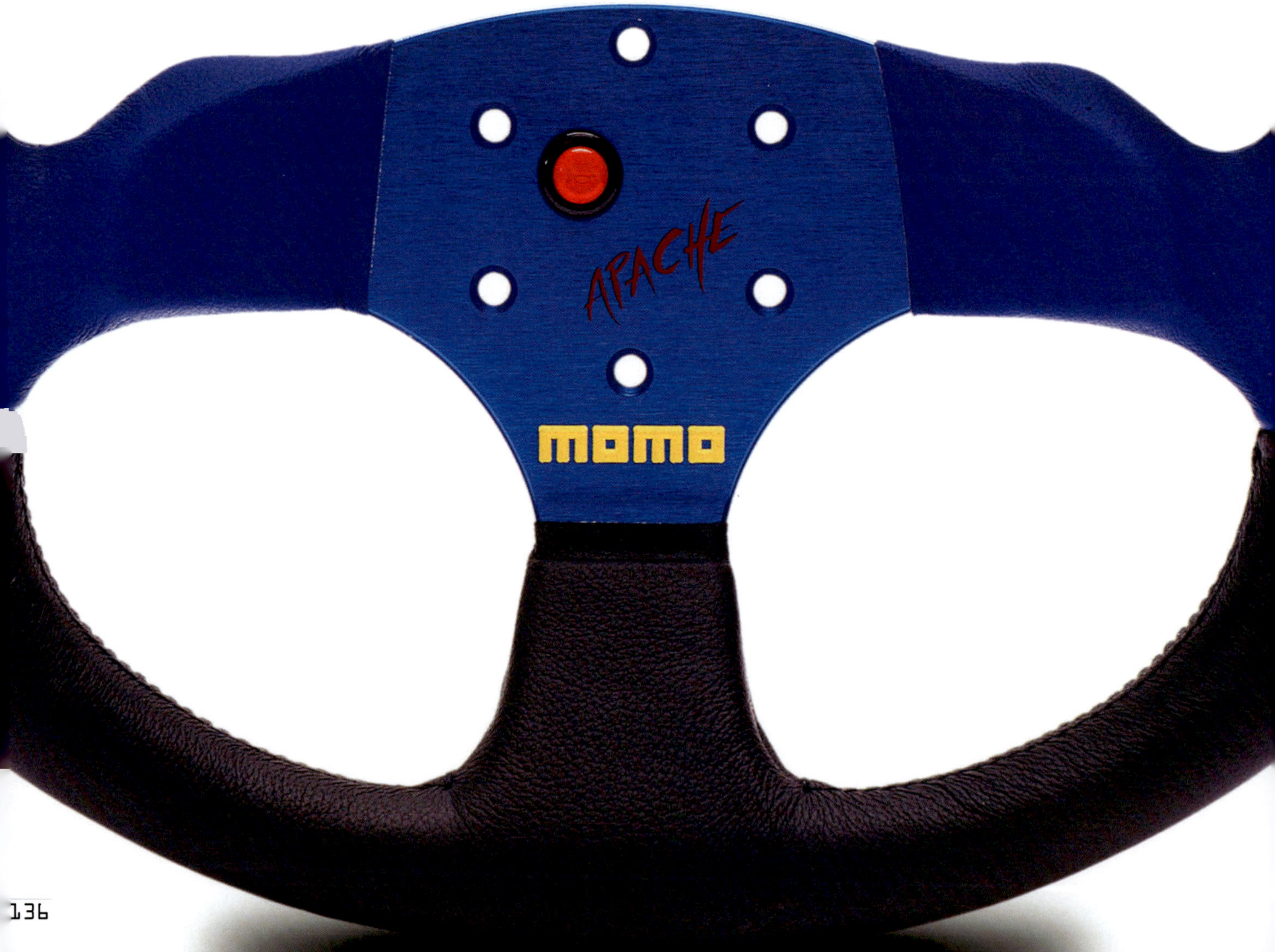

Die Sache mit dem Airbag

Alle Fosus haben mindestens einen Fahrerairbag, der in der Mitte des Lenkrads eingebaut ist. Wer sein Lenkrad ersetzt, muss entweder eines mit Airbag kaufen (teuer!) den Airbag umbauen (wie sieht das denn aus?) oder auf dieses Plus an Sicherheit verzichten. Dabei ist das Ding selbst beim Schrauben nicht ganz ungefährlich.

Also raus mit dem Airbag und gut?. Nicht ganz. Die Airbag-Kontrollleuchte wird an- und auch nicht mehr ausgehen. Was wiederum der Mensch bei der Hauptuntersuchung als schwer wiegenden Mängel notiert. Dafür gibt es nur zwei Lösungen: Entweder man baut die Instrumente aus und entfernt die lästige kleine Lampe, oder man gaukelt dem Stromkreis vor, es wäre noch ein Airbag vorhanden. Dazu wird der Airbaganschluss mit einer dazwischengeschalteten 5-Ampère-Sicherung überbrückt. Damit lässt sich die Warnlampe überlisten, aber auch der TÜV-Prüfer?

Wer seine Airbags stilllegt, sollte sich das eintragen lassen und seiner Versicherung melden. Die geht nämlich davon aus, dass der Airbag Schlimmeres verhindert.

Achtung: Airbags unterliegen dem Sprengstoffgesetz und sind auch nicht ganz billig!!! Eigentlich sehr makaber, dass der Airbag einerseits vielen Menschen das Leben gerettet, aber auch schon einigen das Leben gekostet hat. Also aufgepasst:

a Bevor am Airbag gearbeitet wird, müssen beide Batteriepole ab! Vorsichtshalber sollte man dann noch 10 Minuten warten. Im Bordnetz kann sich noch ein Spannungspotenzial befinden.

b Der ausgebaute Airbag muss eigentlich gemäß dem Sprengstoffgesetz gelagert werden.

c Ein Airbag sollte nie geworfen oder Schlägen ausgesetzt werden. Auch davon kann der Sprengsatz auslösen. Ein einmal ausgelöster Airbag ist natürlich Schrott und kann nie mehr verwendet werden.

d Wer seinen Airbag aufheben will muss dafür sorgen, dass nichts und niemand Schaden nehmen kann, falls das Ding doch auslöst. Am besten ist ein kühler, dunkler Ort geeignet. Und damit ist bestimmt nicht unter dem Bett gemeint!

e Wer seinen Airbag nicht behalten will, darf ihn nicht einfach in die Mülltonne stecken. Wie gesagt: Der Airbag unterliegt dem Sprengstoffgesetz und darf folglich nur von Fachkräften entsorgt werden.

f Airbags dürfen auch keinen Temperaturen über 90 °C ausgesetzt werden. Dynamit lagert man ja auch nicht im Ofen! Die Temperatur hört sich zunächst lächerlich hoch an, wird aber zum Beispiel in den Trocknungskammern von Lackierbetrieben locker erreicht.

Sportlenkrad einbauen

01 Als Erstes unbedingt beide Batteriepole abklemmen und mindestens 10 Minuten warten! Wer sich nicht daran hält kann, sich schwer verletzen! Der Airbag ist von hinten an das Lenkrad geschraubt. Um besser an die Schrauben zu gelangen das Lenkrad etwas drehen.

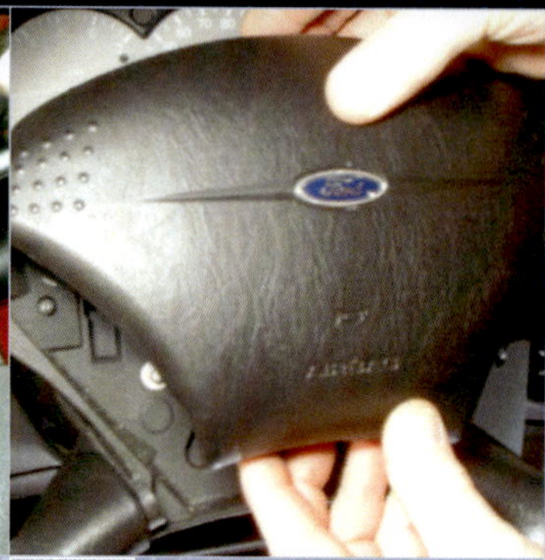

02 Dann drehen wir das Lenkrad in die Mittelstellung. Die Mittelplatte kann jetzt abgenommen werden, allerdings ist der Airbag hinten noch eingesteckt.

03 Die Stecker für Airbag und Hupe werden entfernt und die Platte ganz abgenommen.

04 Als nächstes lösen wir die 19 Millimeter-Mutter, die das Lenkrad auf der Lenksäule hält. Unser Lenkrad ließ sich leicht lösen, in anderen Fällen braucht es etwas mehr Kraft. Dabei ist es besser, die Mutter wieder ein paar Umdrehungen aufzuschrauben – das Lenkrad löst sich ruckartig.

05 Was übrig bleibt ist diese schwarze Scheibe. Nicht bewegen, sonst geht das Teil kaputt!

06 An der alten Mittelplatte lösen wir alle Kabel...

07 ...und setzen das gelbe wieder an der Scheibe ein.

08 Alle Kabel werden nun durch eine Öffnung in der neuen Nabe geführt. Beim Aufsetzen darauf achten, das die „Top" bzw. „Oben"-Markierung auch nach oben zeigt. Wer das nicht beachtet, wird mit einem schief stehenden Lenkrad bestraft.

09 Jetzt kann der Adapter für den Hupenknopf ein- und die Mutter angesetzt werden.

10 Das schicke Momo „Net" Lenkrad wird mit sechs kleinen Innensechskantschrauben befestigt.

11 Da wir jetzt am Lenkrad gegenhalten können, ziehen wir die Mutter auf der Nabe mit 50 Nm kräftig an.

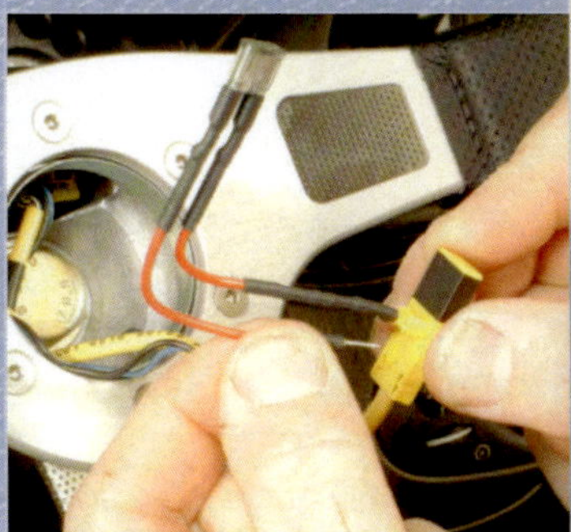

12 Bei diesem Lenkrad war sogar ein Mini-Kabelbaum für den Airbag dabei. Dieser brückt die beiden Kabel im gelben Airbag-Stecker und verhindert das Aufleuchten der Warnlampe. Das Schöne dabei: Die Gurtstraffer und der Beifahrer-Airbag bleiben einsatzfähig.

13 Auf der Rückseite des Hupenknopfes muss dieser Ring eingesetzt werden...

14 ...dann kann das schwarze und das blaue Kabel der Hupe angeschlossen werden. Da die original Ford-Stecker zu klein waren, mussten wir neue Kabelschuhe verwenden.

15 Zum Schluss den Hupenknopf einsetzen und genießen!

Gelochte Pedale

Gelochte Pedalaufsätze sorgen für den gepflegten Race-Look, sollten aber wenigstens ein paar Gumminoppen aufweisen – sonst droht wieder einmal Ärger mit dem Gesetzgeber.

01 Da wir unser „Momo"-Thema durchziehen wollen, greifen wir zu diesen „Grand Prix"-Pedalauflagen. Zuerst nehmen wir die alten Gummis ab und halten das neue Teil zur Probe an das Gaspedal.

02 Damit das Gaspedal nicht durchfällt, legen wir zum Bohren ein Stück Holz unter. Der Teppich wird es euch danken. Die Bohrlöcher am besten ankörnen, dann verläuft der Bohrer nicht so leicht.

03 Leider ist es beim ganz aus Kunststoff gefertigten Gaspedal nicht einfach, eine günstige Stelle zu treffen. Wir haben es ausgebaut um zu zeigen, wo das Problem liegt. Wer mit seinem Loch ungünstig liegt, braucht einen längeren Bolzen.

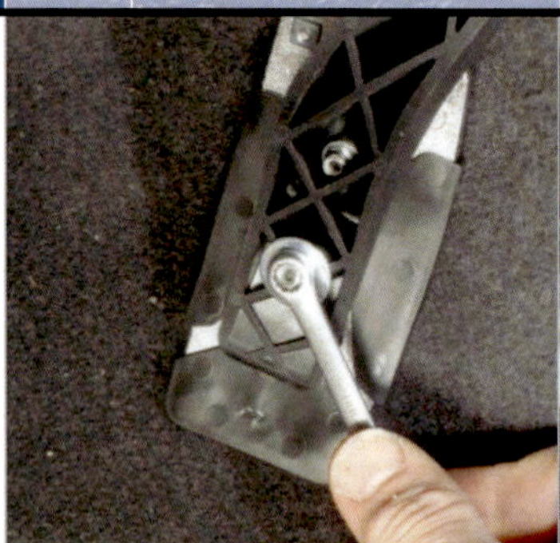

04 Zwischen den Pedalen sollte ein Abstand von mindestens 50 Millimetern liegen. Die Abstände sollten auch gleichmäßig verteilt sein. Der Sinn ist klar: Liegen die Pedale zu eng beieinander, kann der Fuß zwei Pedale gleichzeitig erwischen.

05 Damit die Pedale auch wirklich gerade sitzen, haben wir auf das Pedal ein Stück Kreppband geklebt und die Mittelachse angezeichnet. Durch die Löcher in der neuen Pedalplatte kann man nun perfekt peilen. Anzeichnen, bohren, sitzt!

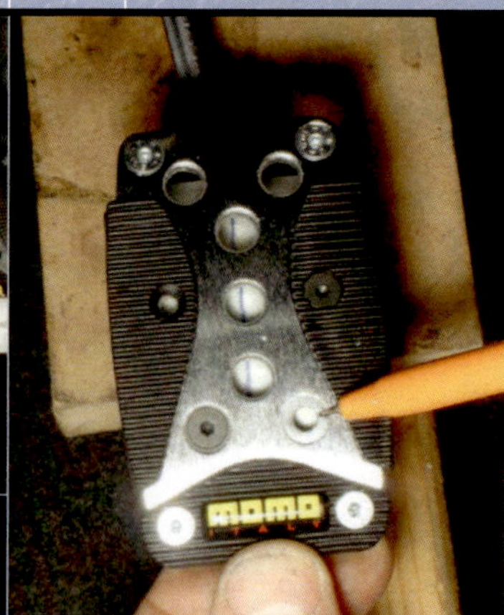

06 Zum Schluss ziehen wir alle Befestigungsschrauben noch einmal sorgfältig nach!

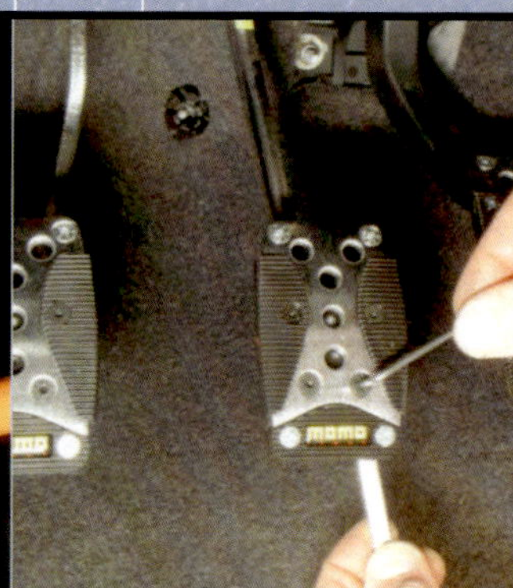

Achtung!

Sicherheitshalber sollte man die Pedale eintragen lassen und mit seiner Versicherung sprechen. Es gab Fälle in denen die Versicherung nicht zahlen wollte.

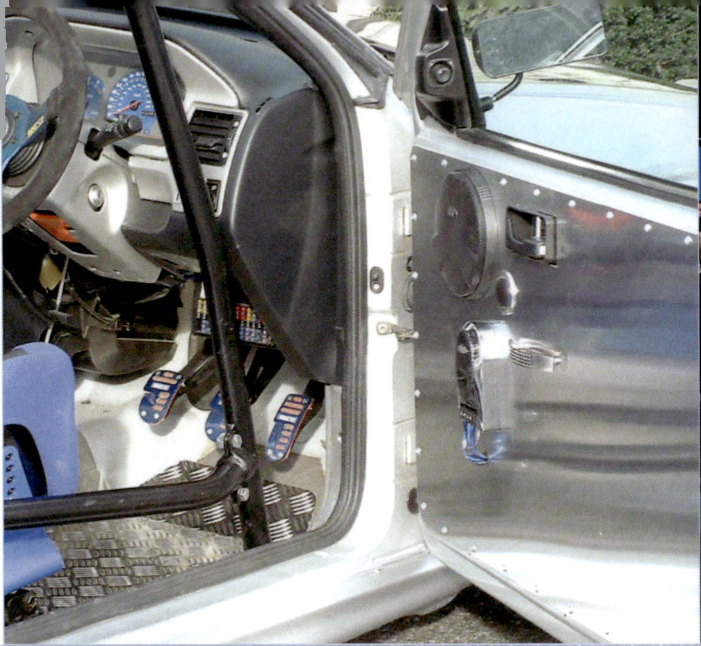

Der persönliche Touch vom Kollegen Sattler

Wem alle bisher vorgeschlagenen Änderungen nicht radikal genug erscheinen, muss mit dem Kollegen Sattler sprechen. Diese Fachleute vollbringen wahre Wunder und können quasi jedes Teil mit jeder Art von Material beziehen.

Wer seinen Focus-Innenraum beispielsweise in Lila und Schwarz hüllen will, sollte unbedingt einmal mit einem Sattler sprechen. Diese Jungs können nicht nur alte Sofas neu beziehen, sondern auch Sitze, Rückbänke und Verkleidungen. Die Auswahl an Materialien ist riesengroß und reicht von Stoff über Kunstleder und Alcantara bis zu echten Kuhhäuten. Dazu kann das jeweilige Material in fast jeder Farbe geliefert werden. Wenn man an die Kombinationen denkt, gibt es mehr als eine Million Möglichkeiten. Doch auch für den mutigen Selbstmacher ist der Sattler die erste Anlaufstelle. Dort gibt es das Material und auch den Kleber – und vielleicht noch den einen oder anderen Tipp.

Doch auch die Sitzhersteller sind auf diesem Gebiet nicht untätig: Manche, wie zum Beispiel die Firma Cobra mit Sitz in Großbritannien, bieten sogar eigene Sattlerarbeiten an. Dabei kümmern sich die hauseigenen Sattler auch gleich mit um die Rückbank und die Seitenverkleidung. Auch Extrawünsche bei den Sitzen aus dem Standard-Lieferprogramm können berücksichtigt werden: Wer also im umfangreichen Programm nicht fündig wird, kann ja nach einem ganz individuellen Einzelstück fragen. Denn Fragen kostet bekanntlich nichts.

Sitze ausbauen

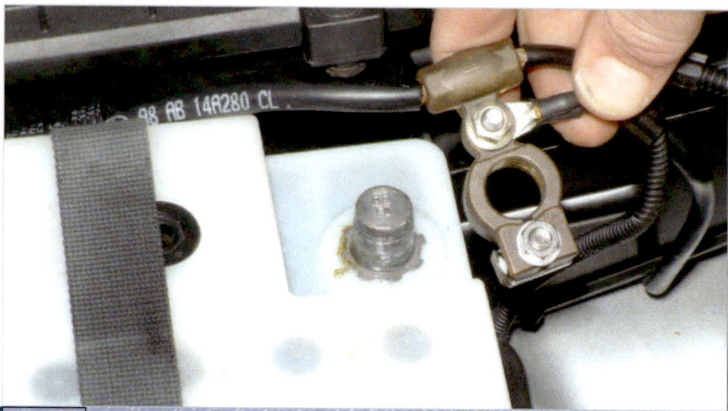

01 Da die Sitze eingebaute Gurtstraffer haben, die wie ein Airbag behandelt werden müssen, klemmen wir zunächst die Batterie an beiden Polen ab und warten mindestens zehn Minuten. Um das Problem deutlich zu machen: Es sind schon Mechaniker umgekommen, die sich, aus welchen Gründen auch immer, nicht an diese Vorschrift gehalten haben!

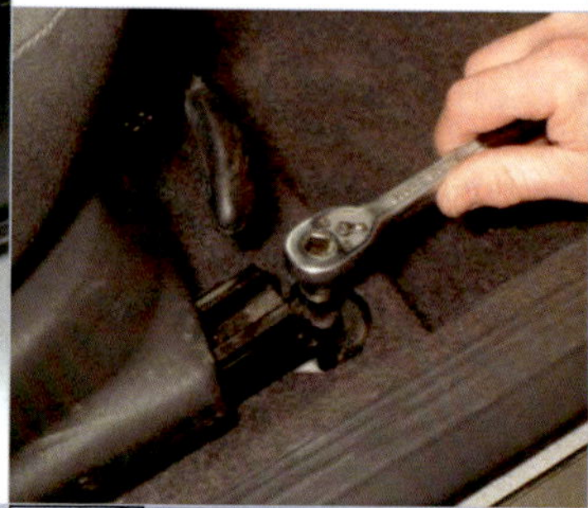

02 Dann schieben wir den Sitz ganz nach hinten, entfernen die Plastikabdeckung und lösen anschließend die beiden großen Torx-Schrauben.

03 Dann schieben wir den Sitz ganz nach vorn und enfernen auch hier die Abdeckung über den Schrauben. Hoppla, diese ist gut angeklebt! Dann die Schrauben lösen.

04 Die Stecker unter dem Sitz müssen alle getrennt sein (10 Minuten schon um?), bevor der Sitz herausgehoben wird.

05 Die hintere Sitzbank ist dagegen blitzschnell ausgebaut. Bolzen links und rechts ausbauen, Sitzbank anheben und wegtragen.

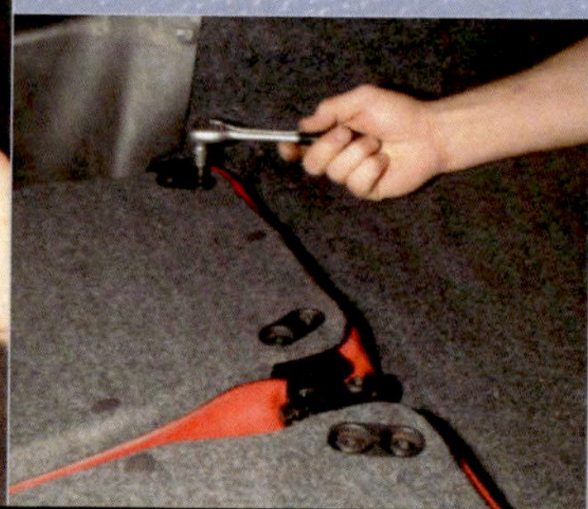

06 Die Rückenlehnen nach vorne klappen, dann werden die vier Befestigungsschrauben sichtbar.

07 In der Mitte befindet sich noch eine Sicherungsplatte, die beide Sitzhälften miteinander verbindet. Sobald die Platte abgeschraubt ist, lassen sich die Teile der Rückenlehne problemlos herausnehmen.

Sitze einbauen

Bevor die neuen Sitze ins Auto können, gibt es noch ein wenig zu tun: Zum Beispiel müssen die passenden Konsolen an den Sitz geschraubt werden. Dazu drehen wir den Sitz auf den Kopf (ist die Unterlage auch sauber?) und schieben die Laufschienen abwechselnd nach vorn und hinten um die Schrauben anziehen zu können.

01

Am alten Sitz bauen wir das Gurtschloss, die Stecker und den Kabelbaum des Gurtstraffers aus. Am Stecker muss dazu eine Verriegelung gelöst werden. Dann den Kabelbaum ringsum aushängen.

02

Das Gurtschloss und der Gurtstraffer sind als Einheit mit einer dicken Torx-Schraube am Rahmen befestigt. Alles zusammen vorsichtig abnehmen und nicht fallen lassen!

03

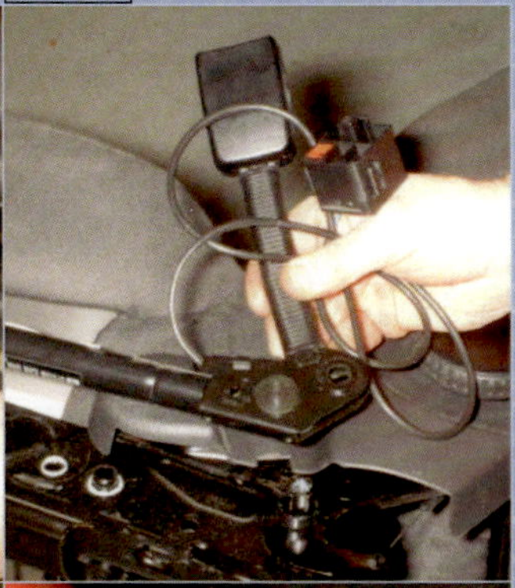

04 Die ganze EInheit wird an der neuen Sitzkonsole befstigt und mit 38 Nm festgezogen. Ein Tropfen Schraubensicherungslack auf dem Bolzen ist dabei sicher kein Fehler.

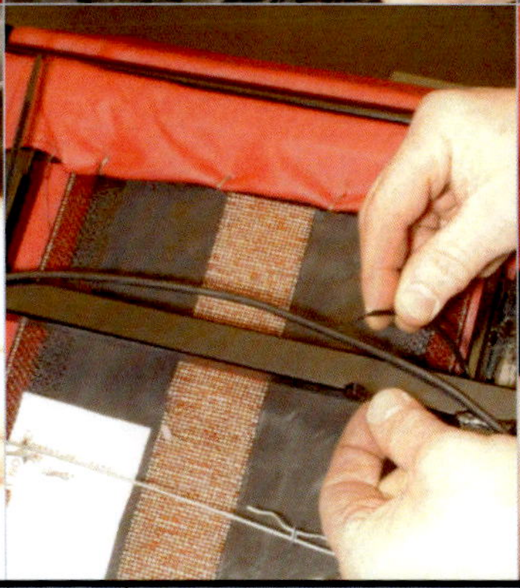

05 Der Kabelbaum muss sorgfältig verlegt und gesichert werden. Wenn der Kabelbaum beschädigt wird, kann der Airbag auslösen!

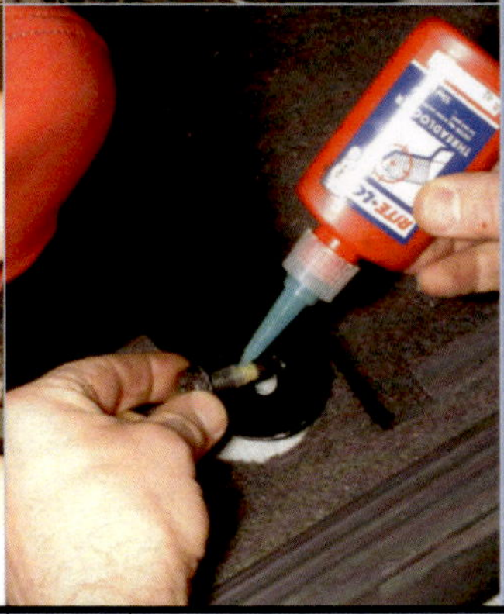

06 Auch an den Befestigungschrauben der Laufschienen kann Schraubensicherungslack nicht schaden. Die Schrauben werden übrigens mit 28 Nm angezogen.

01 Hier kommen sie also her – die berühmten Cobra Sitze. Mal sehen, was hinter diesen Mauern geschieht.

02 Und hier stehen auch schon unsere zwei Sonderanfertigungen. Der Sattler, der diese zwei Schmuckstücke in knallrotes Leder gehüllt hat, ist bereits mit der Rückbank beschäftigt.

Leder-Bezüge

03 Dazu entfernt der Spezialist zuerst den alten Bezug, der mit kleinen Ösen an der Unterseite befestigt ist.

04 Doch anstatt den alten Bezug wegzuschmeißen, beschriftet der gute Mann das Stück Stoff sorgfältig. Er will dieses Stück als Schablone für das Leder nutzen. Sehr schlau, denn wir wussten ja, dass der Original-Bezug perfekt gepasst hat.

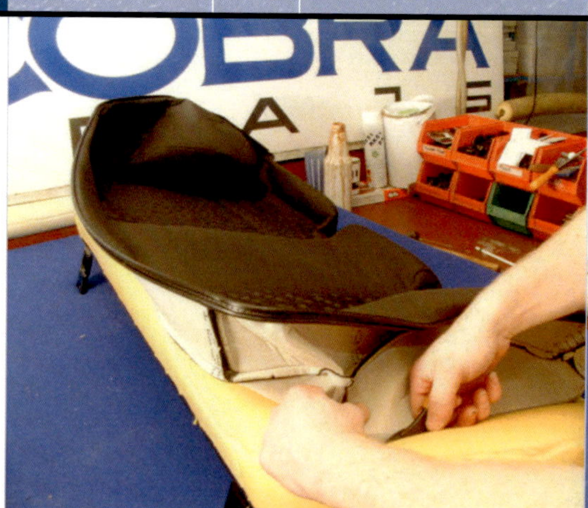

05 Dazu wird der alte Bezug in seine Einzelteile zerlegt.

06 Die Teile werden dann auf dem Leder ausgelegt und der spezielle Handschuh signalisiert was gleich passieren wird..

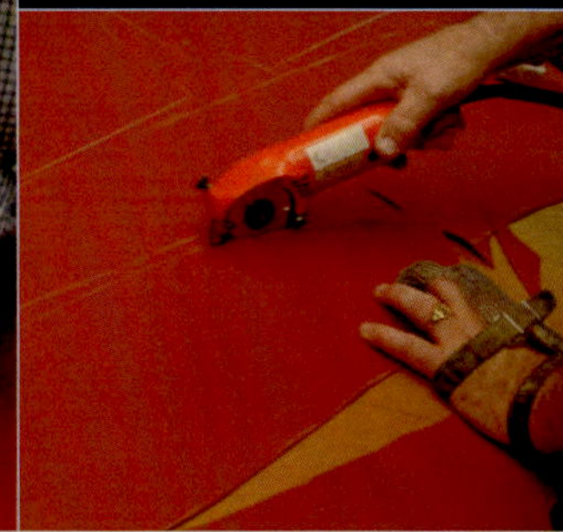

07 Mit einem extrem scharfen Werkzeug wird das Leder dann zugeschnitten.

Auch hier wird fleißig zugeschnitten. Das Leder wird nämlich mit einer dünnen Schaumstoffauflage hinterfüttert. Diese Unterlage sorgt dafür, dass das Leder schön straff und gespannt wirkt. 08

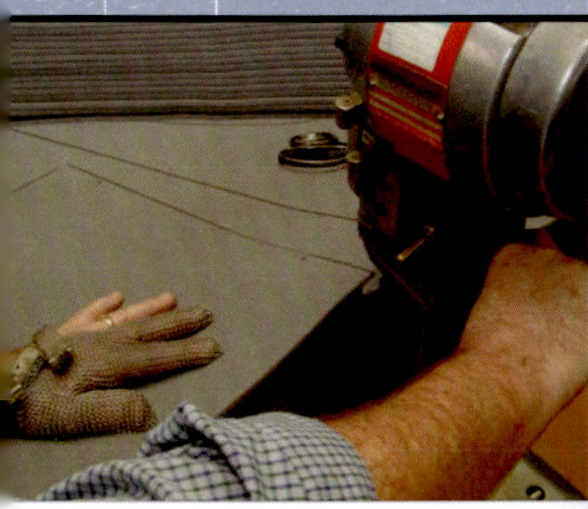

Mit der Nähmaschine werden dann unter kundigen Händen der Schaum mit dem Leder und die einzelnen Lederstücke miteinander verbunden. Das geschieht in atemberaubender Geschwindigkeit und trotzdem ist die Qualität bestechend. Das geht nur mit jahrelanger Übung! 09

Der spannende Moment: Der fertige Lederbezug wird auf das Polster gespannt. Hier ist viel Kraft gefragt, denn das Leder ist viel stabiler als der alte Stoff. An der Unterseite wird der Bezug mit zahlreichen Haken und Ösen befestigt. 10

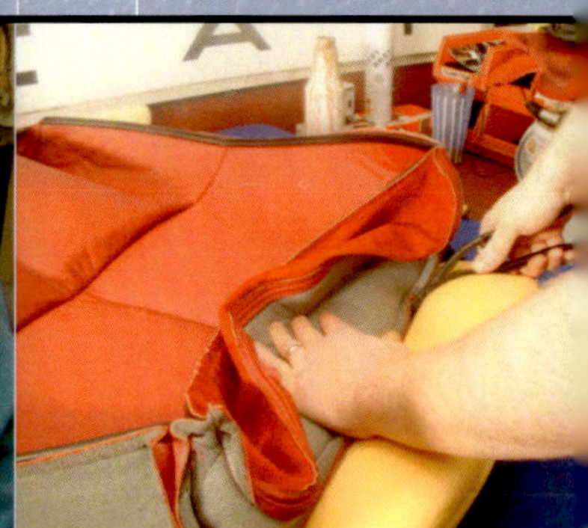

Türverkleidung beziehen

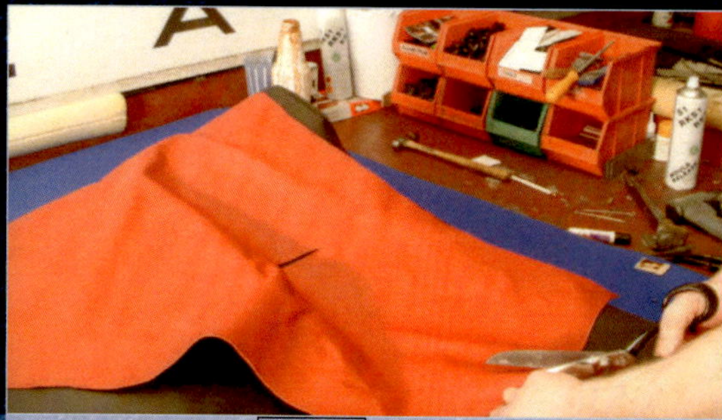

01 Mit unseren Sitzen allein wären wir schon glücklich, noch glücklicher sind wir, wenn auch die Seitenverkleidungen im gleichen Material bezogen sind. Unser Sattler schneidet das nötige Material per Augenmaß zu, jeder andere hätte sicher eine Schablone angefertigt.

02 Mit einem superstarken Industriekleber wird das Leder und die Seitenverkleidung satt eingestrichen.

03 Dann wird das Leder falten- und blasenfrei auf die Verkleidung geklebt.

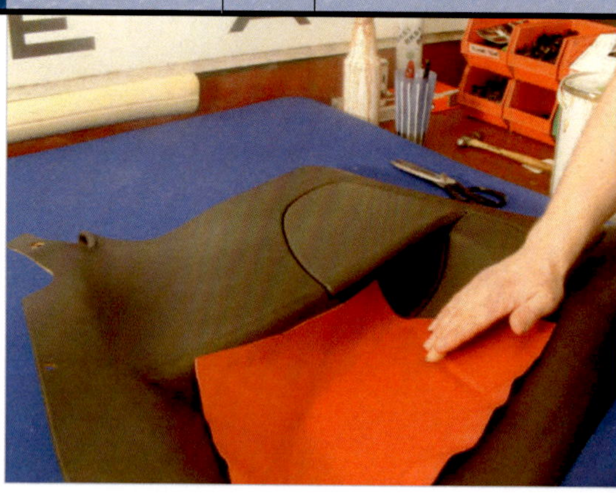

04 Mit einem stumpfen Werkzeug drückt der Spezialist das Leder in die Kanten und Absätze der Verkleidung. Das ist schwerer als es sich anhört, denn das Leder darf dabei nicht verkratzt und durchstochen werden.

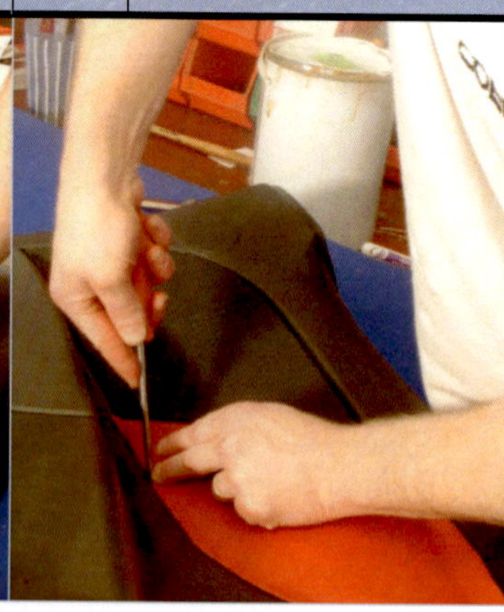

05 Wir konnten es kaum erwarten, die fertigen Teile nach Hause zu bringen um sie einzubauen!

Renn-Gurte

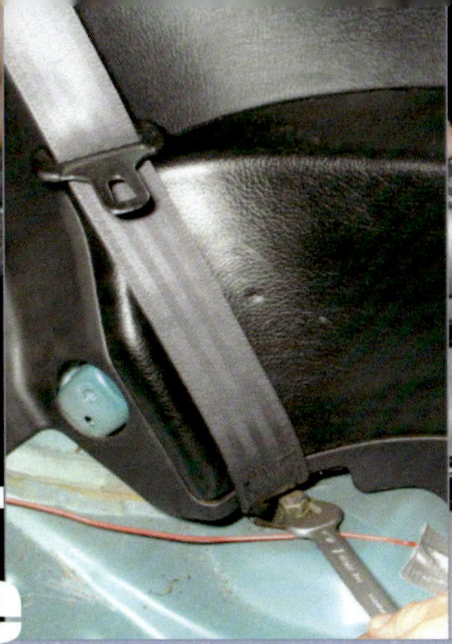

Richtige Renngurte, auch Hosenträgergurte genannt, sind nicht besonders bequem. Doch wer baut schon Sportsitze ein, um dann die Gurtdurchführungen nicht zu nutzen?

Das Problem bei solchen Gurten ist die Befestigung. Selbst wenn man einen Gurt benutzt, der hinten zusammengeführt ist und so nur einen Befestigungspunkt der Rücksitze benutzt, kann hinten eigentlich niemand mehr sitzen. Abgesehen davon, dass der Gurt im Weg ist, müssen beide Gurte an einem gemeinsamen Bolzen befestigt werden. Und dazu brauchen wir einen längeren Bolzen. Die einfachste Möglichkeit ist die Rücksitze auszubauen und einen reinen Zweisitzer aus dem Auto zu machen. Der Raum hinter den Vordersitzen kann dann für eine Anlage oder einen Überrollkäfig genutzt werden. So wichtig die Gurte für das gesamte Erscheinungsbild des Innenraums sind – bei sicherheitsrelevanten Dingen wie diesen gibt es keine halben Sachen.

Eines sollte man auf keinen Fall versuchen: Sich eigene Gurtbefestigungen zu basteln. Die Ford-Ingenieure haben viel Zeit und Energie darauf verwendet, die Gurte solide zu befestigen. Einfach Löcher zu bohren und daran Dinge zu befestigen, mag bei Lautsprechern und ähnlichen Einbauten o.k. sein – bei Gurten ist so etwas lebensgefährlich. Die Kräfte, die bei einem schweren Unfall auftreten, sind so enorm, dass wir uns nicht einmal sicher sind, ob das Herumschlingen um eine hintere Domstrebe ausreichen ist. Die auf dem Markt erhältlichen Domstreben sind meist aus Aluminium und so dünn, das man sie schon mit der Hand biegen kann. Darauf sollte man sich nicht verlassen! Das gilt auch für Gurte, die kein EC-Prüfzeichen haben. Ohne das kleine Schild gibt es auch garantiert Ärger beim TÜV.

Die serienmäßigen Gurte auszubauen ist nicht sonderlich schwer, sofern man sich an die üblichen Spielregeln im Umgang mit Gurtstraffern und Co hält. In die Original-Befestigungen werden statt der Bolzen dann Ringösen eingedreht, in welche die H-Gurte dann mit einem speziellen Hakenschloss eingeclipst werden. Die Ringösen müssen natürlich vollständig eingedreht und lang genug sein. Bei den neuen Konsolen sollten die entsprechenden Gewinde vorhanden sein.

Jetzt noch einmal im Klartext: Von den Gurten hängt das Leben ab! Schummeln und Pfuschen ist hier nicht angesagt!

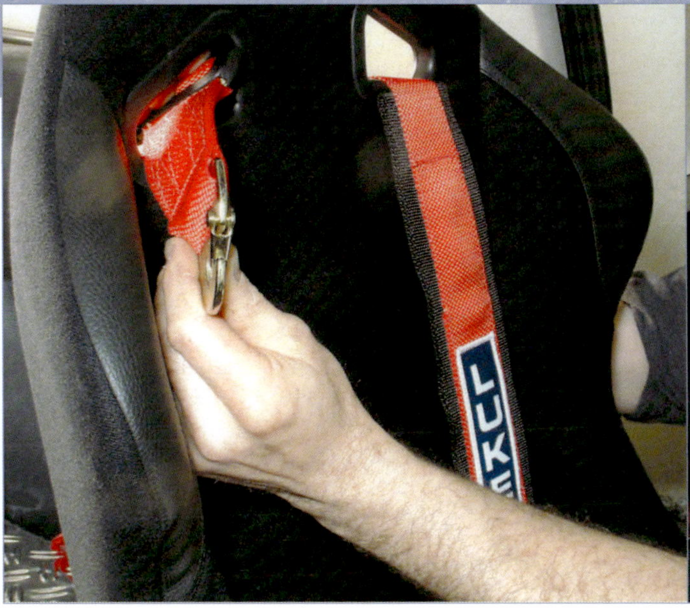

Radio und Multimedia

Die Zeiten, als ein Serienradio nur Krätzen und Rauschen verursachte, sind zum Glück längst vorbei. Doch was wäre ein Tuning-Auto ohne maßgeschneiderte Anlage? Leider haben die Jungs von Ford ab Werk ein Riesen-Gerät installiert, was die Verwendung einer anderen Steuereinheit etwas komplizierter macht. Doch keine Angst vor dem großen Loch im Armaturenträger – längst gibt es dafür vernünftige Nachrüstlösungen.

Wer sein Standard-Radioteil gegen ein modernes Headset (oder Steuerteil für weitere Funktionen) tauschen will, hat die Qual der Wahl. Von einfachen CD-Radios bis hin zu integrierten Navigationssystemen oder Videoplayern findet sich alles. Die darauf spezialisierten Magazine oder auch das Netz bieten Hilfestellung für den Einkauf. Den Einbau können wir selbst erledigen.

In unserem Fall installieren wir ein Kenwood KDC-7024 das zwar nur CDs abspielen kann – diese dafür aber sehr gut.

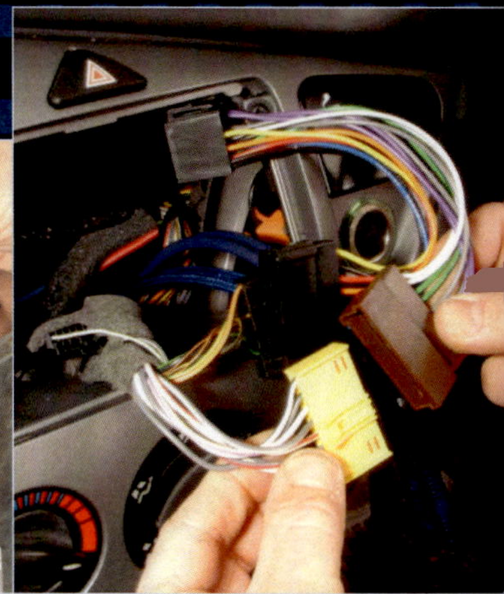

01 Für den Ausbau der alten Einheit brauchen wir diese Bügel. Sollten die Bügel nicht mehr vorhanden sein, gibt es diese für ein paar Euro beim netten Ford-Händler. Bei sehr netten Händlern sogar umsonst.

02 Ford hat leider keine ISO-Stecker für die Stromversorgung und die Lautsprecher verwendet. Doch wofür gibt es Adapter? Also Vorsicht mit dem Kabelbaum!

03 Die Adapter werden an den Kabelbaum gesteckt. Damit ändert sich die Belegung ganz ohne Löten, so dass jedes handelsübliche Radio angeschlossen werden kann. Übrigens lässt sich auf diese Weise auch das alte Radio wieder blitzschnell einbauen. Zum Beispiel vor dem Verkauf.

ISO Kabelfarben

Stecker schwarz (Strom)	Stecker braun (Lautsprecher)
Rot - 12V Dauerplus	Weiß - vorne links
Gelb - Radio Memory	Grau - vorne rechts
Schwarz - Masse	Grün - hinten links
Blau - Remote/Verstärker	Lila - hinten rechts
Orange - Beleuchtung	

04 Damit das Radio später sicher sitzt, wird ein Blechkäfig in den Ausschnitt geschoben. Durch diesen Käfig müssen alle Kabel durchgezogen werden, auch die für den Verstärker und den CD-Wechsler – sofern vorhanden.

05 Wird der verbleibende Raum oberhalb des Käfigs nicht gebraucht, kann er mit einer solchen Blende verschlossen werden. Vielleicht kommt aber noch ein ausfahrbarer Bildschirm dazu...

06 Naja, diesmal wohl noch nicht. Den Käfig befestigen wir, indem wir die Blechzungen mit einem Schraubendreher umbiegen.

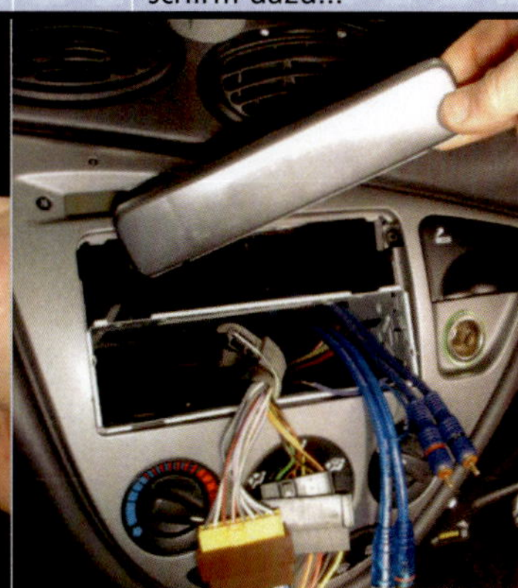

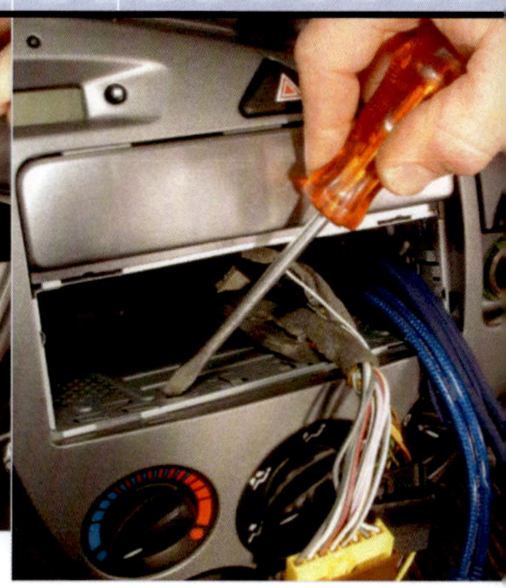

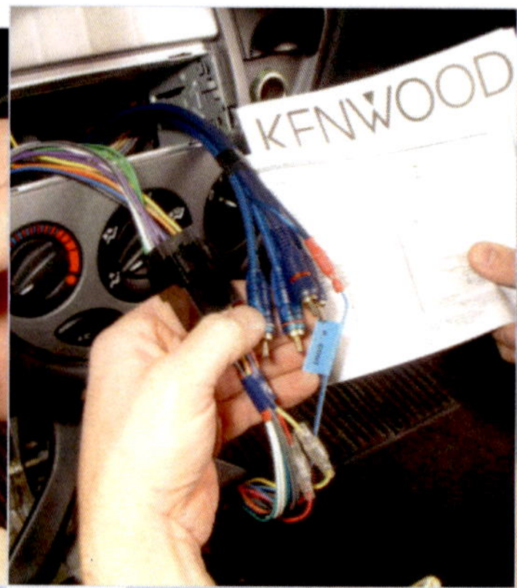

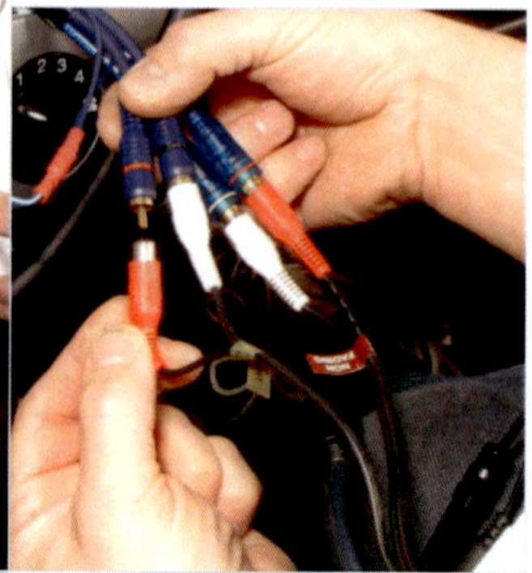

07 Verwirrend, aber eigentlich kein Problem: An die ISO-Stecker kommt ein kleiner Kenwood-spezifischer Kabelbaum.

08 Damit die Verstärker ein- und ausgeschaltet werden, brauchen wir das blaue (in manchen Fällen blau/weiße) Kabel vom Radio. Glücklicherweise ist in unseren Chinch-Kabeln ein kleines, drittes Kabel eingearbeitet. So landen wir automatisch an den Verstärkern.

09 Zur Sicherheit noch ein Blick in die Bedienungsanleitung...

10 ...und schon sind die letzten Kabel angeschlossen.

11 Hoppla, beinahe die Antenne für den Verkehrsfunk vergessen!

12 Jetzt kommt der große Moment: Anstecken und ausprobieren! Funktioniert das Radio, der Verstärker und der CD-Wechsler?

13 Dann nichts wie rein mit der Steuereinheit. Wahrscheinlich werden die vielen Kabel ein sauberes Einrasten zunächst verhindern, doch Geduld zahlt sich hier am Ende aus. Wer dagegen die Kabel quetscht oder abreißt, darf noch einmal von vorne anfangen.

Hintere Lautsprecher

Einbau in der Hutablage

01 Egal welche Hutablage wir nun verwenden, die Löcher müssen sorgfältig angezeichnet werden.

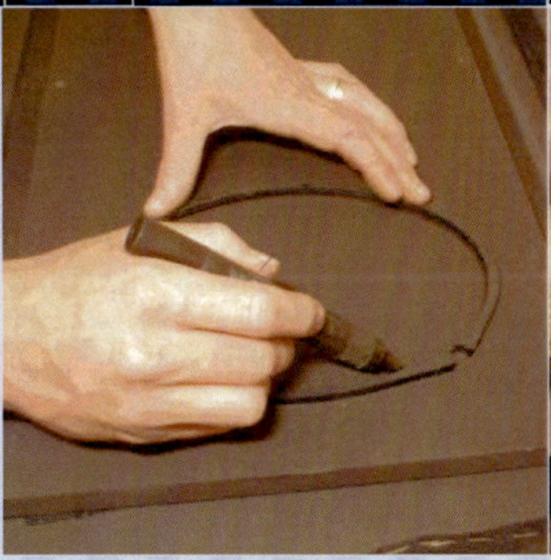

02 Innerhalb der Markierung bohren wir ein schönes großes Loch – den Rest besorgt dann die Stichsäge.

Der Einbau von 6x9 Lautsprechern ist keine große Sache. Am besten sind diese in der Hutablage aufgehoben. Eine stabile MDF-Platte ist dafür wesentlich besser geeignet als das instabile Serienteil. In unserem Fall werden die Lautsprecher verdeckt eingebaut.

Neben der Hutablage gibt es bei einem dreitürigen Focus auch noch eine weitere Möglichkeit die Lautsprecher einzubauen: Nämlich in den hinteren Seitenverkleidungen. Dort sind schon passende Öffnungen für 6x9 Lautsprecher vorhanden, in die mit ein wenig Nacharbeit auch hochwertige Komponenten passen.

03 Die Lautsprecher (oder deren Rahmen) dienen uns als Vorlage für die Schraubenlöcher.

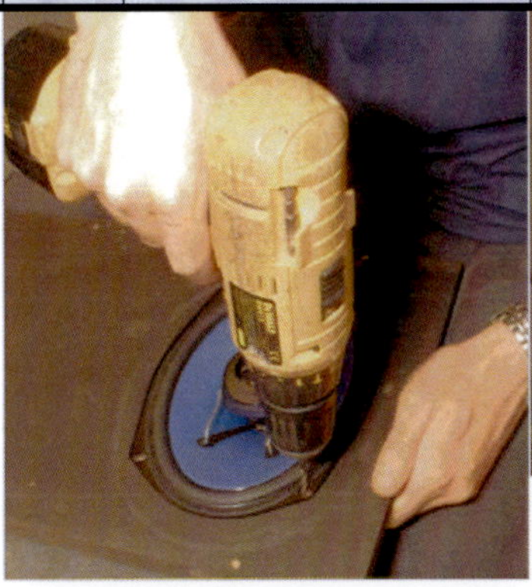

04 Anschließend werden die Lautsprecher von unten an die Ablage geschraubt.

05 Bei der Verkabelung ist darauf zu achten, dass die Kabellängen gleich lang sein sollten. Dann werden die Kabel sauber verlegt und mit den richtigen Steckern angeschlossen. Wer seine Ablage öfter herausnehmen möchte, um zum Beispiel sperrige Dinge im Kofferraum unterzubringen, kann in die Leitung zur Ablage einen Stecker einbauen. Dieser sollte von guter Qualität sein und keine Übergangswiderstände erzeugen.

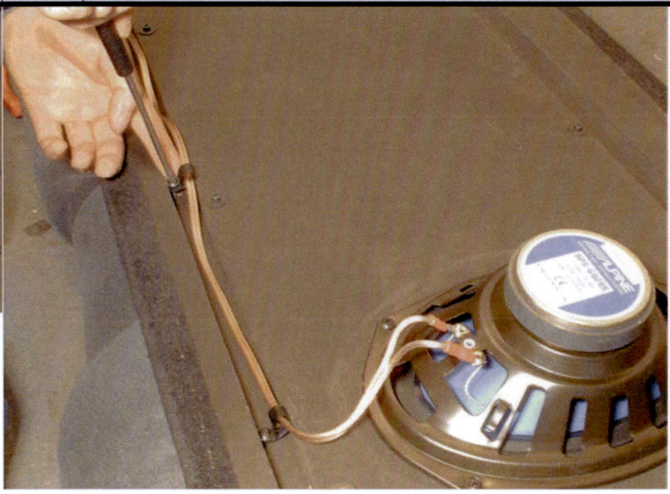

Achtung!
Eine MDF-Platte kann ungesunde Stoffe enthalten. Beim Sägen und Schleifen besser eine Atemschutzmaske tragen!

Einbau in der hinteren Seitenverkleidung

01 So bald die Seitenverkleidung ab ist, kann der Lautsprecher gelöst werden.

02 Nach dem Abziehen des Steckers kann das billige Serienteil in die Tonne.

03 Das sieht doch schon viel besser aus! Leider fehlt ein wenig Einbautiefe.

04 Doch auch dafür gibt es eine Lösung. Mit einer Dose, die den gleichen Umfang wie unser Magnet hat, zeichnen wir tapfer an...

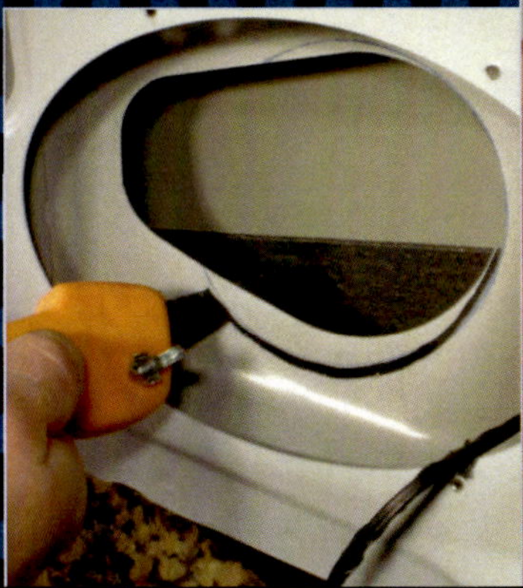

05 ... und vergrößern das Loch entsprechend.

06 Na also, passt doch! Jetzt brauchen wir nur noch Befestigungslöcher, damit der Lautsprecher bombenfest sitzt und später nichts scheppert.

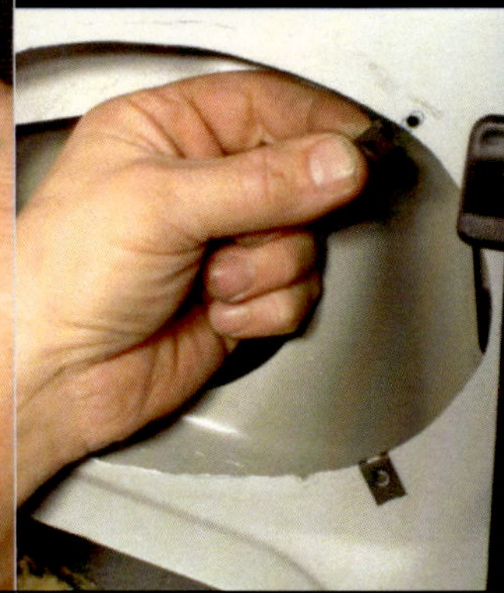

07 Über die Löcher kommen Klammern aus Stahl, in die sich die Schrauben krallen können.

08 Doch damit nicht genug: Wir wollen das Blech noch dämmen.

09 Nach dem Reinigen kommen mehrere Lagen selbstklebender Dämmmatte in die Öffnung.

10 Nach dem Anschließen der Kabel wird der Lautsprecher eingebaut und getestet. Das Ergebnis ist erstaunlich, kann hier aber leider nicht wiedergegeben werden.

Vordere Lautsprecher

Die Serienteile im Focus sprechen die Sprache aller Hersteller: Billig soll der Lautsprecher sein, wer besseren Klang will, muss sich selber darum kümmern. Was aber nicht schwer ist.
Glücklicherweise hat Ford sich wenigstens für ovale Lautsprecher entschieden, die dem beliebten 6x9-Format fast exakt entsprechen. Das heißt, es passen ohne große Änderungen eine Vielzahl von Nachrüst-Lautsprechern. Der einzige limitierende Faktor ist die Einbautiefe.

01 Wenn die Türverkleidung abgebaut ist (siehe Kapitel Innenraum), kann der alte Lautsprecher schnell ausgebaut werden.

02 Der Stecker ist ein wenig trickreich, aber auch abzubekommen.

07 Eine der besten Folien für diesen Zweck kommt von Dynamat. Etwas günstiger ist das Material mit dem schönen Namen Brown Bread. Noch billiger ist das hier: selbstklebende Dachpappe aus dem Baumarkt.

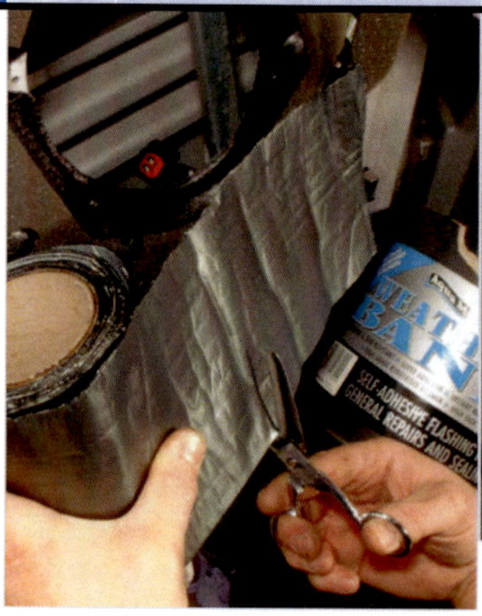

08 Die Flächen in der Tür sollten großzügig beklebt werden. Keine einfache Aufgabe, da das Material relativ unhandlich ist. Noch zwei Tipps dazu: Das Material lässt sich angewärmt leichter verarbeiten und Vorsicht mit der Metallfolie! Diese ist messerscharf!

09 Die frischen Kabel sollten gleich lang sein und einen ausreichenden Querschnitt haben. Wenn die Kabel in einem Stück bis zum Verstärker oder an das Radio gehen ist das für den Klang von Vorteil. Achtung! Der große Steckanschluss ist die Plus-Leitung, also nicht durcheinander bringen!

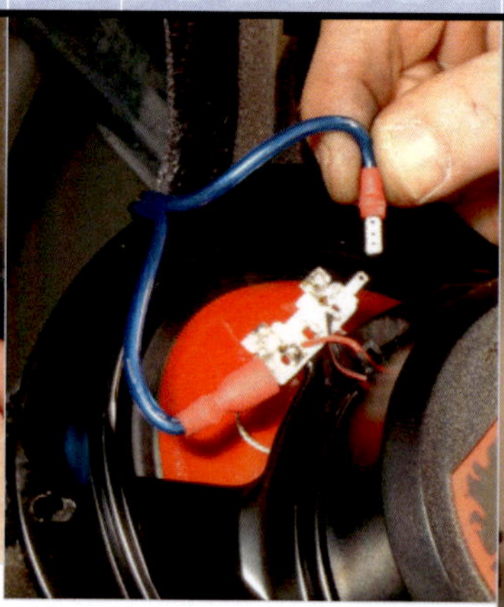

10 Wer die Serienkabel benutzt, kann weiterlesen. Wir wollen aber neue Kabel verlegen und schnitzen deshalb ein kleines Loch in die Durchführung an der Tür.

03 Wenn der neue Lautsprecher über keinen allzu starken Magneten verfügt, sollte er problemlos passen. Trotzdem die Fenster zur Sicherheit ganz nach unten fahren.

04 Wenn auch noch die Befestigungslöcher passen, haben wir ganz viel Glück gehabt. Wahrscheinlich passen aber nur ein oder zwei...

05 Da wir mutig sind, bohren wir die fehlenden Löcher direkt durch das Lautsprechergehäuse.

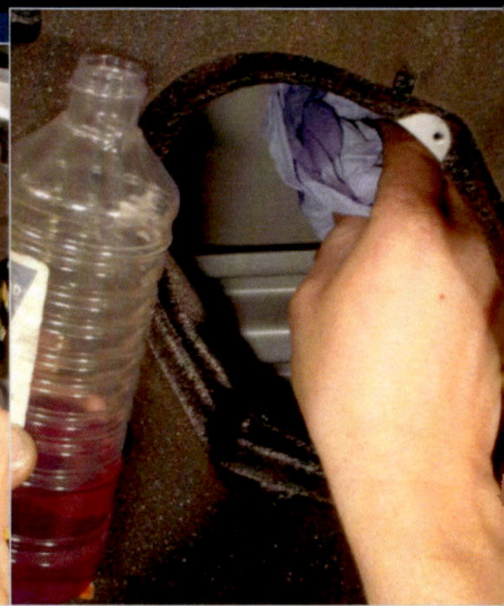

06 Da die großen Flächen in der Tür bei unserem neuen Lautsprecher garantiert scheppern werden, dämmen wir die Tür. Dazu muss die Klebefläche zunächst gereinigt werden.

11 Unterhalb der Durchführung gibt es an der A-Säule einen weiteren Gummi-Pfropfen. Hier soll unser Kabel durchgeführt werden.

12 Die zwei Gummipfropfen dichten zuverlässig ab.

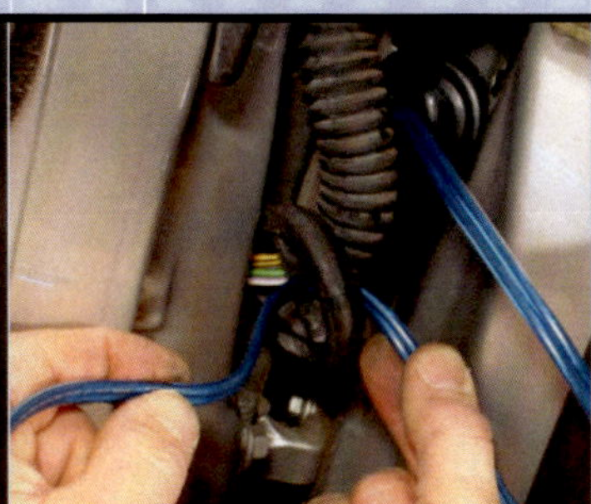

13 Damit das auch so bleibt, kommt noch ein Tropfen Silikon oben drauf. Wichtig ist auch, dass das Kabel nicht knickt und eingeklemmt werden kann.

14 Zu guter Letzt schrauben wir den Lautsprecher in die Tür und machen einen Sound-Check.

Subwoofer

Kein Soundsystem wäre komplett ohne den drückenden Tiefbass. Die einfachste Möglichkeit ist eine fertige Bassbox im Kofferraum. Aber wir wollen ein bisschen mehr und die Größe des verbleibenden Kofferraums ist uns dabei egal.

Der Focus hat einen relativ geräumigen Kofferraum. Eine Bassbox würde darin nicht sonderlich stören und ließe sich herausnehmen, falls einmal ein Umzug oder Großeinkauf ansteht. Leider können solche Boxen nur selten den gleichen druckvollen Bass liefern wie ein Festeinbau. Mit etwas Geschick und Werkzeug zur Holzbearbeitung lässt sich auch ein maßgeschneidertes System unterbringen.

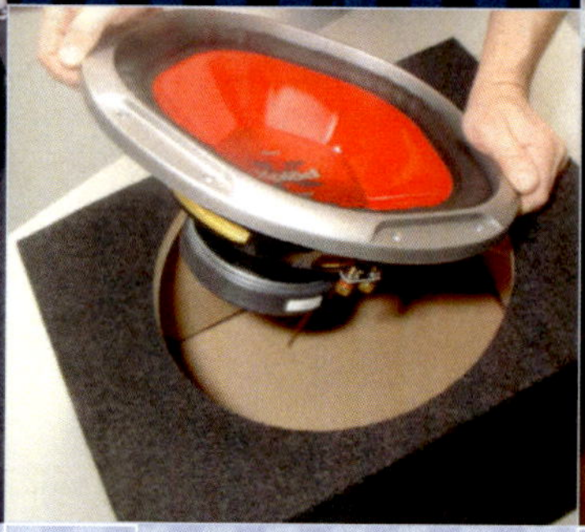

01 Die individuelle Platte oder Kiste ist schnell hergestellt und mit Stoff bezogen. Wichtig dabei ist, dass der Woofer perfekt sitzt.

02 Ein zweiter sehr wichtiger Punkt ist der richtige Anschluss der Kabel. Werden Plus und Minus vertauscht, kann der dann gegenläufige Woofer die Bass-Frequenzen auslöschen.

03 Damit der Woofer perfekt sitzt, bohren wir die Löcher durch den Montagering. Ein Abrutschen kann dabei fatale Folgen haben.

04 Die Schrauben müssen sicher greifen und den Woofer in jeder Situation sicher an seinem Platz halten.

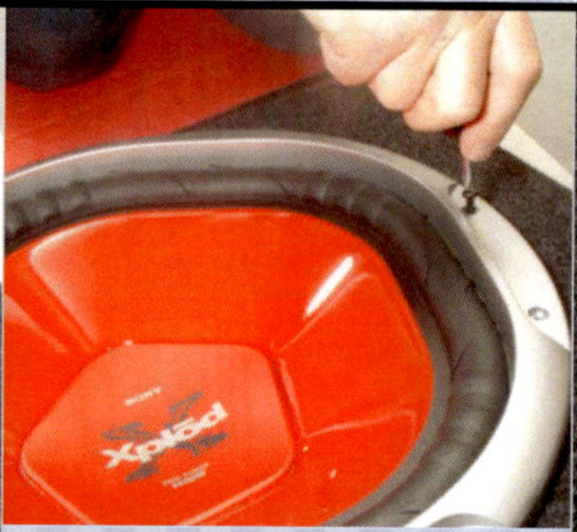

05 Mit Hilfe eines solchen Anschlussterminals kann der Woofer auch herausgenommen werden. Die Kabel sollten am Ende verzinnt werden, um die Gefahr von einzelnen losen Drähten, die durchaus Kurzschlüsse verursachen können, zu vermeiden.

Achtung!
Eine lose im Kofferraum liegende Bassbox ist lebensgefährlich!. Bei einem Unfall wird die nicht gerade leichte Kiste zum Geschoss, das mühelos Sitzlehnen knackt. Also unbedingt festbinden oder besser noch festschrauben!

Monitore

Gelangweilt von CDs und Radio? Kein Problem, mittlerweile ist ein Monitor schon für relativ kleines Geld zu haben. Daran lässt sich dann ein DVD-Player oder eine Spielekonsole anschließen. So wird selbst der größte Stau zum Vergnügen – beim Fahren sollte man sich damit allerdings nicht erwischen lassen.

01 Der schwierigste Punkt bei der Montage des Monitors ist die Festlegung des richtigen Ortes. Wir entscheiden uns für den Punkt zwischen den Lüftungsöffnungen. So können alle Passagiere etwas sehen und der Fahrer auch noch die Straße.

02 Wenn das Handschuhfach ausgebaut ist, kann das Lüftungsgitter von innen herausgedrückt werden. Das macht die Montage deutlich einfacher.

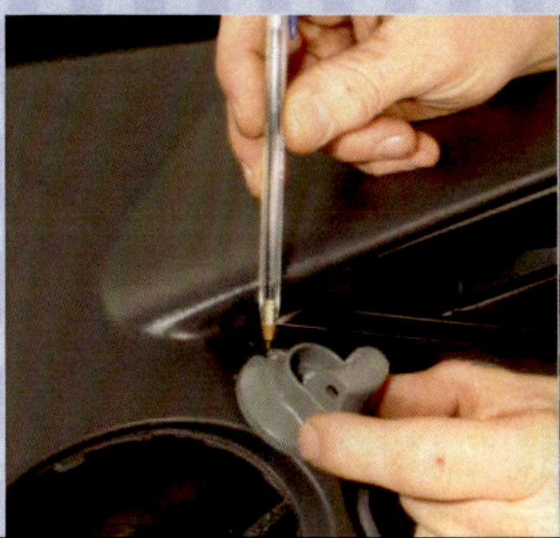

03 Den Fuß bauen wir ab und nehmen Maß...

04 ...bevor wir ein schönes Loch in den Armaturenträger bohren.

05 Da durch das Loch auch noch die Kabel geführt werden, haben wir es gleich etwas größer gebohrt. Damit der Halter sicher sitzt, spendieren wir eine große Unterlagscheibe.

06 Dann kommt die ganze Einheit mit allen Kabeln an ihren Platz.

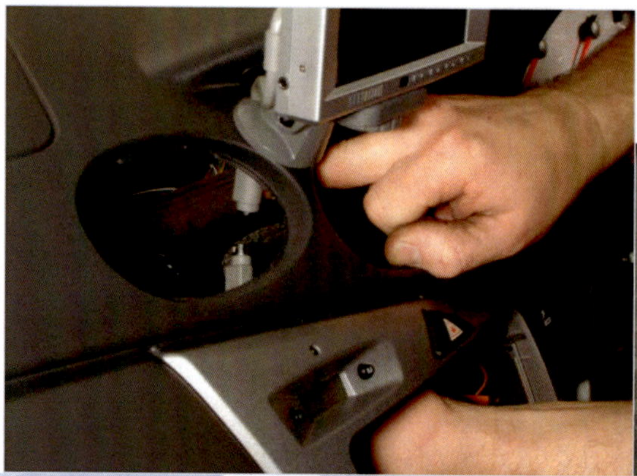

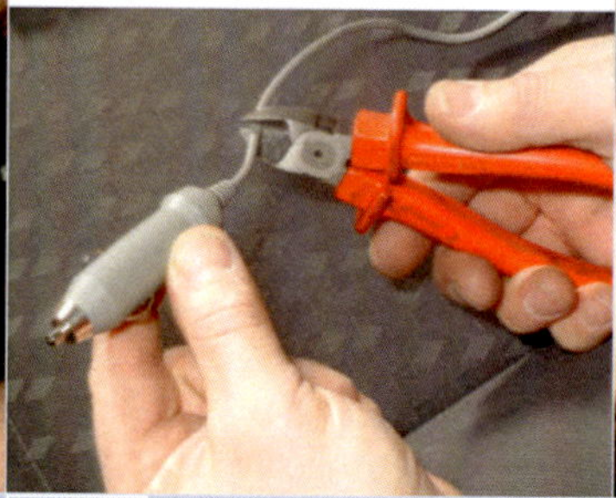

07 Dieser Bildschirm hat eingebaute Lautsprecher und sogar einen Kopfhöreran-schluss. Das alles funktioniert jetzt natürlich noch nicht, dazu müssen erst die Anschlüsse ergänzt werden.

08 Um das Video-Signal kümmern wir uns später. Als erstes wollen wir eine anständige Stromversorgung. Da uns der Adapter für den Zigarettenanzünder überhaupt nicht gefällt, schneiden wir ihn kurzerhand ab...

09 ...und führen das rote Kabel in unseren zusätzlichen Sicherungskasten.

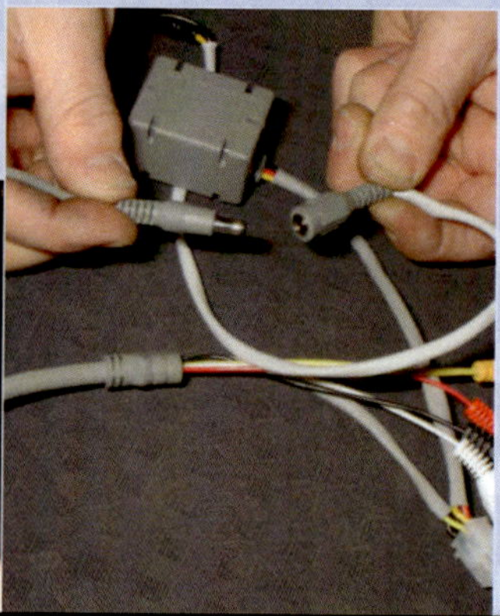

10 Für das schwarze Kabel besorgen wir uns einen direkten Zugang an die Fahrzeugmasse...

11 ...und schließen es mit Hilfe einer Ringöse und einer kleinen Blechschraube an.

12 Die andere Seite des früheren Adapters wird an den Monitor angeschlossen.

X-Box

Damit die Konsole funktioniert, brauchen wir einen Konverter, der aus dem 12 Volt-Bordnetz eine 230 Volt-Wechselspannung macht. Auch der Konverter kommt mit einem Adapter für den Zigarrettenanzünder – das kann natürlich so nicht bleiben.

01

Da der Konverter im Kofferraum sitzen soll, stellen wir dort einen Masseanschluss her,...

02

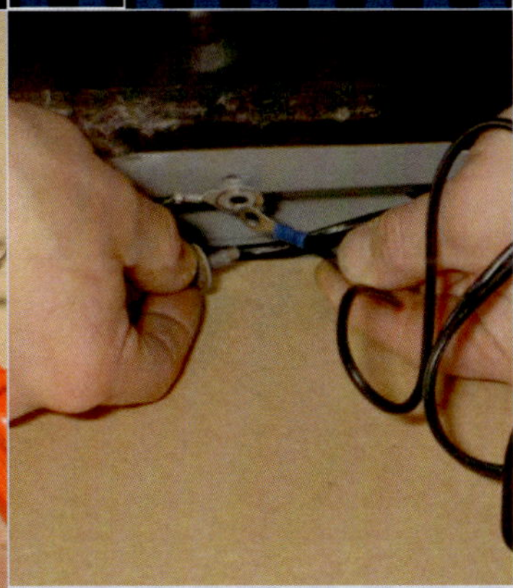

...löten die Plusleitung einfach an die Versorgungsleitung des Verstärkers...

03

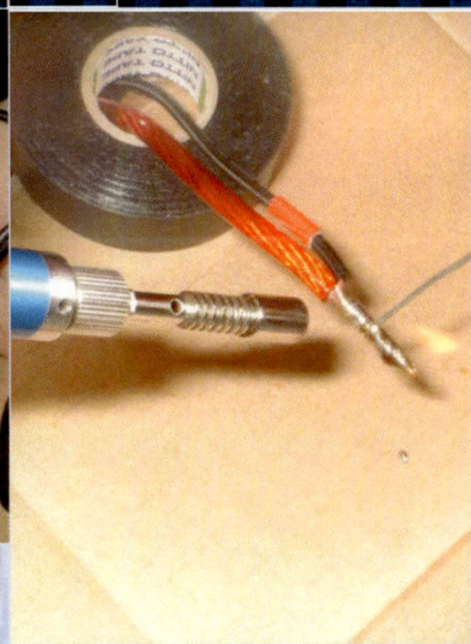

...und schließen das Ganze wieder an unserem Verteilerblock im Kofferraum an.

04

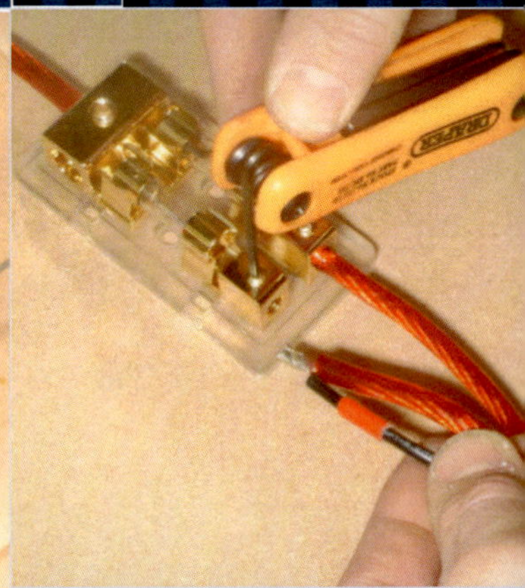

Die X-Box bezieht jetzt ihren Strom aus dem Konverter.

05

Fehlt eigentlich nur noch das Verbindungskabel zwischen X-Box und Monitor...

06

...und schon heißt es: „Start frei!" Der ganze Spaß kostet inklusive Konverter, Monitor und (gebrauchter) X-Box weniger als 500 Euro. Übrigens: Die X-Box passt perfekt in das Handschuhfach des Focus!

07

Kabelsalat

Für die meisten ist Elektrik der Horror – allein die Vorstellung vieler bunter Spaghetti, die aus dem Armaturenträger hängen, reicht, um viele in die Hände der Fachleute zu treiben. Aber mit ein wenig Logik und unter Beachtung von ein paar einfachen Grundregeln ist das Verkabeln von zusätzlichen Komponenten halb so wild.

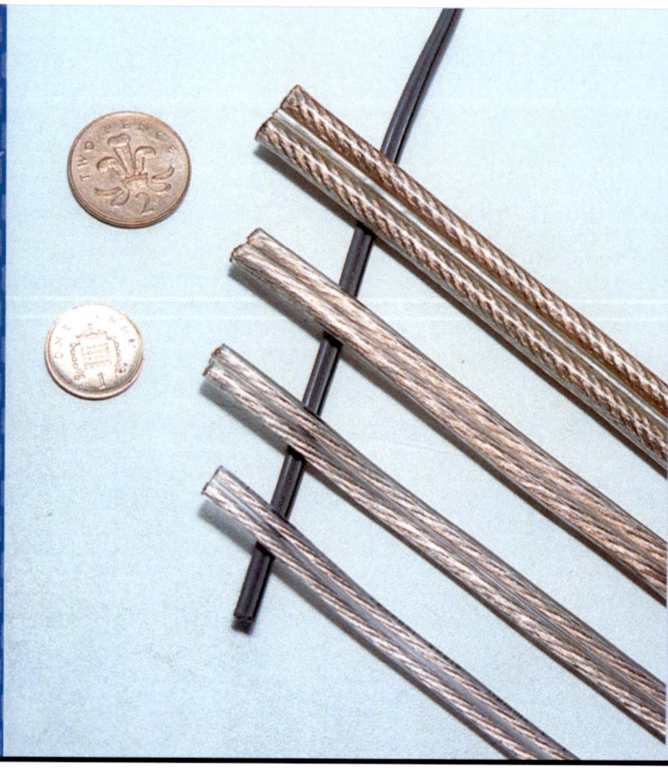

Stromversorgung

Während eine normale Steuereinheit durchaus vom normalen Focus-Kabelbaum aus versorgt werden kann (der durchaus Spitzenströme von 15 Ampère aushält) empfiehlt es sich die Verstärker mit einer stärkeren Leitung, direkt von der Batterie aus zu betreiben. Dazischen sitzt idealerweise ein Verteilerblock.

Wichtig ist, dass die Kabel eine vernünftige Dicke haben (8 oder besser 16 mm^2) und gleich hinter der Batterie eine entsprechend starke Sicherung sitzt. Werden von dem Verteilerblock aus mehrere Verbraucher versorgt, sollte jedes Bauteil nochmals einzeln abgesichert werden. Sauber gemacht, sorgt diese Verkabelung nicht nur für Sicherheit, sondern sieht auch gut aus.

Wissenswertes

Der Begriff Cinch bezeichnet ein nicht genormtes Verbindungssystem zur Übertragung von elektrischen Signalen. Der Name wurde möglicherweise vom englischen „to cinch" (festzurren) abgeleitet, oder aber von der amerikanischen Firma „Cinch Cooperation" geprägt. Die internationale Bezeichnung für diesen Steckertyp lautet übrigens RCA jack, da dieser von der „Radio Corporation of America" entwickelt wurde. In Amerika wurden diese Stecker schon in den frühen 40er Jahren für Plattenspieler verwendet, während hierzulande noch DIN und Bananenstecker üblich waren.

Lautsprecher und Cinch-Kabel

Wie bei allem, was mit Elektrik zu tun hat, gilt auch hier die Grundregel: Ordentlich und sauber arbeiten! Cinch und Lautsprecherkabel sind anfällig für Störsignale und sollten deshalb von stromführenden Leitungen getrennt verlegt werden. Auch von Steuergeräten sollte ein gewisser Abstand herrschen. Wer überschüssige Längen einfach aufwickelt, verschärft die Situation zusätzlich. Wenn nicht anders möglich, müssen die Kabel im Zick-Zack-Muster verlegt werden, besser ist es jedoch die Kabel zu kürzen. Zur Befestigung gibt es verschiedene Sorten von Clips. Wo keine Clips geschraubt werden können, sollten solche zum ankleben verwendet werden.

Lose Kabel sollten in regelmäßigen Abständen mit Klebeband oder Kabelbindern zusammengefasst werden. Aber wie bereits erwähnt: Signalgebende und stromführende Kabel immer voneinander trennen.

Ebenso wichtig ist der Umgang mit der Polung. Selbst wenn bei Lautsprechern in der Regel kein Kurzschluss entsteht, wird bei der Verpolung doch der Klangeindruck massiv gestört. Jeder Lautsprecher hat einen positiven (+) und einen negativen (-) Anschluss. Wer mit zweifarbigen Kabeln arbeitet ist im Vorteil, die meisten Lautsprecherkabel haben für diesen Zweck einen kleinen Unterschied zwischen beiden Litzen. Wer im Nachhinein die Polung eines bereits eingebauten Lautsprechers prüfen will, kann das mit einer 1,5 Volt Batterie tun: Wenn die Membrane sich nach außen bewegt, war der Lautsprecher in diesem Moment an der Batterie richtig gepolt.

01 Jedes Stromkabel, das von der Batterie im Motorraum kommt, muss irgendwann in den Innenraum geführt werden. Ein kritischer Punkt, denn hier dürfen keine Kurzschlüsse entstehen. Die Kabel müssen unbedingt durch eine Gummitülle geführt und gegen Verrutschen gesichert werden.

02 So nah wie möglich an der Batterie muss eine Sicherung sitzen, die stark genug für alle späteren Verbraucher ist.

03 Für den Anschluss an die Batterie gibt es verschiedene Möglichkeiten – in diesem Fall war es kinderleicht. Immer daran denken: Sobald etwas direkt mit der Batterie verbunden ist, können sehr hohe Ströme fließen! Also besser zum Schluss anklemmen oder zumindest die Sicherung herausnehmen.

04 Kabel, die quer durch das Auto führen, werden am besten an den Schwellern oder im Bereich der Mittelkonsole unter dem Teppich verlegt. Beim Focus ist der Teppich im Schwellerbereich einfach zu lösen. Die Stromkabel legen wir auf die eine Seite, die Signalkabel auf die andere Seite.

05 Alle zehn Zentimeter sollten die Kabel zusammengefasst und befestigt werden. Dabei die Kabelbinder nicht zu fest anziehen und die überstehenden Reste abschneiden. Vorsicht beim Wiedereinbau von Teilen der Innenausstattung – eine einzige Schraube kann die ganze Verkabelung ruinieren!

06 Aus eins mach zwei: Mit einem Verteilerblock können mehrere Verbraucher an ein Pluskabel angeschlossen werden. Jeder Verbraucher hat zudem seine eigene Sicherung. Das Ganze wird dann mit einem Deckel geschützt. Sieht gut aus und ist eine sichere und saubere Sache!

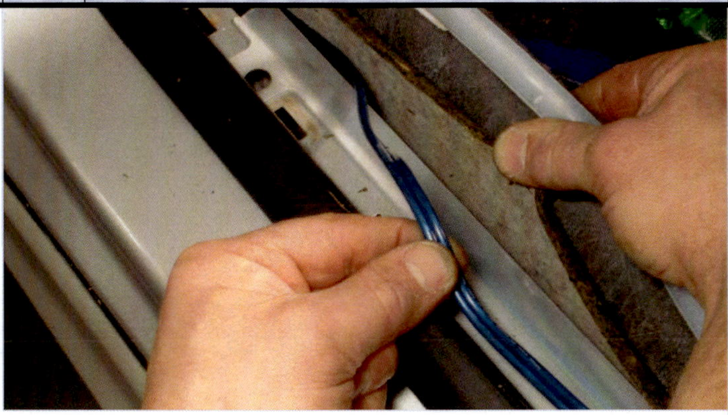

Verstärker

Wie viel Verstärker braucht der Mensch? Eine Grundregel besagt, dass jedes Pärchen von Lautsprechern und jeder Subwoofer seinen eigenen Verstärker haben sollte. Auf diese Weise kann der Klang optimal auf die Verhältnise im Auto abgestimmt werden und jeder Lautsprecher bekommt das an Leistung zugeteilt, was er verdient. Andererseits bedeuten mehrere Verstärker auch einen erheblichen Mehraufwand bei der Verkabelung und eine ordentliche Belastung für Batterie und Lichtmaschine.

Idealerweise kommt der Sound im Auto etwas mehr von vorne – so sind nunmal die menschlichen Ohren konstruiert. Allerdings braucht der Subwoofer im Heck ordentlich Leistung. Abstimmung ist also alles! Je mehr Verstärker verbaut sind umso präziser gelingt das.Wer den Aufwand scheut ist sicherlich auch mit einem einzelnen Vierkanal-Verstärker mit rund 400 Watt gut bedient. Dieser sollte allerdings von guter Qualität sein und darauf abgestimmte Komponenten versorgen. Eine weitere Möglichkeit ist ein Drei-Kanal-Verstärker, der ein Paar vordere Lautsprecher und einen Subwoofer im Heck befeuern kann. Ein weiteres Paar in der Hutablage kann zusätzlich direkt von der Head-Unit gespeist werden. Moderne Radios verfügen über rund 50 Watt pro Kanal – es ist also nicht unbedingt nötig, überall einen Verstärker einzubinden.

Der Ort für die Verstärker muss gut überlegt werden: Jeder Verstärker braucht Luft zur Kühlung und sollte daher nicht völlig verdeckt eingebaut werden. Wer dann auch noch die Rücksitze und etwas Kofferraum behalten will, kommt schnell in Not. Unsere System besteht aus zwei Sony Xplod Verstärkern – ein 1000-W-Exemplar für den Subwoofer, und eine 600-W-Vier-Kanal-Endstufe für die vorderen und hinteren Lautsprecher. Das sollte reichen, oder?

Achtung!
MDF kann ungesunde Stoffe enthalten. Beim Sägen und Schleifen eine Atemschutzmaske tragen!

Als Erstes verlegen wir die Masseleitung. Auch die sollte nicht zu dünn sein (idealerweise genauso dick wie die Plusleitung). Schwarz ist nicht Pflicht, unsere Masseleitung ist blau. Hauptsache die

01 Masseleitung wird nicht mit der roten Plusleitung verwechselt! Das andere Ende schließen wir direkt am Karosserieblech an, das dafür von Lack befreit wird.

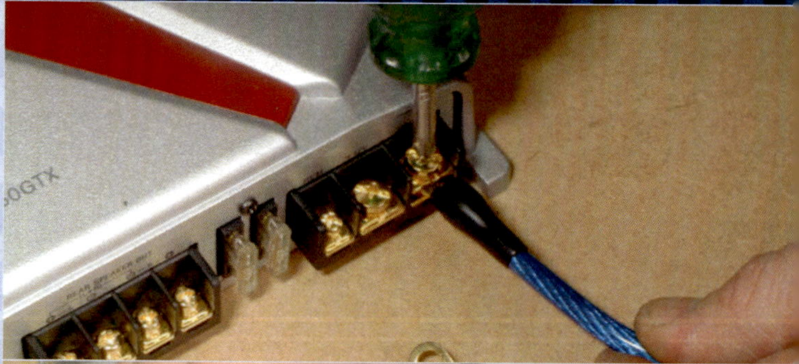

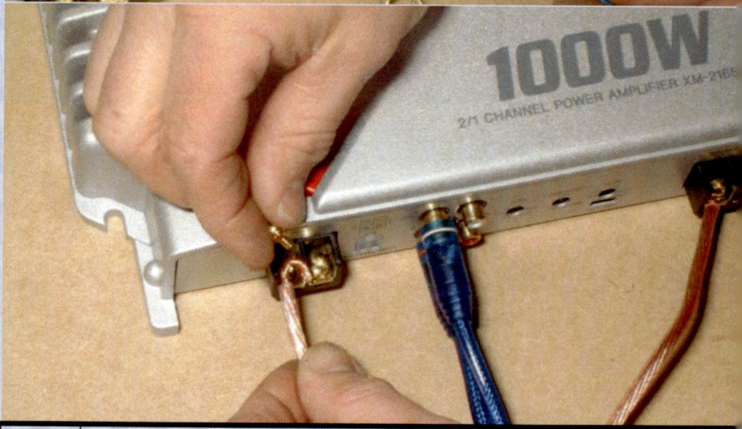

05 Die weniger wichtigen Anschlussleitungen können auch ohne Ringösen angeschlossen werden. Dazu einfach großzügig abisolieren, verzwirbeln und einen Ring formen, der hinten um die Schraube führt.

02 Die Plusleitung sollte unbedingt mit einer ordentlich verlöteten Ringöse angeschlossen werden. Wer nur das abisolierte Kabel anklemmt, riskiert einen Kurzschluss. Auch die Anschlüsse am Verstärker sollten isoliert werden, für den Fall das etwas Metallisches durch den Kofferraum purzelt.

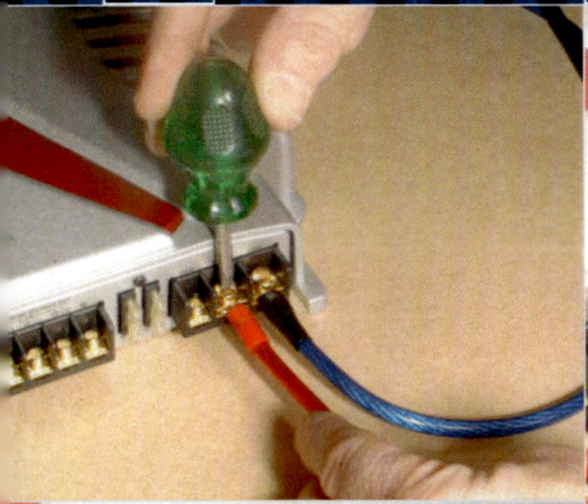

03 Direkt neben dem Dauerplus plazieren wir die Steuerleitung, die den Verstärker von der Head-Unit aus ein- und ausschaltet. Da hier nur ein schwacher Schaltstrom fließt, darf die Leitung ruhig dünner ausfallen.

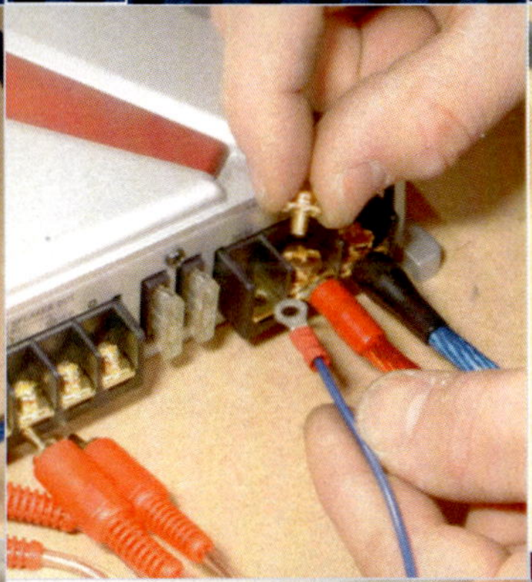

04 Natürlich sollte man die Bedienungsanleitung des jeweiligen Verstärkers lesen und beachten. Die Lautsprecherkabel sollten richtig gepolt sein, sonst ist das Ergebnis wenig berauschend. Auch hier sind saubere Anschlüsse wichtig: Lose Drahtenden und daraus resultierende Kurzschlüsse können den Verstärker ohne weiteres killen!

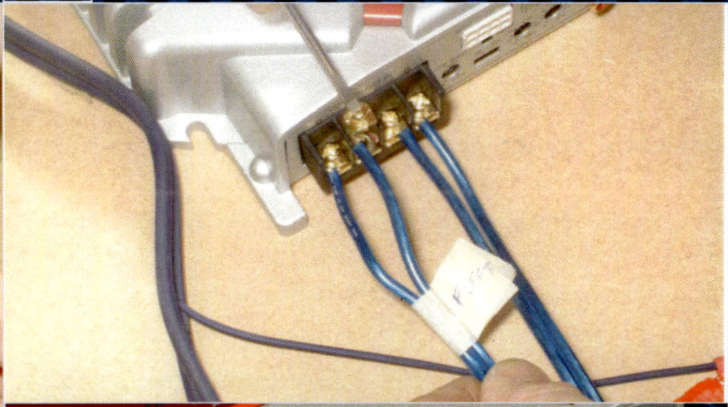

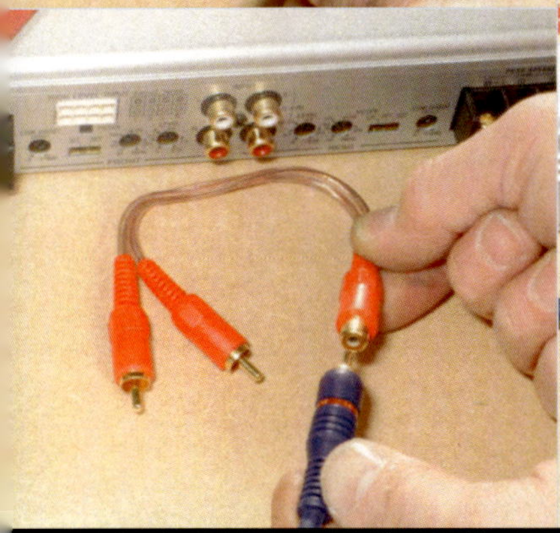

06 Da nicht alle Steuerteile tatsächlich getrennte Cinch-Ausgänge für vorn und hinten bieten, muss beim Anschluss eines Vierkanal-Verstärkers manchmal getrickst werden. Ein Y-Kabel macht aus einem Kanal ganz einfach zwei Kanäle. Die Lautstärke wird dann am Verstärker für jeden Kanal getrennt eingepegelt.

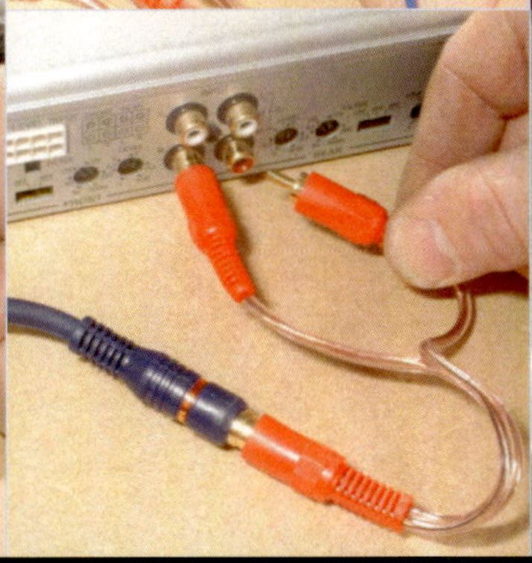

07 Ein solches Kabel kann auch dazu verwendet werden, einen zweiten Verstärker anzuschließen. Wichtig ist die Polung, das heißt: Der rechte Kanal sollte immer der rechte Kanal bleiben.

08 Da die Anlage noch eingepegelt werden muss, schrauben wir den Verstärker noch nicht fest. Während das Steuerteil auf eine mittlere Lautstärke eingestellt ist, drehen wir so lange an den Reglern, bis die jeweiligen Lautsprecher an ihre Grenzen stoßen. Dann drehen wir ein Stück zurück. Ist ein Basispegel gefunden, beginnt die Feinabstimmung zwischen den einzelnen Lautsprechern. Erst wenn vom Fahrerplatz aus alles stimmig klingt, wird der Verstärker festgeschraubt.

Praxistipp

Die wenigsten Soundsysteme funktionieren auf Anhieb richtig gut. Besonders problematisch sind Subwoofer, die solo eingestellt werden sollten. Wichtig ist hier die Einstellung des Frequenzfilters der bestimmt welche Frequenzen überhaupt zum Woofer durchgelassen werden.

Motor-Tuning

Leistung ist durch nichts zu ersetzen...

...außer vielleicht durch Klang? Tatsächlich klingen manche Autos schneller als sie tatsächlich sind. Was im Grunde keine Schande ist, sondern nur die Erklärung dafür ist, weshalb sich Sportluftfilter und Auspuffanlagen so gut verkaufen. Richtiges Motoren-Tuning mit richtig viel Mehrleistung geht nämlich auch richtig ins Geld. Ein Motor, der jedoch wenigstens schnell klingt, ohne eine Mega-Performance zu zeigen, kann dagegen auch noch bei der Haltbarkeit und bei der Versicherung punkten.

Ein Sportluftfilter und ein Sportauspuff ist eine schöne Grundlage für das Motortuning. Beides hilft dem Motor zu atmen und sorgt so in den meisten Fällen für ein spürbar besseres Ansprechverhalten. Allein mit dem gierigen Ansaugschlürfen und dem markigen Klang aus dem Auspuff kann eigentlich schon jeder happy werden – zumal sich an diesem Punkt auch die Versicherung noch nicht einmischt.

Mehr als die vom Gesetzgeber zugestandenen fünf Prozent Toleranz nach oben sind davon auch nicht zu erwarten. Wer also mehr Höchstgeschwindigkeit und bessere Beschleunigungswerte erwartet, dürfte leicht enttäuscht sein. Trotzdem fallen immer wieder Leute auf überzogene Versprechungen unseriöser Anbieter herein. Dabei liegt die Erklärung auf der Hand: Wenn sich selbst die Versicherungen dafür nicht interessieren, kann so etwas auch keine Mehrleistung bringen. Ansonsten müssten diese Teile ja eingetragen und gemeldet werden.

Diese Teile können aber sehr wohl die Grundlage für ein seriöses Tuning liefern. Zum Beispiel wenn die Motorsteuerung auf einem Prüfstand ganz exakt an die tatsächlichen Verhältnisse angepasst wird. Dann zählt tatsächlich jedes Prozent Staudruck und jeder noch so kleine Strömungswiederstand im Saugrohr. Das kostet jedoch jede Menge Geld und macht nur in Verbindung mit weiteren Modifikationen richtig Sinn. Vielleicht ist es doch ausreichend wenn das Auto nur schneller klingt?

Alle Tuning-Möglichkeiten setzen natürlich voraus, dass der Motor mechanisch gesund und in Topform ist. Deshalb sollte die Wartung niemals vernachlässigt werden. Neue Zündkerzen, neue Filter und vor allem neue Zündkabel haben schon so manchem lahm wirkenden Motor wieder Beine gemacht. Der Effekt einer solchen Frischzellenkur wird in vielen Fällen größer sein, als das Anschrauben von irgendwelchen sündhaft teuren Tuningteilen.

Luft-Filter

Ein Sportluftfilter war für viele Jahre das begehrte Teil. Dafür sprach die unbegrenzte Lebensdauer und der blitzschnelle Einbau. Inzwischen werden jedoch ganze Ansaugsysteme getauscht. Das ist wesentlich auffälliger und bringt auch viel mehr Sound.

Wo wir schon beim Thema sind – den Luftfilter ganz wegzulassen ist eine schlechte Idee. Durch das Ansaugsystem wandert nicht nur Luft, sondern allerhand Dreck und Feuchtigkeit, was beides vom Luftfilter zurückgehalten wird. Ohne Luftfilter fliegen alle Sandkörnchen, Insekten und sogar kleine Steinchen direkt in den Motor – was natürlich beträchtlichen Schaden anrichten kann. Aber auch die Feuchtigkeit kann zum Problem werden: Vom Luftmassenmesser bis zu den Zylinderlaufbahnen kann hier so ziemlich alles Schaden nehmen. Deshalb muss auch auf die Qualität der Tuning-Luftfilter geachtet werden. Ein Filter, der sich auflöst oder beim Einbau nicht richtig passt, ist sein Geld nicht wert.

01 Bevor wir irgendetwas montieren, ziehen wir den Zündschlüssel ab. Wenn irgendetwas in den Motor fliegt, nimmt er garantiert Schaden.

02 Nach dem Lösen der Schelle ziehen wir den Stecker am Luftmassenmesser ab.

03 Der Deckel des Luftfilterkastens ist mit vier Schrauben befestigt.

04 Jetzt kann der alte Luftfilter herausgenommen werden. Je nachdem wie schmutzig er ist, wandert er in die Tonnen oder ins Regal.

05 Bevor der neue K&N -Filter eingelegt wird, säubern wir den Luftfilterkasten so gut wie möglich mit Pinsel und Staubsauger.

06 Das ist der Filter der Kurbelgehäuse-Entlüftung. Am besten gleich mit reinigen!

07 Da unser Filter bereits vorgeölt ist, kann er gleich eingebaut werden. Später kann der Filter mit einem speziellen Reiniger bearbeitet und wiederverwendet werden. Allerdings muss er dann auch neu geölt werden, um die Staubpartikel auch sicher binden zu können.

Ansaug-System

Alle Focus mit Benzinmotoren sind perfekt für den Einsatz eines offenen Ansaugsystems geeignet. Dabei wird das Serien-Luftfiltergehäuse und die Ansaugleitung komplett ersetzt. Der Filter hängt dann direkt vor dem Luftmassenmesser.

Die meisten Bausätze dieser Art haben eine zusätzliche Ansaugluftführung die dafür sorgt, dass möglichst viel kalte Luft zum Luftfilter strömt. Kühle Luft ist sauerstoffhaltiger als warme und sorgt somit für mehr Leistung. Einige Fimen bieten verchromte oder farbige Rohre an, die den Luftfluss weiter optimieren und noch mehr Leistung bringen sollen. Zugegeben – die Rohre sehen gut aus. Wunder sollte man allerdings nicht erwarten. Übrigens: So gut die kühle Luft im Sommer ist – im Winter braucht der Motor durchaus auch vorgewärmte Luft. Ein Rückbau auf das Seriensystem ist in der kalten Jahreszeit also durchaus eine Überlegung wert.

Die Gemischbildung in der Einspritzanlage stützt sich im Wesentlichen auf die Menge der angesaugten Luft. Für die Messung ist der so genannte Luftmassenmesser zuständig. Ob die Zusammensetzung richtig war, misst anschließend die Lambda-Sonde im Auspuff. Wenn jetzt durch die Montage eines Ansaugluftsystems mehr Luft in den Motor gelangen kann, so sollte das Steuergerät auch in der Lage sein, in gewissen Grenzen mehr Kraftstoff dazuzugeben.

Das kann Leistung bringen, führt in den meisten Fällen aber nur zu einem etwas besseren Ansprechverhalten. Zusammen mit dem kernigem Ansauggeräusch für uns Grund genug, ein solches Kit zu montieren.

01 Wie bereits beschrieben, entfernen wir zunächst das komplette Gehäuse. Dann schrauben wir zusätzlich den Luftmassenmesser vom Gehäuse ab.

02 Auch der Schlauch der Kurbelgehäuseentlüftung muss weichen.

07 Damit nicht alles in der Gegend herumwackelt, müssen wir den beiliegenden Halter montieren. Dieser hält dann die Luftfilter/Luftmassenmesser-Einheit.

08 Dann schieben wir den Luftfilter auf den Anschluss. Falls das schwer geht, hilft etwas Spülmittel am Gummi.

09 Der Filter wird mit einer Schelle befestigt. Perfektionisten achten dabei darauf, dass das K&N Logo an der Vorderseite gerade steht. Die Schelle nicht mit Gewalt anziehen, sonst kann das Gehäuse des LMM brechen.

03 Das Unterteil lässt sich mit einem Ruck herausnehmen.

04 Jetzt kann der Luftmassenmesser wieder an das Ansaugrohr montiert...

05 ...und der Stecker angeschlossen werden.

06 Den Halter vom bisherigen Luftfilterkasten bauen wir ab.

10 Der neue Schlauch für die Kurbelgehäuseentlüftung wird unten am Filtergehäuse angeschlossen.

11 An der Vorderseite den Halter befestigen.

12 Der alte Ansaugkanal führt unter der Batterie durch, ist nur mit zwei Schrauben befestigt und jetzt im Grunde überflüssig. Also raus damit!

13 Dafür verlegen wir jetzt einen flexiblen Schlauch, der ungefähr den gleichen Weg nimmt, aber kurz vor dem neuen Filter befestigt wird.

14 Das Ende der Kaltluftleitung sollte nicht näher als zehn Zentimeter vom Luftfilter entfernt befestigt werden.

15 Das andere Ende sollte möglichst kalte Luft vom unteren Ende der Stoßstange bekommen. Wir haben dazu einen kleinen Halter gebaut.

Praxistipp

Ein alter Trick besteht darin, den Luftfilterkasten unterhalb des Luftfilterelements wie einen schweizer Käse zu durchlöchern. Damit lässt sich ein ähnliches Ansauggeräusch wie bei einem offenen Luftfilter erreichen – zum Preis eines Bohrers.

Saubere Sache

Das Auge fährt immer mit. Und selbst wenn die Haube die meiste Zeit geschlossen ist, kann ein wenig Kosmetik im Motorraum nicht schaden.

Aus verschiedenen Gründen sollte man versuchen den Motorraum so sauber wie möglich zu halten. Das sieht nicht nur gut aus, so lassen sich auch Undichtigkeiten schneller finden und beheben. Dazu wird der Motor mit Kaltreiniger eingesprüht und mit dem Dampfstrahler bearbeitet. Doch nicht übertreiben und nicht auf die empfindlichen Teile der Motorsteuerung halten!

Wenn alles getrocknet ist, kann die Feinarbeit erfolgen. Alle lackierten Flächen können mit Politur behandelt werden, dabei sollte man sich nicht scheuen ein paar Teile abzuschrauben. Wer bereits ein neues Ansaugsystem eingebaut hat, ist im Vorteil, denn einige Teile können dabei entfallen und der Motorraum sieht wesentlich aufgeräumter aus. Im nächsten Schritt können Teile wie der Ventildeckel abmontiert und lackiert oder verchromt werden. Eine Domstrebe, edelstahlummantelte (oder farbige) Schläuche sowie neue Abdeckungen für die Batterie oder sogar Spiegel geben dem Motorraum dann den letzten Schliff. Denn was gibt es Schöneres, als einen leistungsstarken Motor in einem blitzsauberen Umfeld?

Zu den beliebten Verschönerungsmaßnahmen gehört auch das Verlegen neuer und andersfarbiger Zündkabel. Sollten die alten Kabel schon eine Weile im Auto sein, lohnt sich so ein Austausch auf alle Fälle.

Zündkabel

01 Damit die Kabel nicht vertauscht werden können, wird ein Kabel nach dem anderen gewechselt.

02 Dazu verfolgen wir den Weg bis zur Zündspule und lösen das Kabel dabei aus den Haltern.

03 Sobald wir das Kabel in der Hand halten, suchen wir aus dem neuen Satz das Kabel mit der richtigen Länge heraus und verlegen es auf dem selben Weg rückwärts. Die anderen drei Kabel auf die selbe Art ersetzen.

Ummantelte Schläuche

01 Die Ummantelung ausrollen und grob auf die richtige Länge zuschneiden. In den meisten Fällen braucht man dazu etwas stabileres als eine Schere.

02 Dann die Ummantelung zum Beispiel mit einem Schraubenziehergriff auf die richtige Größe dehnen. Anschließend kann der entsprechende Schlauch abmontiert und die Ummantelung darübergeschoben werden. Die Hülle sauber ausrichten, besonders an den Enden.

03 Über die Schelle kommt eine Blende in Form eines großen Schraubanschlusses. Die Anschlüsse müssen sorgfältig ausgerichtet werden um die Schelle zu verstecken.

Schläuche färben

Achtung!
Der Motor muss absolut kalt sein. Selbst nach einer kurzen Runde um den Block kann die Kühlflüssigkeit innerhalb der Schläuche schon sehr heiß sein.

Es gibt viele Wege, Farbe in den Motorraum zu bringen. Die Schläuche zu lackieren kann eine davon sein. Wie immer kommt es darauf an, das richtige Mittel zu verwenden. Wir nehmen hier MHW Tube-It paint von ABC Design.

01 Die entsprechende Leitung ausbauen und gründlich reinigen. Auf Fett oder Silikon haftet die Farbe nämlich nicht.

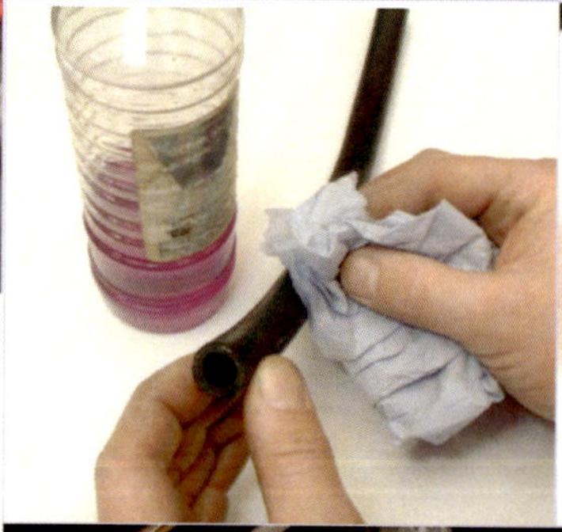

01 In drei oder vier Lagen wird die Farbe gleichmäßig aufgesprüht. Vor dem Einbau muss die Farbe gut trocknen, dann blättert sie auch beim Biegen des Schlauches nicht mehr ab. Einen Beschuss mit dem Dampfstrahler würden wir trotzdem nicht riskieren.

03 Wer sich weniger Mühe machen will, kauft ein auf das Auto abgestimmtes Fertigset. Das einzige Problem können die kleinen Klemmschellen sein, die sich am besten mit einer guten Zange lösen lassen.

04 Wasserlecks sind lästig, Benzinlecks gefährlich und ein abgeknickter Schlauch kann seine Aufgabe nicht mehr erfüllen. Also sollte die Montage so sorgfältig wie möglich erfolgen.

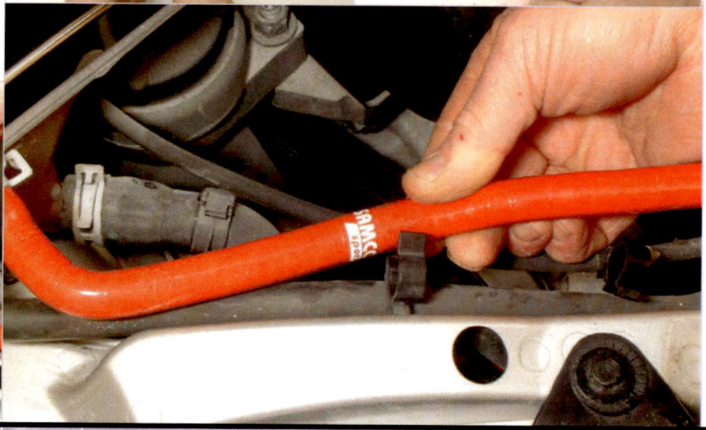

05 Wenn sich ein Ingenieur an dieser Stelle einen Halter ausgedacht hat, muss es dafür einen Grund geben. Sollte ein Halter abgebrochen sein, sollte der Schlauch auf ähnliche Weise mit einem Kabelbinder befestigt werden. Zum Schluss muss der Kühlmittelstand überprüft und gegebenenfalls ergänzt werden.

Edelstahl-Blenden

Das glänzende Finish von Edelstahl ist kaum zu überbieten. Im Prinzip kann man damit nicht viel verkehrt machen. Edelstahl passt eigentlich immer...

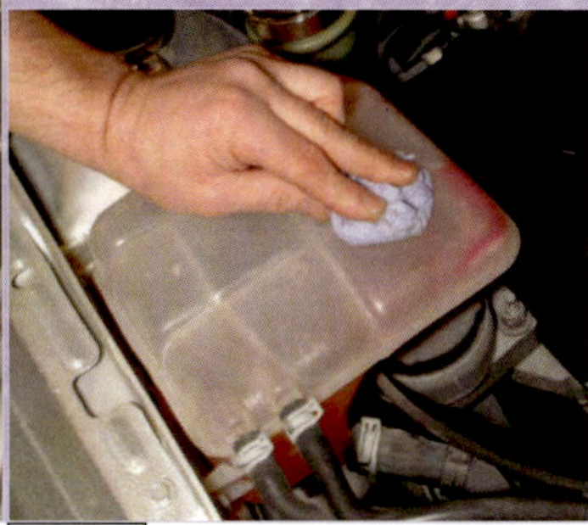

01 Zunächst wollen wir den weniger schönen Ausgleichsbehälter für das Kühlmittel verkleiden.

02 Dazu sind auf der Innenseite ein paar Klebekissen, die auf dem gereinigten Behälter bombenfest haften sollten.

03 Jetzt heißt es gut Maß nehmen und dann den Deckel in einem Zug aufsetzen und gut andrücken.

04 Wenn der Deckel gut sitzt und nicht mehr wackelt ist es Zeit die Fingerabdrücke abzuwischen.

05 Auch der Einfülldeckel bekommt eine passende Blende.

06 Auch der Vorratsbehälter für die Servolenkung bekommt sein Chromdeckelchen. Prinzipiell gibt es Blenden für jede Öffnung.

Chip-Tuning

Alle Focus haben ein elektronisches Steuergerät (auch ECU für Electronic Control Unit genannt), das die Gemischzusammensetzung und den Zündzeitpunkt für jeden nur denkbaren Betriebszustand des Motors regelt und überwacht. Dazu sind im Steuergerät Kennfelder hinterlegt, in denen natürlich gewisse Sicherheitreserven eingebaut sind. Diese können bei einer Neuprogrammierung näher an das Limit geführt werden.

Da das Ziel einer Motorsteuerung heute eher in Richtung Spritsparen und sauberes Abgas verschoben ist, gibt es ein paar Möglichkeiten, zusätzliche PS aus dem Motor zu locken. So kann das Gemisch in bestimmten Bereichen etwas fetter gestellt werden, was mehr Leistung oder zumindest ein besseres Ansprechverhalten bringt. Im Idealfall sogar beides.

Firmen wie „Superchips" bieten heute Austausch-Steuergeräte, die bessere Fahrbarkeit oder mehr Leistung garantieren, natürlich zu Lasten des Spritverbrauchs (obwohl in bestimmten Betriebszuständen der Spritverbrauch sogar sinken kann). Am besten funktioniert Chip-Tuning jedoch, wenn es mit mehreren anderen Maßnahmen am Motor kombiniert wird, die den Serien-Chip ohnehin „durcheinander" bringen würden. In Kombination mit einem Ansaugsystem, einem Fächerkrümmer und vielleicht sogar einer Sportnockenwelle kann ein individuell abgestimmtes Steuergerät sogar sehr viel bringen. Das ist allerdings ein langwieriger Prozess – die einschlägigen Ford-Tuner wissen aber genau, welche Teile am besten zusammenpassen.

Das Chip-Tuning ist sehr wirkungsvoll bei Turbomotoren. Beim Focus kommen hier neben dem RS besonders die Diesel in Frage. Das Steuergerät regelt hier nicht nur jeden Aspekt der Kraftstoffeinspritzung, sondern auch den Ladedruck. Während an einem Benziner mit Saugmotor durch das Chip-Tuning allein selten mehr als 10 PS zu finden sind, kann dieser Eingriff beim Diesel locker 30 PS und mehr hervorzaubern. Ohne den günstigen Verbrauch völlig zu ruinieren.

Doch bei den Benzinern gibt es noch einen Punkt, der durch einen neuen Chip modifiziert werden kann: Den Drehzahlbegrenzer. Hier sind ab Werk die meisten Reserven eingebaut. Bei den meisten Chips greift dieser erst wesentlich später als in der Serie ein, einige wenige Chip-Hersteller verzichten sogar ganz darauf. Das kann bei der Verwendung von Nockenwellen mit scharfen Profilen nützlich sein, den damit kommt der Motor erst viel später zur Sache und kann gleichzeitig ohne Begrenzer viel weiter ausdrehen. Allerdings sollte die Motormechanik dazu in top Zustand sein und regelmäßig gewartet werden.

Die schlechte Nachricht

Das Chip-Tuning wird oft als unauffällige und dabei äußerst wirkungsvolle Tuning-Maßnahme gesehen. Schließlich sitzt der Chip in einem Steuergerät und dieses irgendwo versteckt an einem sicheren Ort. Wer soll das schon mitbekommen? Es scheint fast überflüssig zu erwähnen, dass die Versicherungen diesen „Trick" schon längst mitbekommen haben. Spätestens wenn es knallt und die Versicherung zahlen soll, wird sie keine Kosten und Mühen scheuen an dieser Stelle nachzusehen (was mit moderner Computertechnik übrigens eine Sache von Minuten ist). Wer seiner Versicherung etwas verschwiegen hat, bleibt dann mit einiger Sicherheit auf seinem (und einem fremden) Schaden sitzen. Lohnt sich das Risiko? Wir meinen nein und sind für den ehrlichen Weg – auch wenn das im Jahr ein paar Euro mehr bedeutet.

Motor-Tuning

Die klassischen Tuning-Methoden gelten durch das Chip-Tuning schon fast als ausgestorben. Doch das Tuning ohne Laptop lebt weiter.

Der nächste Schritt nach einem Sportauspuff ist die Montage eines Fächerkrümmers. Dieser kann durch geschickte Rohrführung tatsächlich einige Pferdestärken freisetzen. Auch ein Hochleistungs-Metallkat bringt eine spürbare Verbesserung. Den Kat ganz auszubauen können wir nicht empfehlen, da das bei einem angemeldeten Auto nicht legal ist. Insgesamt skönnen auf diese Weise 10–15 PS freigelassen werden, die vorher im Motor quasi abgewürgt wurden.

Auch eine Nockenwelle mit schärferen Steuerzeiten kann einiges an Spitzenleistung bringen. Allerdings geht dies zu Lasten der Durchzugskraft im unteren Drehzahlbereich und ist nur für echte Sport- und Rennmotoren zu empfehlen. Womit wir schon beim Wettbewerbsmotor angelangt sind. Mit einer kompletten Kopfbearbeitung lernt der Focus tatsächlich das Fliegen – allerdings kosten diese Maßnahmen auch eine Menge Geld.

Motorentausch

Die meisten Fahranfänger müssen sich in ihrem Focus leider mit kleineren Motoren begnügen. So lange kein nennenswerter Schadenfreiheitsrabatt erreicht ist, sind die stärkeren Varianten einfach viel zu teuer. Doch warum sollten in den kleinen Motor viele Hunderter oder sogar Tausender fließen, wenn doch der nächstgrößere Bruder aus der Familie die gleiche Leistung bringt? Doch Vorsicht: Obwohl alle Focus Motoren Zetec heißen gibt es zwei Stammbäume. Die 1.4 / 1.6 gehören zum Stamm der Zetec-SE. Es ist also nicht so einfach einen 1,8 oder 2,0 Liter-Block unter die Haube zu bringen. Natürlich geht es doch, die einschlägigen Foren sind voll mit Beweisen.
Erste Wahl ist natürlich immer der 2,0 Liter der über 50 PS mehr als der schmächtige 1.4er leistet und selbst gegenüber dem 1.6er ein kräftiges Drehmomentplus bietet. Gegenüber dem1.8er wird der 2,0 Liter-Motor jedoch nur wenige Vorteile bieten. Da würde es sich doch eher lohnen, sich nach einem ST170 Motor umzusehen. Wer jedoch günstig an ein RS-Triebwerk inklusive Getriebe kommen kann, sollte zuschlagen. Hier lohnt sich auch der größte Einbauaufwand.

Turbolader

Wie wir alle wissen, ist der RS der einzige Focus-Benziner mit Turbolader. Nun ja, zumindest fast. Im Jahr 2000 brachte eine Firma namens GMD eine kleine Serie von speziellen Focus-Modellen auf den Markt, die alle von Mountune-Turbomotoren befeuert wurden und über ein ganz ähnliches Fahrwerks- und Bremssetup wie der spätere RS verfügten. Wer also einen Focus T130, T190, T230 oder T230R angeboten bekommt, sollte sich diese Rarität sichern. Mit Umbausätzen sieht es im Moment noch etwas mager aus. Selbst in Amerika, wo nur die Firma Gude, aus Californien, den „Stinger" Turbo und Ladeluftkühler-Kit anbietet.

Kompressor

Was die mechanische Aufladung angeht, sieht es im Land der dicken V8 schon besser aus: Die Firma Jackson Racing aus Californien bietet einen Kompressor-Kit für den 2,0 Liter-Zetec, der die Leistung um stramme 40 Prozent anheben soll. Damit übertrifft dieser Motor den ST170 nicht nur im Drehmoment, sondern auch in der Höchstleistung. Wer sich jetzt noch einen Schuss Nitro dazudenkt, kann innerlich den RS-Fahrern schon einmal zum Abschied winken...

Nur leider...

...müssen alle Änderungen fein säuberlich in die Papiere eingetragen und den netten Anzugsmenschen bei den Versicherungen gemeldet werden. Wo es keine ausreichenden Papiere gibt, müssen die Teile per Einzelabnahme eingetragen werden. Beim Motor bedeutet dies meist: Leistungsmessung und – was noch viel schlimmer und teurer ist: Ein Abgasgutachten!

Auspuffanlage

Wenn der alte Auspuff nur noch scheppert und rasselt oder als rostiger Klumpen den heißen Atem des Triebwerks nur noch mühsam aus dem kleinen Röhrchen pustet, ist es Zeit, etwas Standesgemäßes unter das Auto zu hängen. Erst dann? Wir meinen, ein ordentlich dicker Auspuff gehört zur Pflicht. Damit jeder sieht dass wir es ernst meinen!

Um eins klarzustellen: Ein Sportendtopf bringt keine Mehrleistung – egal wie dick das Endrohr ausfällt. Aber er kann dafür sorgen, dass das Auto schneller klingt und das Fahren somit mehr Spaß macht. Vorrausgesetzt, der Auspuff ist korrekt angebaut. Ein dröhnender und klappernder Auspuff macht nämlich keinen Spaß. Dazu ist es wichtig abzuklären, ob der Endtopf problemlos an die Serienanlage passt. Das betrifft zum einen die Aufhängung und zum anderen den Rohrdurchmesser am Anschluss. Wenn der Anschluss größer ist, muss ein Reduzierstück eingebaut werden, was meistens ein wenig Anpassungsarbeiten nach sich zieht. Mit Dichtmasse allein ist der Auspuff jedenfalls nicht dicht zu bekommen.
Der andere wichtige Punkt ist einmal mehr die Optik: Wie immer ändert sich hier der Stil von Zeit zu Zeit, ausschlaggebend ist aber immer der persönliche Geschmack. So sind die früher angesagten abgeschrägten Doppelendrohre im „DTM"-Style längst out, während einzelne, sehr große Endrohre im „Jap-Style" derzeit schwer

Freund oder Feind? Der Kat ist gut für die Umwelt, aber schlecht für die Leistung

im Trend liegen. Die Form des Endrohrs kann rund oder auch oval sein. Die auffälligste Lösung ist selbstverständlich eine Anlage mit je einem Ausgang links und rechts, was aber jede Menge Arbeit bedeutet.

Doch auch bei einem dezenteren Topf muss kräftig gesägt und geschraubt werden. Meistens sind Teile der Stossstange im Weg. Und wer später eine tiefe Heckschürze montiert, darf dann noch einmal von vorne anfangen.

Warum also nicht gleich einen Schritt weiter gehen? Wer sich entschließt die Anlage bis vorne zu ersetzen, darf sich sogar Hoffnungen auf ein kleines Leistungsplus machen. Denn natürlich arbeitet auch ein Sport-Endschalldämpfer am liebsten mit dem passenden Mittelstück zusammen. Schmückt dann noch ein Fächerkrümmer den Motorraum, ist alles beisammen, was man auf der Abgasseite für den Motor tun kann. Allerdings sollte man unbedingt auf die Qualität achten. Billige Krümmer reißen gern und schlampig verarbeitete Anlagen neigen zum Scheppern oder nerven mit schlechter Passform. Das Poltern gegen den Unterboden oder die Achsteile ist nicht unbedingt das, was man von einem Sportauspuff hören will.

Noch ein Wort zum Katalysator: Alle Focus-Benziner, also auch der RS, haben selbstverständlich einen Kat im Abgasstrang. Natürlich bremst dieser den Gasfluss etwas und erhöht den Abgasgegendruck. Wer den Kat entfernt, zum Beispiel mit einem Zwischenrohr (das es auch für den Focus fertig abgelängt zu kaufen gibt), kann mit einer spürbaren Mehrleistung rechnen. Blöderweise ist man damit einmal mehr illegal unterwegs und scheitert spätestens bei der Hauptuntersuchung. Auch die Steuerbehörde versteht in diesem Punkt keinen Spaß, denn Autos mit Kat werden nicht ohne Grund günstiger besteuert als solche ohne Abgasreinigung.

Eine echte Alternative sind rennsporttaugliche Kats aus Metall, die wesentlich stabiler sind und zum Teil weniger wirksame Zellen im Querschnitt haben (400, 200 oder gar nur 100) als das Originalteil mit Keramikträger. Mit solchen Kats sinkt der Abgasgegendruck dramatisch und die Abasuntersuchung kann trotzdem noch bestanden werden. Auch den bei sehr tief liegenden Focus oft unvermeidlichen Aufsetzer überlebt so ein Kat wahrscheinlich mit einer Schramme, während das Serienteil bei solchen Aktionen gern innerlich zerbröselt. Und dann geht gar nichts mehr!

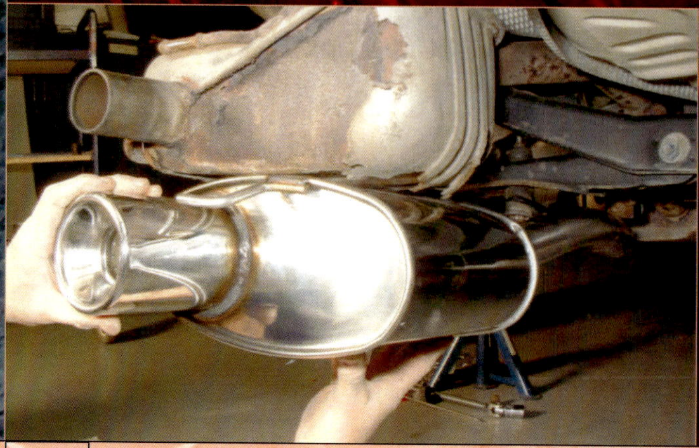

Sport-Endschall-dämpfer

01 Zunächst stellen wir das Auto hinten schön hoch auf Böcke und schrauben die Stoßstange ab. Dann vergleichen wir die Längen und Durchmesser der Rohre sowie die Aufhängungspunkte. Dieser Peco Big Bore 4 scheint problemlos zu passen.

02 Also ab mit dem alten Topf! Die Gummis sind schnell ausgehängt, da unser Topf aber noch nie ersetzt wurde, müssen wir ihn absägen. Macht aber nichts, denn selbst wenn der Topf mit einer Schelle befestigt wäre, müssten wir mit Sicherheit genauso zu schwerem Gerät greifen.

03 Jetzt kommt der spannende Moment: Bevor gesägt wird, lieber zweimal messen und die Zugabe für die Rohrverbindung nicht vergessen! Die Rohre sollen schließlich ineinander gleiten. Im Zweifel lieber zweimal sägen als einmal zu kurz.

04 Endlich kann der neue Schalldämpfer an seinen Platz. Vorher sollte man die Schellen über die Rohre schieben.

05 Zeit, die Stoßstange anzupassen. Noch ist Zeit für Änderungen an der Aufhängung, falls das Endrohr überhaupt nicht passen will.

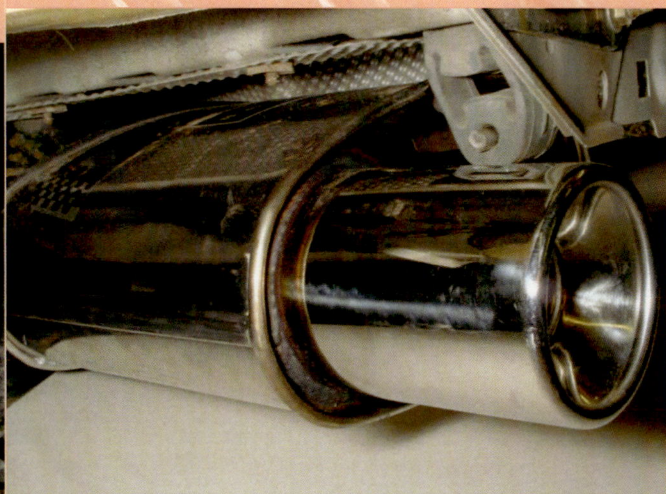

06 Wenn der Topf richtig sitzt, kann die Schelle angezogen werden. Hier ist auch gut zu erkennen, warum es wichtig ist, an der richtigen Stelle zu sägen.

07 Der Auspuff sollte spannungsfrei sitzen und nirgends anschlagen. Also ruhig kräftig wackeln und ziehen. Alles o.k.? Dann ist es Zeit für die Klangprobe!

14 Sicherheit geht vor

Allgemeines

Wer an seinem Auto arbeitet hat viele Möglichkeiten sich selbst und anderen weh zu tun. Nicht nur beim Basteln selbst, sondern auch wenn die Arbeit nicht sachgemäß durchgeführt wurde und das Auto deshalb später außer Kontrolle gerät. Das muss unbedingt vermieden werden! Also nur Arbeiten angehen, die auch machbar sind.

Unsere Arbeitsschritte sind nach bestem Wissen und Gewissen zusammengestellt, sollen aber lediglich zur Orientierung dienen und erheben keinen Anspruch auf Allgemeingültigkeit. Eine Haftung der Autoren, des Verlags und seiner Beauftragten für Personen-, Sach- und Vermögensschäden ist ausgeschlossen. Geänderte Anweisungen der Hersteller, neue gesetzliche Auflagen oder andere Änderungen sind jederzeit möglich.

Das müssen wir sagen, da das Schrauben am Auto potentiell gefährlich ist, wollen aber keine Spaßverderber sein. Deshalb hier noch einmal die wichtigsten Gefahren und Tipps:

Verbrennungen

Die einfachste Möglichkeit Verbrennungen zu vermeiden ist, nur am kalten Auto zu arbeiten. Besonders Auspuff, Öl und Kühlwasser können sehr heiß sein, aber auch die Bremsen werden im Betrieb sehr heiß. Das Auto sollte mindestens eine Stunde stehen, bevor man irgendwelche Teile anfasst.

Feuer

Leider gibt es sehr viele Möglichkeiten wie ein Feuer entstehen kann. Nicht nur die Flüssigkeiten sind brennbar, auch durch elektrische Kurzschlüsse kann ein Feuer entstehen. Also nicht rauchen und mit offenem Feuer hantieren und das Auto abkühlen lassen. Hier die größeten Gefahren:

a Benzin ist hochentzündlich. Das gilt vorallem für Benzindämpfe, die sogar explodieren können. Bei Benzingeruch ist allergrößte Vorsicht geboten! Ein Funke kann reichen!

b Beim Ablassen von Benzin muss die Umgebung kalt sein. Beim Ablassen in Kunststoffbehälter kann es zu statischer Aufladung kommen, also unbedingt erden! Aber auch beim Nachfüllen von Öl und Bremsflüssigkeit kann es zum Feuer kommen. Zum Beispiel wenn die Flüssigkeit auf den heißen Auspuffkrümmer tropft.

c Ein Feuer kann auch durch einen Kabelbrand entstehen. Nicht immer ist ein Kurzschluss die Ursache, der Stromfluss kann auch einfach zu groß für den verwendeten Kabelquerschnitt sein. Bei Arbeiten an der Elektrik immer die Batteriemasse abklemmen.

Einklemmgefahr

Sehr gefährlich ist das Aufbocken des Autos. Wer sich unter ein nicht richtig gesichertes Auto legt, begibt sich in Lebensgefahr. Der serienmäßige Wagenheber ist jedenfalls nicht für Reparaturarbeiten gedacht. Ein stabiler Wagenheber und ein paar Unterstellböcke gehören zur Mindestausstattung in der heimischen Werkstatt.
Gefährlich sind auch plötzlich anlaufende Lüfter oder Wischergestänge. Deshalb vor den Arbeiten am Besten den Minuspol der Batterie abklemmen.

Lenkung, Bremsen und Radaufhängung

Arbeiten an diesen Teilen müssen mit größter Vorsicht und nach Werksvorschriften durchgeführt werden. Jeder kann sich leicht ausmalen was passiert, wenn eines dieser Teile in voller Fahrt versagt. Im Zweifel einen Fachmann zu Rate ziehen und alle durchgeführten Arbeitsschritte doppelt gegenchecken!

Räder und Reifen

Bei der Befestigung der Räder ist auf korrekte Länge und den richtigen Konus der Bolzen zu achten. Auch darf auf der Felge am Befestigungsloch und an der Auflagefläche zur Nabe keine Farbe sein. Die Radbolzen werden immer mit dem Drehmomentschlüssel angezogen und nach 50 Kilometer Fahrt nochmals nachgezogen.

Bremsenstaub

Obwohl Asbest heute in Reibbelägen verboten ist, sollte man bei Arbeiten an der Bremsanlage oder beim Wechseln der Kupplung eine Atemschutzmaske tragen. Den Bremsstaub nicht einfach abblasen, sondern mit Reiniger abspülen und die Lappen als Sondermüll entsorgen!

Airbags

Airbags und deren Zünder werden nach dem Sprengstoffgesetz behandelt. Die Arbeiten daran sind normalerweise nur dafür qualifizierten Fachleuten gestattet. Wenn kein Fachmann greifbar ist, sollte nur mit größter Vorsicht und nach Werksvorschrift daran gearbeitet werden. Das gilt auch für Gurtstraffer. Auf keinen Fall an der Stromversorgung zusätzliche Verbraucher anschließen. Dadurch kann der Lebensretter bei einem Unfall versagen.

Abgase

Selbst wenn in der Abgasanlage ein Kat eingebaut ist, heißt das noch lange nicht, das aus dem Auspuff nur warme Luft kommt. Abgase sind tödlich und das ist besonders bei Arbeiten am Boden oder in einer Grube zu beachten, da die Gase zum Teil schwerer als Luft sind und sich in Bodennähe sammeln. Also immer für ausreichende Belüftung sorgen! Die Auspuffanlage selbst sollte natürlich dicht sein, und es dürfen auch keine Abgase in das Auto ziehen. Besonders am Heck muss das Auto dicht sein, sonst können Abgase in den Innenraum gezogen werden.

Werkzeuge

An der Qualität von Werkzeugen sollte man nicht sparen. Billige Werkzeuge können bei hoher Belastung nachgeben oder brechen. Im günstigsten Fall ist die Schraube rund, im schlimmsten Fall sind die Knochen kaputt oder die Trümmer fliegen ins Auge. Für jede Arbeit gibt es das richtige Werkzeug, wer pfuscht riskiert die eigene Gesundheit und die des Autos. Hier ein paar goldene Regeln:

IMMER eine Schutzbrille tragen.
IMMER eng anliegende Kleidung tragen.
IMMER lange Haare zusammenbinden.
IMMER Uhren und Ringe ablegen. Kurzschlussgefahr!
IMMER Ordnung halten und Stolperfallen vermeiden.

NIEMALS in Hektik arbeiten.
NIEMALS unpassendes Werkzeug benutzen.
NIEMALS Kinder am Arbeitsplatz unbeaufsichtigt lassen.
NIEMALS alleine und an abgelegenen Orten arbeiten.

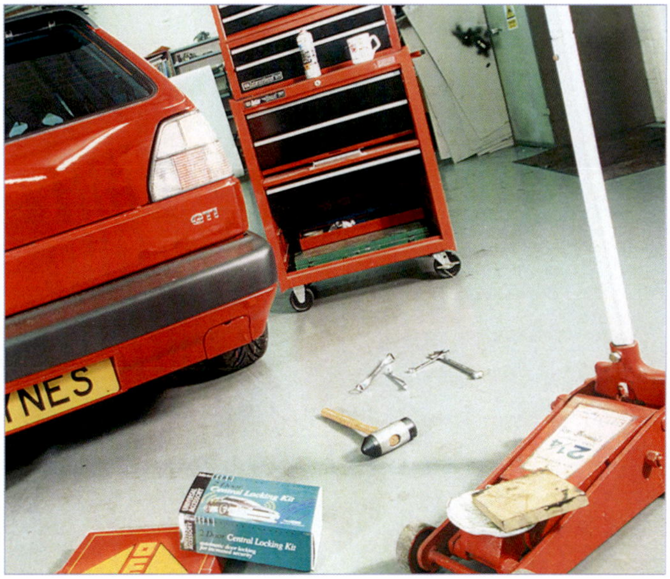